认知逻辑与新闻传播

信息化时代的生存之道

刘亚晶 ◎ 著

首都经济贸易大学出版社
Capital University of Economics and Business Press
·北京·

图书在版编目（CIP）数据

认知逻辑与新闻传播：信息化时代的生存之道/刘亚晶著．
-- 北京：首都经济贸易大学出版社，2024.4
ISBN 978-7-5638-3680-2

Ⅰ.①认… Ⅱ.①刘… Ⅲ.①认知逻辑-研究②新闻学-传播学-研究 Ⅳ.①B815.3②G210

中国国家版本馆 CIP 数据核字（2024）第 081971 号

认知逻辑与新闻传播：信息化时代的生存之道
RENZHI LUOJI YU XINWEN CHUANBO：XINXIHUA SHIDAI DE SHENGCUN ZHI DAO
刘亚晶　著

责任编辑	潘　飞
封面设计	砚祥志远·激光照排　TEL：010-65976003
出版发行	首都经济贸易大学出版社
地　　址	北京市朝阳区红庙（邮编 100026）
电　　话	（010）65976483　65065761　65071505（传真）
网　　址	http://www.sjmcb.com
E-mail	publish@cueb.edu.cn
经　　销	全国新华书店
照　　排	北京砚祥志远激光照排技术有限公司
印　　刷	北京建宏印刷有限公司
成品尺寸	170 毫米×240 毫米　1/16
字　　数	270 千字
印　　张	16
版　　次	2024 年 4 月第 1 版　2024 年 4 月第 1 次印刷
书　　号	ISBN 978-7-5638-3680-2
定　　价	68.00 元

图书印装若有质量问题，本社负责调换
版权所有　侵权必究

专家荐语

中国社会科学院新闻研究所研究员、中国社会科学院大学新闻与传播学院副院长、博士生导师　殷乐

应刘亚晶先生之约，就先谈谈对刘老师的印象吧。

第一次和他见面是在中国社会科学院新闻研究所。当时，刘老师前来和唐绪军所长商议《中国媒体融合发展报告蓝皮书》的知识产权转让事宜，因我分管中国社会科学院大学新闻与传播学院的科研工作，得以参加此次会议。交流中，刘老师谈起了对此事最初的设想，以及十几年来与之相关的发展过程、思路的形成和成果推进细节等。交谈中，他对媒体融合研究的真诚和坦荡之情溢于言表。由此，我对他的第一印象是：这是个性情中人。

之后，中国社会科学院新闻研究所与北京市新闻工作者协会（北京市记协）又合作开展了有关智能媒体发展的课题研究。我也由此进一步了解到，他爱读书、爱思考、爱辩论、爱讨论技术与逻辑，为人善良、周密、仗义，还有点小个性。

有幸和才华、个性兼具的刘老师相识、合作，既是偶然也是必然。这部《认知逻辑与新闻传播：信息化时代的生存之道》是他多年来在新闻传播领域的实践和思考成果，有不少新见解，绝不是人云亦云之作，这一点我可以为之背书。

中国政法大学光明新闻传播学院教授　博士生导师　王佳航

在北京市记协工作近 30 年的刘亚晶老师拿出了一部令我惊讶又深深佩服、有如学者论文一般的作品。他在繁忙的工作之余，一直在思考自身所处的行业和所站立的时代。书稿厚重，相信会给业内同仁、青年学子诸多启发。

我和刘亚晶老师合作的课题先后有 4 个，其间他给了我很多支持，如带领课题组去调研，以其计算机专业的学科背景为我们的"区块链与新闻业创新"研究提建议等。他对研究的热爱，对时代真问题的探索，对行业发展的关切，这些都令我感佩和受益。

新闻传播业的变革已进入深水区，伴随人类的认知重启以及互联网和人工

认知逻辑与新闻传播：信息化时代的生存之道

智能作为基础设施投入应用，日常生活实践与新闻传播、技术与内容、虚拟和现实之间错综复杂的关系也进入了研究领域。祝贺刘亚晶老师的大作《认知逻辑与新闻传播：信息化时代的生存之道》付梓面世。这本书启迪思考，映照时代，相信更多学人会随之一同踏入这片迷人但仍有很多未知的领域。

中国经济传媒协会副会长、传媒茶话会创始人　刘灿国

在信息爆炸的时代，对生存法则的掌握至关重要。新闻传播环境目前如何？理应如何？这本书从人生选择、认知逻辑、新闻传播、人工智能的未来等多个角度，层层递进、抽丝剥茧地为我们提供了答案。本书不仅具有较高学术价值，而且对从事新闻传播工作的人来说也具有很强的实用性，值得一读。

中国政法大学光明新闻传播学院教授、硕士生导师　黄金

我与亚晶老师结缘于十三年前一场关于"媒体融合"的对话，印象中他不断争辩媒体变革的"起点和归宿"，实有媒体记者的老辣苍劲，同时透着学者的雅和之风。如今读亚晶老师的新作，亦如十三年前的初识印象。书作以人类的认知系统来统辖新闻传播活动，从价值共识这一全新视角建构了新闻传播的基本规律，其逻辑架构体现了作者独有的世界观、自然观和历史观。读书如识人，读此书可识人，亦可观己观天地。

中国传媒大学副教授、硕士生导师　虞海侠

我与刘亚晶老师因北京市记协的委托课题而有缘相识。作为课题委托方的负责人，亚晶老师尽心尽责，为我们组织安排了大量宝贵的调研机会。从央媒到县级融媒体中心，从纸媒到广电再到新媒体，我们的足迹遍布大江南北，获得了大量媒体单位的第一手资料，这些资料为课题研究的顺利开展提供了重要保障。在调研过程中，亚晶老师无微不至的安排、谦逊务实的作风、风趣幽默的谈吐、睿智深刻的见解，给我留下了深刻的印象。

《认知逻辑与新闻传播：信息化时代的生存之道》是一部极具启发性的著作，亚晶老师的学术背景和业界经验使得本书具有高度的理论和实践价值。他的研究不仅基于深厚的理论基础，而且结合了丰富的实践案例，从而使本书的分析既有深度又有广度。不论是新闻传播界的学者、从业者，还是对新闻传播有兴趣的普通读者，相信都能从本书中获得宝贵的知识和有益的启示。

推荐序一

求索无止境

人们总是在忙忙碌碌的工作中度过大半生的。一些人工作只是为了完成任务，而一些人却能从工作中积极思考、努力感悟，获得从工作到人生各种各样的经验、知识和智慧，丰富自己、惠及他人。这部书的作者刘亚晶先生，就是一位善于思考、不断求索的工作者。

从这本书中，我们可以得知，作者刘亚晶努力探讨了新闻传播与人类认知之间的密切联系，尤其是思考了在互联网时代背景下，新闻传播如何影响个体乃至整个社会的价值观和选择。这本书不仅涉及认知科学的一些基本理论，还从多个维度分析了新闻传播的作用和影响，强调了个体选择与社会传播之间的关系，尝试探究人生决策的复杂性和多样性。这本书探讨的是新闻传播领域的问题，作者的贡献还包含了他宝贵的个人感悟和对人生的深度思考。

诚如作者所言，人生是由无数个选择构成的，而这些选择又深受个人视野和价值观的影响。在这个信息爆炸的时代，新闻传播承担着构建和重塑个人及群体价值观的重要任务。通过提供各种信息和观点，新闻传播不仅能够影响人们的日常选择，而且能在更深层次上塑造社会的意识形态和文化倾向。

哲学的发展和认知科学的进步，为新闻传播研究提供了新的视角和方法论，使我们能够更深入地理解信息是如何被处理和解读的，以及这一过程是如何影响人类的行为和选择的。书中通过对认知本质的探索，寻求如何理解人类行为和决策的要点，并将记忆、感知、思维和意识等认知功能作为关键切入点。

书中强调了新闻传播在社会价值观形成和变革中的作用。在当前的社会环境中，新闻传播不仅是信息传递的渠道，而且是价值观交流和碰撞的舞台。通过分析不同的新闻事件和传播现象，书中展示了新闻传播如何成为影响人们认知、选择和行为的重要力量。

 认知逻辑与新闻传播：信息化时代的生存之道

作者的观察与思考颇有启发意义。书中对未来新闻传播的发展进行了展望。新闻传播在大数据、人工智能等新技术支持下，将进一步影响人类的认知和社会的发展。新闻传播也面临伦理挑战，需要担起社会责任。在新技术时代下，维护新闻真实性，已成为重中之重。

就从"他学科"的角度探讨新闻传播与人类认知的交织关系而言，这本书是一次有意义的尝试。它启发我们理解新闻传播影响力的多元视角，也激励我们重新思考个人选择、社会发展与传媒变革之间的复杂关系。在当今快速变化的信息时代中，人们该如何作出更明智的选择？在全球化的背景下，如何寻求价值观和发展方向？这本书，可为之打开一扇思考的窗户。

因为共同的领域，我有幸与作者成为工作之友。2009 年，受北京市记协的委托，我组织清华大学的团队撰写过首本《中国媒体融合发展报告》（由《新闻与写作》作为特刊刊发），此后该报告由北京市记协牵头每年出版新篇。其时亚晶是北京市记协相关工作组的台柱子之一，勤快而活跃，印象里他思考问题时经常独辟蹊径、与众不同。如今他写出这本著作，让我对他更加充满敬意。

清华大学新闻与传播学院教授、原执行院长
中国新闻史学会名誉会长
陈昌凤

推荐序二

厚积薄发的实践，日积月累的沉淀

"您好！我是北京市记协刘亚晶。"十多年过去了，电话里那熟悉的声音言犹在耳。初识亚晶秘书长时，我还是一名在新闻采访一线日夜奔跑的，《法治进行时》栏目的记者、主持人。那年，《法治进行时》正在进行《惊心动魄22小时》的新闻报道，对于如何提升节目的影响力，亚晶秘书长给予了非常专业的意见。同亚晶秘书长接触越多，就越能感受到他那种踏踏实实、乐于奉献、严谨认真的工作态度，这也让我由衷地感到了"记者之家"的温暖。

近年来，得知亚晶秘书长在做《中国媒体融合发展报告蓝皮书》和《北京市属媒体履行社会责任报告》，也多次接待了他带领的各大新闻院校专家团队来北京台调研。虽然见面不如做记者的时候那么多，但是感觉更近了。因为同在一条战线，我能深深感受到他对新闻行业的深刻思考和对新闻专业人才培养的不懈努力。

现在，亚晶秘书长撰写的《认知逻辑与新闻传播：信息化时代的生存之道》一书即将出版，在此由衷地为他感到高兴。书中许多独具一格的观点中最令我印象深刻的是，创新性地提出了"新闻传播的本质是价值观统一工具"这一观点。

这一观点归纳了构建时代化、大众化、现代化新闻传播学体系的三个基本命题：信息是构建认知的基本材料、传播是维系人类社会关系的基础资源、新闻传播体系是现代化社会治理体系的基本建设。可见，这一观点赋予了新时代新闻传播规律以更深刻的思考。

我和我的团队曾经创办了两次获得中国新闻奖一等奖的《向前一步》节目，节目播出300余期来，解决了北京市多年来积存的基层治理中的诸多难题，受益群众超过百万名。这档节目之所以能在社会上产生一定的影响力，可以说正是对书中所提出的"传播是维系人类社会关系基础资源"的深入实践。实际上，《向前一步》这档节目在创办时原本是个"命题作文"，其初心

是要报道好北京市疏解整治促提升的行动。正是因为充分遵循了传播规律，所以这档节目并没有采取单一正面报道的方式，而是确立了"调解"的模式，即通过媒体参与社会治理的形式，让基层政府、百姓、专家沟通团等坐在一起，"大家商量着办"。为了实现"有效传播"这个目的，栏目组一度遭遇了很多的困难：有的选题要跑上半年甚至一年，而要说服多方当事人现场为了公共利益而让步，更是难上加难。例如，我们的记者曾经为了解决某小区的物业管理问题，一夜之间敲开了600户居民的家门征询意见。当然，我们的努力付出，最终不仅让广大群众深刻理解了疏解整治促提升行动的不易、艰辛和惠民性，而且有效搭建了基层政府与群众之间共建、共治、共享的沟通平台，从而为北京的超大城市治理提供了新思路、新样板。

《向前一步》不仅是全国首档聚焦基层治理现代化的栏目，也是全国首档媒体参与社会治理的创新实践。如前所述，它既是亚晶老师书中观点的生动实践，也是对"传播是维系人类社会关系的基础资源"这一规律的充分遵循，践行了书中所阐释的"新闻传播体系是现代化社会治理体系的基本组成"这一重要观点。如今，全国有多家电视台在学习《向前一步》中的"媒体治理"先行经验。所以说，智能化的新闻传播体系是现代化社会治理体系的"新基建"和"新质生产力"，这是新时代赋予当代新闻记者的责任和使命。我想，正是因为亚晶秘书长在新闻一线奋战多年，对于新闻实践的优秀案例能够做到了然于胸、融会贯通，方能提炼出如此深刻的理论思考。

亚晶老师有着近30年记协工作的沉淀，长期研究新闻传播实践的积累，特别是有着多年来在业界与学界之间搭建平台、沟通交融的经历。这也正是书中独特的视角，生动的案例，以及令人耳目一新、鞭辟入里的观点的重要来源。相信亚晶老师的这部著作会成为新闻从业者和新闻研究者喜爱的案头书。

此时提笔，又想起十多年前我和亚晶老师电话里相识的那一刻。书中千言万语，字字凝结的是亚晶老师对新闻事业的挚爱，对新闻理想的执着，对新闻行业的洞察。一如我们当年的初心不改，希望捧起这本书的你也是。

北京广播电视台党组成员、总编辑

范长江新闻奖、金话筒奖获得者

徐滔

推荐序三

从信息域到认知域——兼谈新闻传播的中介性

在迄今为止的新闻传播研究中,认知逻辑很明显地被疏忽了。这自然不可能完全撇开认识论的原因,毕竟从猿到人、从人到人工智能是一个机体逐渐进化、认识不断深化的过程。此外同样值得一提的是,认知概念其实具有鲜明的当代性。

首先,认知作为一个重要领域进入人们的视野,与虚假信息泛滥这一现象是相伴而生的。自互联网出现以来,特别是进入新千年之后,国际风云剧烈变幻,其间若干海外社交平台起到推波助澜的作用。此类作者往往披着所谓言论自由、互联网自由的外衣,而行舆论战、心理战、认知战之实。这种现象不仅在东欧、北非、中东等地的政治风暴或颜色革命中反复上演,而且在西方国家内部不断滋生,讽刺性地反噬了其自己。对于西方国家大规模地使用认知武器来达成种种地缘政治目标的企图,人们已经是洞若观火了。这是一个重要的时代背景,它表明传统新闻学(特别是西方新闻学)将所谓的客观、中立、平衡等价值观奉为圭臬,实际上这是一种十分虚伪的包装,而他们的本来面目正在越来越清晰地暴露出来。

其次,得益于认知神经科学、脑科学、人工智能以及脑机互动等领域的科技进步,人们能够更加深刻、更加深入地洞察认知活动背后的机理。人类不仅因怀揣遏制不住的好奇而普遍地关注外部的异样变动,而且对人类个体或者说生物有机体内部的黑箱也有着十分旺盛的求知欲。没有这样一些生物学的或医学的成果的堆叠,无疑我们还要在黑暗中摸索许久。这些进步虽然尚未揭示认知领域的全部规律,但是已经为我们打开了一扇扇窗户,这些窗户正在言说着认知的深层秘密。更重要的是,这也给了我们比以往更强的信心跳出行为主义的窠臼,来触摸或品味无比复杂的人类性灵世界。

此外,姑且将认知战这一类武器化的案例置之度外,即使是普通的、日常的新闻传播活动,其实也暗藏着通向认知域的阶梯,这是新闻传播的中介

性的一个新维度，不只是从 A 到 B，并且是从 A 到 X。只不过，点亮前行的阶梯需要一批理论洞察力和实践领悟力兼备的探索者。本书作者刘亚晶先生正是这样一位立足行业潮头的慎思者、笃行者、燃灯者。正如他在书中所阐明的，认知不仅关涉个体的抉择、社会的演进，而且贯穿新闻传播的全程。认知是新闻信息传播具身实践中的一种非常活跃的因素，好比支点、枢纽或杠杆。揭开认知逻辑的面纱，具有不容小觑的启迪价值。

在某种意义上，认知域与信息域难分彼此。比如，它离不开网络软硬件，或者说离不开信息基础设施。从信息社会的底座，到信息社会的建构，再到现实和虚拟世界中的种种交锋、冲突、争斗，这些构成了当代独特的全球景观。这种景观也意味着三个彼此交织的场域同时将人们置入其中，这就是物理域、信息域和认知域。从信息域到认知域，彰显了舆论不仅是社会的肌肤，而且可能构筑了某个群体、某个集体的灵魂。

要而言之，新闻、信息、舆论与感知相关，也与信念相关；与有意识的社会行动相关，也与集体无意识相关。事实与价值相勾连，它们是人类安身立命之凭借，具有本体论意义上的重要性。由此推之，认知作为一把打开未知宝库的钥匙，无疑将引导人们进一步求索无限可能的理论空间和意义空间。充分把握其中的内在规律，必将有助于我们在信息时代、数字时代、数智时代更好地生存和兴替。长远地看，这也有利于人类从自在的、自为的状态步入自由的状态，有益于人类社会的和平、繁荣和可持续发展。

暨南大学新闻与传播学院院长
教授、博士生导师
支庭荣

推荐序四

《认知逻辑与新闻传播：信息化时代的生存之道》读后

有幸收到亚晶主任的新书稿《认知逻辑与新闻传播：信息化时代的生存之道》，先睹为快后的深刻印象是论证透彻、鞭辟入里、警句频现。作者以独特的视角解读认知与人生选择、人生价值和生命之间的逻辑，提出了一连串的精彩论断，如人生是一个又一个选择的结果、所有的选择依赖于价值观、价值判断是认知系统的基本功能等，并提出"新闻传播的本质是价值观统一工具"的灼见。我第一次看到把人生命运与新闻传播以这样独特的认知逻辑关联起来，感觉甚是有趣，也有些意外。

但细想一下，这样的行文逻辑似乎也是一种必然。虽与亚晶主任见面次数不多，但还是捕捉到了他博学、通透、率真的一面，语言风格常有"语不惊人死不休"的感觉。还记得在合作的研究报告修改中，他字里行间的精彩批注既缜密又自由开放，每每让我有脑洞大开的感觉。在这本新书中读者也可以体会到，作者善于旁征博引、引经据典，不失幽默也不失主线，收放自如。我想应该是作者独特的经历、深厚的阅读体验、缜密而又开放的性格，才成就了这样不同于一般学术著作的行文风格。

通读书稿，发现本书有许多可圈可点之处。本书分三篇——上篇"认知与人生选择"、中篇"认知与新闻传播"和下篇"认知进化与人工智能的未来"。在上篇，作者用了三章的篇幅对认知本质、认知规律和认知结构进行解读，尤其是对认知思维层次的分解，很是清晰。在中篇，作者用了四章的篇幅厘清了认知与新闻传播之间的内在逻辑，尤其是提出的"新闻传播价值论与舆论场力学模型"令人耳目一新。在该模型中，作者对新闻事件的价值赋值与舆论场中的价值赋值，新闻事件在舆论场中运动所获得的势能和动能的互动转化，新闻事件的运动轨迹产生大于价值赋值落差的超位移而形成的舆论焦点，多个舆论焦点相互影响而形成舆论波浪，舆论波浪对舆论场价值赋值所可能带来的堆积效应、冲刷效应和推平效应等环环相扣的论述，甚是精

彩，扣人心弦，直探问题本质。在下篇，作者对人工智能的思考与预测也令人印象深刻，诸如"信息的传播媒介将不再是光和电的波动""认知化生存或将终结人工智能"等论断亦很独到。

品一本书，知一个人。以上所感可能挂一漏万，不足以概括全书各篇章之精彩，愿读者能在本书的阅读体验中深切感受作者的思想与厚意。

中国传媒大学教授、博士生导师

卜彦芳

自　序

对于人生而言：
成功像麻醉剂，让成功者总想要一次更强的刺激；
失败像清醒剂，让失败者难拒再一次麻醉的诱惑。

——笔者

莎士比亚的著名戏剧《哈姆雷特》中有一句非常经典的台词："To be or not to be, that's a question."我则认为，对于芸芸众生而言，"To be or not to be, that's a choice only"，即生死不过是一个选择，而"How to choose"（如何选择），才真正是个 question（问题）。

比如，在某次大学生辩论赛上有一个经典的辩题：人生应该轰轰烈烈还是应该平平淡淡？

一方说：平平淡淡才是真。另一方说：生当作人杰，死亦为鬼雄。

辩论赛上各有各的观点，辨得激烈，热闹而有趣。可是，人生不是辩论赛，对于每一个活生生的人而言，不能以辩论的输赢来决定人生的价值和意义，只有人的真实选择才能决定人生的价值和意义。选择看似很容易，但是当面对真实人生的不确定性时，如何选择或许比登天还难。

比如，一个翩翩少年，遇到一个颜值、家世、才情俱佳的女子，追还是不追？《诗经》中不是说"窈窕淑女，君子好逑"吗？然而，如果让他同时面对一个极其诱人的商业机会但前提是放弃这位女子，鱼和熊掌，他又会怎么选择呢？瞻前顾后的人，往往因错失良机而懊悔；奋力一搏的人，又往往因难以承受巨大的代价而感伤。试问，人生可以承受几次这样的错失良机或巨大代价？

一、选择定义人生

人的一生，可以有多少选择？理论上很多，实际上却少得很。比如，早

 认知逻辑与新闻传播：信息化时代的生存之道

餐是吃面包还是吃油条？你似乎可以随便选，但实际上却不能完全自主。总会有一些人，把吃油条还是吃面包这件事从身体健康到传统文化讲出各种道理，让你觉得不论怎么选好像都是有问题的，即使硬着头皮吃了也会感到惴惴不安，或许第二天就被迫换了一个选择。

就个体生命而言，不论拥有多少自由选择的权利，不论你的选择是心念一动、兴之所至，还是反复推演、深思熟虑，不论选择的结果让你兴奋异常还是黯然神伤，都印证了一个事实：你的一生是一个又一个选择的结果。平平淡淡的人生或者轰轰烈烈的人生，不是辩论的结果，也不是科学设计或者逻辑推演的结果，而是选择的结果。今天的你是由昨天的选择造就的，明天的你也是由今天的选择造就的。人生就好比是一条没有尽头的路，在每一个岔口，你都必须选择一条支路到达下一个岔口，反反复复直到生命的尽头。一路前行，一路选择，所有你经过的路、看过的景，就构成了你全部的人生。至于成功与否，幸福与否，值得与否，都是你自己选择的结果。

《黄帝内经·灵枢·本神第八》中，岐伯答曰："天之在我者德也，地之在我者气也。德流气薄而生者也。故生之来谓之精，两精相搏谓之神，随神往来者谓之魂，并精而出入者谓之魄，所以任物者谓之心，心有所忆谓之意，意之所存谓之志，因志而存变谓之思，因思而远慕谓之虑，因虑而处物谓之智。"翻译成现代语言就是，欲望是人自身的本性，满足欲望是生命存在的本能，思虑谋划以满足欲望是人类特有的能力与智慧。所谓人生，就是人不断变化的各种欲求和试图满足自身欲求的一系列选择。

选择就是人为满足生存和发展的需要而做出的判断和抉择，就是"有所忆而存变，因远慕而处物"的过程，这是人类的智能认知系统最基础的功能。有了这个功能，人类的认知系统就好像是一件精妙的器具，没有这个功能，就只能是一堆碎瓷片。为满足需要而发现资源、获取资源、转化资源，由此形成的为满足从冷暖饥饱到理想信仰之间的各种需要而做出的判断和抉择的集合与行动结果的集合之并集，选择、定义了某一人生内容和人生意义。

二、选择是价值判断的结果

进一步仔细地观察，其实选择就是有关需求的重要性与对应的风险和代价的计算：把不同的预期收益除以可能的风险得出的商数；再把这些商数进行比较，选出同最大商数对应的那个选项。其中的预期收益就是需求的重要

程度（假设其为 0 到 9 之间），风险则是投入的成本和代价［假设其为 1 到无穷大（∞）］。这样看来，所谓选择就是把对应的收益和风险，放在价值观的天平上称量一下，选择自己认为风险最小（≥1）和预期收益最大的一种可能（即商数最大）。

理论上，只要把预期收益和风险逐一求商，就可以完美地进行选择。但是在实际操作中，收益和风险都是无法精确测量的模糊值。这是因为"人非圣贤"，不具备精准感知需要和预知未来的能力，只能根据既有的经验来大致地评估预期收益和风险。因此，所有的选择都存在不确定性，选择的不确定性决定了人生也存在不确定性。

计算、权衡风险与收益的这个工具就是价值观。"生命诚可贵，爱情价更高。若为自由故，二者皆可抛。"裴多菲的这首诗歌诠释了其选择的依据，即自由的重要性高于爱情，爱情的重要性高于生命。这就是一种价值观（即对需求重要性和风险、代价的判断）。

所有的选择都必须借助于甚至完全依赖于价值观。中国有一句非常深入人心的价值观名言："万般皆下品，唯有读书高。"为什么呢？因为"书中自有千钟粟，书中自有黄金屋，书中自有颜如玉"，读书看似风险不大，收益却不小。"唯有读书高"可以说是深入中国人骨髓的价值观。甚至，还有许多家长把幼儿园当作自家孩子的人生起跑线。因为不能输在起跑线，所以起点一定要高，以为这样就可以一路顺风，人生可以完美收官。其实，且不说上一个好幼儿园或小学，然后一路高分晋级能不能算是高起点，就算是吧，当其走进社会，踏入职场，这个高起点到底价值几何？其实非常不确定。

人生当然可以规划和计算（当然并不是数学意义上的计算），但是，再完美的规划和精确的计算都不能保证人生的结局，谁也不能保证百分之百地借此达到目标。

当人的感官具备了接收、存储、处理信号能力的时候，就会逐步构建起来一个叫作认知的系统。这个系统一建立，就开始为满足欲求而不停地做出选择。数以千万计的选择，不断地、重复地接受奖励和处罚，如温饱感与饥寒感、欣快感与挫败感、安全感与恐惧感、抑郁感与焦虑感等。由此逐步形成相对稳定的认知反应模式，也就形成了价值观。

价值观的产生，有赖于环境信号和行为反馈。这些信号和反馈的一部分被称为直接经验，即亲身经历的事情，如吃饱饭、不受冻、受表扬、遭训斥、

 认知逻辑与新闻传播：信息化时代的生存之道

被惩戒等；另一部分被称为间接经验，即通过口传心授而获得的经验，如先贤的箴言、父母的训诫、师长的教诲、伙伴的劝诫、艺术的启发等。

价值观的建立和完善有赖于直接经验和间接经验的集合。这个集合越丰富，价值观就越有效能。一个少为人知的事实是：许多人都认为自己的人生自己能做主，其实是经验在做主，或者说是环境在做主，更常见的情况是别人施加于你的价值观在做主。只是大多数时候，你自己并不确知，或者感觉不明显而已。如果你的选择与环境不相适应，那么结果一定不是你所期望的，即所谓过于超前的选择或者过于落后的选择，其失败的概率常常很大。孙中山曾经说过，世界潮流，浩浩荡荡，顺之则昌，逆之则亡。此话就体现了环境与社会整体对于个人选择的毋庸置疑的影响。

价值观的形成过程，既是信号与反馈的过程，也是奖励与惩罚的过程，但绝对不是"条件反射"和"非条件反射"的过程。价值观的形成是在人的生物属性和社会属性的双重作用下，在物质生活和社会生活、精神生活三个维度上，于个体认知中刻画出来的痕迹，即道家说的一（本质）生二（属性），二生三（维度），三生万物（包括对万物的认知）。即便是巴甫洛夫先生的那条狗，也具有简单的认知能力，同时具有生物和社会的双重属性，具有物质、社会、精神生活的三个维度，甚至或许也具有简单、粗陋的价值观，从而具备"狗生"的一切内容。

人生可以分成三个层次：生命的层次、认知的层次和社会活动的层次。在生命的层次上可以细分为基因遗传的堆积、细胞繁殖的堆积、物质代谢的堆积等。在认知的层次上可以细分为知识经验的堆积、价值判断的堆积、信息传播的堆积等。在社会活动的层次上可以细分为生产劳动的堆积、人际关系的堆积、社会秩序的堆积等。就这样一层一层堆积起来，或者构成一幅美丽的拼图，或者成为一地鸡毛。但不论如何，这样一层一层的堆积物，就是人生全部的内容。地质学家通过岩层样本，可以解读出地质变迁的情形；认知学者通过解读人生的"堆积样本"，就可以阐释人的价值，解读人生的意义。当然，每一个解读者，都会得出不同的结论。

人生的每一个层次都对应着人的某种属性：生命的层次对应人的生物属性，认知的层次对应人的认知属性，社会活动的层次对应人的社会属性。这三个属性共同构成了人的整体属性，决定了人生的轨迹和样貌。如果只是把人规定为生物属性和社会属性，而忽视了其认知属性，就无法把人类和哺乳

动物区别开，所以认知属性是人的一个重要属性。

三、价值判断是认知系统的基本功能

认知是一套精密的智能系统，构成这个系统的各个单元或者模块，是人类社会进化过程中逐步形成和确立的诸如法律、教育、艺术、科学、政治、信息传播、信仰等知识和经验。具有不同特性和功能的模块组合、连接起来，就构建起复杂的智能系统。

按照一般的定义，人类智能认知系统对外部环境做出辨识、理解、判断和选择的工具，就是价值观。人依据感官和思维器官辨别和理解周围的事物，依据价值观做出判断和选择，从而实现认知系统的基本功能。若认知系统没有这样的功能，认知就失去了其对于人类生存的意义。恰恰是因为认知系统具有这样的功能，所以人类可以凭借其实现生存与发展，建立起人类文明。

人类的智能认知系统必须与人类的进化相协调，与人类的生活相一致，与人类社会的结构相契合，作为认知系统之自然功能的价值观也必然随着人类社会的发展而逐步完善并日趋复杂。同时，每一个个体的价值观与群体价值观通过"复合"而成为人类整体的价值观体系，再加上维护体系稳定和发展的社会文化、社会组织结构与社会管理制度，就构成了人类文明的基本要素。其中，核心价值观构成了人类文明的核心内容。因此，每个生存于这个文明之中的个体所能做出的选择（或者说自由选择的空间）就必然存在于这个文明范围之内。随着文明的进步、发展、完善，个人可以获得更多的选择自由，却不能超过人类文明发展阶段的限制，除非你生活在穿越小说之中。

在当下的互联网时代，新闻传播在构建人类整体价值观中的作用越来越重要。英国作家阿兰·德波顿（Alain de Botton）在《新闻的骚动》一书中提出："新闻如今占据的权力地位，至少等同于信仰曾经享有的位置。"他说："哲学家黑格尔认为，当新闻取代宗教，成为我们的核心指导来源和权威经验标准时，社会就进入了现代阶段。"他认为，当今社会，"晨祷变成了早间新闻，晚祷成为晚间报道"。他说："面对新闻，我们也期盼获得启示，希望能借此分辨善恶，参透苦难，了解人生在世的种种道理。同样，如果我们拒绝参与这项仪式，便也可能被归入异类。"他甚至说："事实上新闻不但在影响我们对现实的感受，也在雕刻我们灵魂的状态。"

阿兰·德波顿的观点，从一个方面佐证了笔者的一个观点：新闻传播的

认知逻辑与新闻传播：信息化时代的生存之道

终极价值就在于解构和重构从个体价值观到整体价值观之全部的价值观体系，即用"变化的事实"解构旧的价值观，用"变化的事实"重构新的价值观。这就是新闻传播对于人生的意义，也是对所有人（即社会）的意义。此处的事实两个字应该加上引号，因为它意味着是传播学意义上的事实，而不是客观实在的事实。这一点，相信具备传播学常识的人都可以理解。

在大多数日常生活中，人们并不是抱着诸如宗教经典、法典律条、道德文章、学术著作这些复杂而庞大的东西做价值判断的，因为那就意味着如果不掌握这些复杂而庞大的东西，人就没有价值观可言了，从而否定了价值观普遍地存在于每一个生命个体的认知之中这样一个显而易见的事实。其实，即使是我们认为的那些有认知缺陷、精神异常、智力低下的人也存在哪怕是残缺不全的价值观，这也是一个不争的事实。

比较实用的价值观体系实际上往往被简化为谚语、格言和警句等常用又实用的工具，本书中把这些称作价值信条。正是这些简练而实用的价值信条，以间接经验灌输的方式，把抽象而庞杂的价值观体系变成人生选择中简单、实用的器具。

人生可以被形象地比喻为由一系列价值信条之石所铺就的路。你遇到一块石板，解读上面的提示（价值信条），并决定是否踏上去，石头下面或许是宝藏，或许是陷阱，只要你做出决定，就会得到奖励或者惩罚，然后你再踏上另一块石板……就这样，你一路走过去，直到没有石板可以踏上去为止（即到达生命的终点），你完成了你的人生——你所选择的人生。

当你面对一个价值信条时，你或者会相信，或者会怀疑。信与不信，也是一种选择。信而行之，或者悖而逆之，都是选择的结果。每一个选择之后，一个新的你诞生，一个旧的你消亡，所谓"方生方死，方死方生"，如此往复。不停地选择，不停地变化，人生是诸多选择的结果，诸多选择的结果也就是人生。

人类进化的过程，就是包括新闻传播在内的诸多价值传播工具，越来越强有力地介入人的每一个价值判断和每一次选择的过程。那么问题来了，面对即将到来的AI（人工智能）的时代，会不会有什么东西能帮助我们做价值判断和人生选择，甚至直接代替我们做出选择呢？假设你的所思、所想、所作、所为，都被AI记录下来，并经由大数据模型算法加以统计分析，然后告诉你，你曾经做出的选择中有百分之多少是利大于弊（或者相反）的，甚至让你相信，机器根据你的人生大数据模型做出的选择更有利于达成你的人生

自 序

目标，成就你的人生意义，那么你是不是会放弃自主选择的权利，变成被机器或数据操控的"稻草人"呢？那时候，如果大数据告诉你，选择放弃所有的欲望（包括生存的欲望）会让你的人生更有意义，你会选择关掉欲望的电源吗？而彼时的人生又会是什么样的面貌呢？

不论你是新闻从业者还是新闻传播中的受众，这个界限实际上已经越来越模糊了。在人人拥有麦克风，个个都有话语权的智能化信息时代，你该知道，你选择的事实，你接受的事实，你传播的事实，不仅关乎你的人生，也关乎与你或近或远的他人的命运。大而言之，你说或不说以及怎么说，甚至可以"决定人的生死"。2023年两会期间社会各界热议的话题之一就是如何防止"按键杀人"，网络暴力导致网民自杀的事件正在引起社会各个阶层的重视。"麦克风可以有，话语权要慎用"或将凝聚起网民的共识。

在舆论生态、媒体格局发生深刻巨变的时代，新闻传播伦理、新闻传播素养和新闻传播体系的基础性建设，已经上升为人生的重大问题，甚至可以成为与生存同等重要和紧迫的问题。这也正是本书写作的初心和动因。

四、本书试图说明的几个问题

第一，人生是选择的结果。人生的丰富、精彩程度与选择的多寡正相关，越多的选择意味着人生越丰富，更多智慧的选择意味着人生更精彩。

第二，选择是价值判断的结果。价值判断的能力与认知系统的性能正相关，即认知系统的性能越强，选择正确的概率就越高，行为的收益就越大。反之，认知系统的性能越弱，选择越模糊，其结果就越具有不确定性。

第三，价值观是选择的工具。价值观的正确性与认知空间的结构性和系统性正相关，认知空间结构越丰富、系统越完善，价值观就越正确；反之，认知空间的结构越简单、系统越零碎，价值观就越不正确。

第四，构成认知空间的基本元素是记忆。记忆与经验正相关，经验越丰富，认知空间越复杂；反之，经验越稀少，认知空间也就越单薄。这里的经验，是指人生中所经历过的、在生命和社会活动中获得的全部信号和反馈的集合，包括感性经验和理性经验，以及直接经验和通过信息传播获得的间接经验。

第五，一切人生的问题都与选择直接相关。一切新闻传播的问题都与价值观直接相关。因此，价值观是新闻传播与人生选择的媒介（使两者发生影

认知逻辑与新闻传播：信息化时代的生存之道

响的中介物），也是研究人生问题和新闻传播问题的枢纽。把握了这一枢纽，则纲举目张，所有关于人生和新闻传播的问题，就会有一幅清晰且合乎逻辑的思维导图，从而使复杂的问题变得简单明了、生动有趣。

笔者最早开始思考选择与人生的问题时，看到了中国政法大学光明新闻传播学院阴卫芝教授的著作《选择的智慧》，这是一部新闻伦理学的著作，新闻伦理或者说新闻职业道德也一直是笔者的主要和重要的工作内容。不论在哪个国家，新闻伦理或者说职业道德问题，都是其新闻工作者组织重要的工作内容。自2009年起，笔者所在的北京市新闻工作者协会（北京市记协）联合清华大学、暨南大学、中国政法大学、中国人民大学、中国传媒大学等国内知名高校，开展媒体融合发展的课题研究，新闻传播与社会生活的关联性成为我们关注的焦点。就笔者个人而言，更加看重新闻传播对个体生命的影响，这也吸引着笔者开始有意识地阅读和收集这方面的资料。十多年的积累，使笔者对新闻传播之于价值观，价值观之于选择，选择之于人生等问题，有了一些有趣的想法，自然而然地萌生了写这本书的动机。

笔者认为，任何一门学问，无非是对某一事物内部结构的不断深究，对它与周遭事物的关系的条分缕析，对它所处环境以及环境变化的审慎参详。结构即本质，关系即属性，环境即变化。新闻传播学就是这样一个"大模型"，引入或微调其中的变量参数，就可以让这个模型呈现出不同的形式。把人生、社会、文明看作一个模型，来观察和研究新闻传播的价值和规律，把参与新闻传播活动作为走向精彩人生的桥梁，这是笔者作为一个新闻传播的观察者，一个从事新闻工作28年的新闻事业发展参与者，希望为每一个思考人生意义及新闻传播未来的人，提供的一个独特的观察的视角和一点启发、借鉴。

写作之中，笔者尽量回避了复杂冗长的引述、论证过程，那不仅是对笔者，而且是对读者的一种折磨。为此，笔者力求简明扼要地阐述自己的观点，尽量提供一些轻松而有趣的例证，不是为了说服读者，只是想为读者提供一个有趣的观点，提供一个思考人生的有趣的视角。倘若能起到这样的作用，于笔者而言，善莫大焉。

本书的一些观点和案例借鉴了北京市记协与清华大学新闻与传播学院、北京大学新闻与传媒学院、中国人民大学新闻传播学院、中国传媒大学、暨南大学新闻与传播学院、中国政法大学光明传播学院等新闻院校在2009

自　序

年至 2022 年间联合开展的关于媒体融合发展、新闻伦理研究、新闻人才培养、新闻媒体经营、舆情分析与研判等课题的研究成果。在此，向参与课题研究的陈昌凤、宋建武、支庭荣、刘德寰、胡百精、董天策、韩晓宁、阴卫芝、王佳航、陆鹃、殷乐、卜彦芳、姬德强、虞海侠、崔凯、黄金等老师表示衷心的感谢。

目 录

上篇 认知与人生选择

第一章 命运即人生选择的空间与边界 ……………………… 3
 第一节 人生选择的进化简史 ……………………………… 4
 第二节 成功学为什么解释不了"命运" …………………… 7
 第三节 命运是人生选择的边界围成的空间 ……………… 10

第二章 认知维度决定选择的空间与边界 …………………… 16
 第一节 关于认知的本质 …………………………………… 20
 第二节 关于认知的结构性 ………………………………… 28
 第三节 关于认知的系统性 ………………………………… 37
 第四节 关于认知系统的功能 ……………………………… 40

第三章 人生是个体化的认知活动 …………………………… 45
 第一节 关于选择的基本定理 ……………………………… 46
 第二节 价值观是天然的选择工具 ………………………… 51
 第三节 价值观的三大技能 ………………………………… 54
 第四节 价值观与认知空间的关系 ………………………… 58
 第五节 认知空间里的人生密码 …………………………… 66

中篇 认知与新闻传播

第四章 新闻传播是社会化认知活动的高级阶段 …………… 93
 第一节 几个需要厘清的基本概念 ………………………… 97

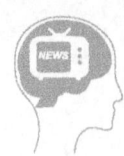
认知逻辑与新闻传播：信息化时代的生存之道

  第二节 认知空间与价值观的属性 …………………………… 101
  第三节 价值观传播简史 …………………………………………… 107
  第四节 新闻传播的基本规律 ……………………………………… 116
  第五节 新闻传播价值论与舆论场力学模型 ………………… 126

 第五章 新闻伦理是全社会关于新闻传播的必要认知 ………… 142
  第一节 什么是新闻传播伦理 ……………………………………… 143
  第二节 新闻伦理规范的产生与发展及其原因分析 ………… 147
  第三节 新闻传播伦理是社会福祉的专业表达 ……………… 160
  第四节 新闻传播伦理的发展趋势和方向 ……………………… 164

 第六章 媒介素养是全社会关于新闻传播的充分认知 ………… 169
  第一节 信息传播素养是人类社会化生活的基础 …………… 169
  第二节 新闻传播素养是信息化时代的生存之道 …………… 174
  第三节 提高新闻传播素养的途径和方法 ……………………… 180

 第七章 新闻传播体系建设是全社会的充要认知 …………………… 182
  第一节 社会传播体系建设是现代社会发展的刚性需求 …… 182
  第二节 新闻传播的社会体系建设 ……………………………… 189

下篇 认知进化与人工智能的未来

 第八章 关于人工智能时代的思考 …………………………………… 203
  第一节 什么是人工智能 …………………………………………… 204
  第二节 人工智能与人类智能的区别 …………………………… 209
  第三节 关于人工智能未来发展的前沿问题 ………………… 214
  第四节 关于人工智能未来发展的展望 ………………………… 219
  第五节 未来智能媒体的发展前瞻 ……………………………… 223

 参考文献 ………………………………………………………………………… 230

上篇
认知与人生选择

第一章

命运即人生选择的空间与边界

关于选择：
幸福像海洋，沉下去就出不来；
苦难像台阶，迈不过去就摆不脱。

——笔者

本书所讨论的人生，仅限于比较狭义的人生，即个体从出生到死亡之特定的时空阶段，以及个体的生命历程中所能触及的有限的人际关系。规定这样一个范围，是因为如果不做这样的限定，就无法厘清书中涉及的一些概念的边界。

与传统的各种关于人的定义不同，笔者认为一个具体的人，应该是由三个子系统构成的一个复合自洽系统：

第一，负责从物理时空中获取各种必要物质资源的运动系统；

第二，负责转化物质资源的能量转化系统（生殖也是一种能量转化）；

第三，负责协调和指挥上述两个系统的智能认知系统（即人的认知系统。本书根据具体语境，会选择使用"智能认知系统"或"认知系统"）。

鉴于其中的能量转化系统、运动系统与其他生物——从微生物到高等级生物，在抽象意义上并无本质区别，因此，人的认知系统显得更加重要。如果对人的认知系统没有一个明确的认识和把握，那么我们就很难讨论人生的各种问题，因为那很容易与"猴生""猫生""鱼生"等相混淆，从而使问题变得庞杂和混乱。就像庄子与惠子的那场"子非鱼，安知鱼之乐？"和"子非我，安知我不知鱼之乐？"的辩论一样，永远也不会有确定的结果。

 认知逻辑与新闻传播：信息化时代的生存之道

人的智能认知系统在生物学意义上与某些动物的认知系统并无本质区别，无非是感觉器官+思维器官（脑）+传导器官。但在功能上，二者可以说有天壤之别。人的认知系统中有编码、演绎、转译、传播这四大功能。特别是传播功能，使得个体可以借由语言、文字、知识、文化等多种载体的信息传播、传承、了解前十几代人乃至几十代人的生活经验，并成为个体认知的有机组成部分。以此为基础，个体认知可继续创造出前所未有的新知识和新技能。正如尤瓦尔·赫拉利在《人类简史》中所描述的，价值、货币、股份公司、国家、天堂和地狱等自然界不存在的事物，都是人类智能认知系统的产物。智能认知系统使得人可以经由已知的经验推演出全新的场景，并可以根据那样的场景来规划自己的行为，甚至可选择牺牲自己的利益乃至生命。正是人类所特有的智能认知系统的这一功能，构建起了复杂的社会体系，使人类之中任何一个个体的存在方式，都与其他生物具有了质的区别。

所以，拥有智能认知系统是人与动物的本质区别。认知决定选择，选择决定命运，命运决定人生的样貌。

第一节　人生选择的进化简史

对于人生而言，"选择重于一切"。但人类并非从诞生时起就天然具有强大和复杂的选择能力。从认知革命的视野观察社会结构，人类文明进化大致经历了群居、族聚、家国这三个阶段。在这三个阶段里，人的选择的自由度和空间也大不相同。选择的权利和选择的自由是随着人类社会的发展进化而逐步丰富起来的。

群居是人类社会结构的孕育状态。大体上近似于人人平等、各尽所能、平均分配的一种状态。一个群落往往就是一个大家庭，以强壮者为尊，人们相互依存，逐水草而栖，过着朝不保夕的采集和狩猎生活。这个阶段人的选择极其有限，离开了群落就是死路一条，想获得更多的食物，基本看老天的眼色。没有私产，也就没有财富一说。家长不是选举的，也就没有权力可以追求。没有婚姻制度，也就无所谓三妻四妾。现代人所热衷的一切，如金钱、权力、荣誉、民族、国家乃至上帝等，在当时甚至连概念都还不存在，既然没有追求也就无所谓选择。

第一章 命运即人生选择的空间与边界

族聚是人类社会结构的婴儿状态。这个阶段除了语言和生产工具外,原始信仰和原始文化也开始出现。此时,最具有社会学意义的表现就在于有了社会分工和社会组织。在群落内部,妇女和儿童负责采集,青壮男子负责狩猎。群落有了家长意义之外的首领,首领之外还有负责占卜的巫师或祭司。具有亲缘关系的群落聚集在同一块土地上生活。群落也会因为地缘的关系结成联盟,以交易劳动产品,抵御其他部落的劫掠。但是这个时期,仍然没有完备的法律制度和完善的政治制度,没有稳定的家庭结构,也没有现代意义上的阶级(奴隶其实是和牲畜一样的财产)。

这个时候,人类有了一定的选择权,但基本上可以称之为"天选"或者"神选"。族群的首领基本上是具有遗传优势的个体,即那些体格矫健、反应机敏、经验丰富(即认知系统发达)的个体。在许多描写史前文明的文艺作品里,族群的首领常常是白须老者,这其实非常可疑。且不说那个时候人的寿命很短,许多人恐怕活不到白胡子的年纪,加之首领需要负很大责任,狩猎时往往冲锋在前,想要长寿更是不容易。因此笔者认为,首领必须是族群中体力最强壮者,并且是狩猎捕获最多的人。谁有能力,谁就自然成为首领。这种能力大概率是先天的,故称之为"天选"。当时,人们并没有遗传学的知识,那些具有先天优势的人,往往被认为是得到神灵庇佑的,因此也可以称作"神选"。此时,人类生活从简单的生存转而开始有了发展(繁衍壮大)的内容,但终究还是得靠天吃饭,看大自然的脸色行事,人还没有改造自然的能力,也就没有多少可以自主选择的机会和可能。

当历史再向前迈进一步时,氏族联盟逐步成为普遍的社会形态。于是就有了推举联盟首领这一"人选"的行为。中国历史上著名的炎帝和黄帝,就是人选的结果,那个时候联盟的规模已经多达上百个部落,由于结盟而构成了比较复杂的社会结构。中文的"社会"一词中的"社"就是社稷,是祭祀祖宗和神灵的场所;"会"就是不同的部落齐聚一处,祭祀共同认可的祖宗或者神灵。社稷和参加祭祀者就构成了"社会"。这个时候,维护联盟的稳定,发展壮大种族成为重要的选项,因此,有了原始的法律和政治制度,如选举制和议事规则。氏族内部也有了更细致的分工,如农夫和战士。原始的婚姻制度也登上了历史的舞台,如"娥皇和女英嫁与舜"。但是这个时候,人们可以选择的空间仍然十分有限。

当人类社会终于进入家国和帝国时代时,等级和世袭就成为基本的社会

 认知逻辑与新闻传播：信息化时代的生存之道

制度，现代意义上的阶级开始形成。等级森严和阶级固化，成为那个时代的典型特征。天子（所谓天下共主）只能是上一任天子的后裔，奴隶的后代只能是奴隶，诸侯、士大夫也莫不如此。要打破这一个规则和秩序，必须经过流血的战争。比如商代夏，号称"代天罚罪"；周代商，号称"吊民伐罪"。其间一千余年，从诸侯而成为天子的，恐怕也就是不多的这几个例子而已。

由士大夫晋级成为诸侯的，比较著名的就是三家分晋了。公元前453年，赵、韩、魏三家联合消灭了智家，瓜分了晋国。到公元前403年，周天子才正式承认三家为诸侯。从灭亡智家到成为诸侯，三家经过了50多年的努力，可见其困难的程度。史家都说："三家分晋，天下大乱。"后来，赵、韩、魏三国的国君虽然都成为诸侯，但其脑门上始终贴着乱臣贼子的标签。

从奴隶成为士大夫的，也不是没有，如战国时期那位著名的奴隶出身的政治家——百里奚。但他从奴隶到士大夫的逆袭，也不全是他自己的选择，而是秦穆公用了5张羊皮把他赎买回来，拜为秦国宰相的。不过这样的故事，翻遍春秋战国700多年的历史典籍，可以说是凤毛麟角。

由此可见，尽管到了帝国时代，人的选择仍然很少。天子是推选的，诸侯是天子封的，士大夫是诸侯封的，民是听命于士大夫的，奴隶则是以上各阶层的资产，连人的资格也没有。正所谓"世袭罔替"，"反则必诛"。

战国末期，随着商鞅变法的推行，一些人终于在法律上有了选择的权利——功选，以军功（也包括其他的功绩，但主要是军功）在政治待遇上获得爵位而成为上等的民或官僚，在生活待遇上获得物质封赏而改善一家人的生活，从而改变人生际遇并荫及妻儿。到了隋朝，科举制度出台，于是生民们又多了一种选择，即读书改变命运，正所谓"朝为田舍郎，暮登天子堂"。

下面说一说古希腊的民主制。从时间上看，轴心时代包括中国的春秋战国与古希腊的城邦社会时代。古希腊是民主制度，但是，那个"民"指的是拥有财产的自由民，它在总人口中只是少数，大多数的人是像斯巴达克那样的奴隶，奴隶既不能参与选举，也不能参与决策，甚至连生命权也掌握在奴隶主的手中。即使是自由民，因为在古希腊城邦那个阶段，一切以战争为最高价值，所以自由民的选择大多只能是战士，改变命运只能靠军功（相当于中国的军功爵制度）。只有贵族（大致相当于我们的士大夫阶层）才有被选举权。

直到西方文艺复兴和资产阶级革命时期，天赋人权的观念才逐渐被世人

所接受，自主、自由地选择人生才真正成为普通人可以拥有的权利。恰恰在这个时期，新闻传播不仅在概念上，而且在物质层面登上了人类历史的舞台。这仅仅是巧合吗？当然不是。它恰恰证明了本书的一个核心观点：新闻传播与人生选择存在着天然和密切的联系。这种联系正是本书观点可以成立的基础和得以阐发的原点。

进入互联网时代，人生的选择似乎具有了无限的可能。与之相伴，人也遇到了前所未有的困境——选择的困境。恰在此时，新闻传播被赋予了"甚至与宗教、信仰同等的地位"。这又进一步揭示了新闻传播与人生选择之间某种"神秘"的联系。

第二节　成功学为什么解释不了"命运"

关于人生的意义，有人说是"须尽欢"，有人说是"上天堂"，有人说是"修福报"，以及追求"真爱""自由"等"看上去很美"的东西，当下最流行的说法则是获得"成功"。似乎成功包含了人生一切的追求及其结果。只要成功，人生就圆满，就有意义，反之就是蝇营狗苟，甚至是"猪犬不如"。于是各种成功学大行其道，各种励志鸡汤充斥坊间，各种"大师"粉墨登场，众多信徒顶礼膜拜。极其残酷的现实却是，所谓的按照成功学理论培养的成功人士少之又少，抱着成功学的书卷而最终成功的例子，更是凤毛麟角。实际上，那些"成功人士"的成长经历往往离经叛道，不断颠覆成功学的"规律"。作为普罗大众没有不希望成功的，但是面对各种成功学的"大忽悠"，却只能更加迷茫，望成功而兴叹。

起点相同的人，经过时间的过滤，其命运往往有云泥之别。对于这件事，很多学者孜孜不倦地进行了大量的研究。天赋论、人格论、心态论、磨砺论、训练论，都因一些实例或数据而显得无限接近真理。但是，往往有更多的反例证明，这些理论看似无限接近真理，其实离真理还有着以光年计的遥远距离。那么真相何在？成功的秘诀究竟是什么？

美国心理学家本杰明·布鲁姆在20世纪深入考察了120名成功人士后发现，他们的成功都是后天自我成就的结果。"伟大是逐步练就的"，这句话是为扎克伯格立传的帕里·哈波迪亚说的。他还说："乔丹不是生而成为一名伟

 认知逻辑与新闻传播：信息化时代的生存之道

大的篮球运动员的，而是在实践中历练而成的。扎克伯格正在经历进化，并且必定会成为最伟大的 CEO 之一。"天赋论在这里被彻底否定了。但是说到历练，我们都知道，即使是由同一个教练训练出来的队员也有差别，并不一定都能成为世界级的体育明星。虽然不想当元帅的士兵不是好士兵，但是即便出自同一座军营，也不可能各个都成为战神。

是不是训练之外还有什么影响成就的重要因素？的确有学者提供了这样的研究成果。例如，斯坦福大学的心理学教授卡罗尔·德维克曾经深入研究了人们在面对成长时的心态。她发现，人们表现出来的种种心态可以归结为两种，一是定型心态，二是成长心态。在大量调查的基础上，卡罗尔·德维克告诉我们，如果你想实现心中的梦想，那么你就需要做一个拥有成长心态的人。这种心态可以让一个人在所有的事情上都更加成功。这种观点，很受一些"心灵鸡汤烹调大师"欢迎。比如著名的"半杯水"故事，就被很多"成功学大师"多次引用。心态真的可以改变甚至决定人生吗？我们不妨在百里奚身上检验一下，假如没有秦穆公的五张羊皮，百里奚的心态再好，能成为秦国的宰相并留名青史吗？再比如，心态好，谁还能好过孔圣人？孔子适郑，与弟子相失，独立于郭东门，郑人或谓子贡曰："东门有人，其颡似尧，其项类皋陶，其肩类子产，然自要以下不及禹三寸，累累若丧家之狗。"子贡以实告孔子，孔子欣然笑曰："形状，末也。而谓似丧家之狗，然哉！然哉！"这心态，谁能比肩？然孔子克己复礼的理想终其一生未能实现。可见形势比人强，对此圣人也只能感叹"时也，命也"，"甚至吾衰也！久矣吾不复梦见周公"。

诸论皆不能自圆其说，于是有人开始干脆从什么是成功入手来分析。哈佛大学用了超过 75 年的时间来研究什么样的人生是成功和幸福的。他们选了 724 个人，观察他们的人生：每两年，研究人员会对这 724 个人进行电话访问、调查问卷和客厅访谈；甚至从医院调阅他们的病例，通过"抽他们的血，扫描他们的大脑"来记录他们的工作、家庭和健康状况。这是一项堪称世纪课题的研究项目。该项目的第四代研究团队负责人罗伯特·瓦尔丁格（Robert Waldinger）教授说："这 724 个人，有的直上青云，有的掉落云端。通过分析这些长达几万页的记录，得到了这样的结论：人生的幸福，不是财富、名望，或者努力工作。良好的人际关系能保证人更加快乐和健康。发展得最好的那些人把精力投入人际关系，尤其是家人、朋友和周围的人群中。"

对于人际关系，尤其是家人、朋友和周围人群这样一个话题，我们如果让罗伯特·瓦尔丁格教授和鲁迅先生或者吴敬梓先生讨论一下，可能会很有意思。或者请罗伯特·瓦尔丁格教授读一读巴金先生的"激流三部曲"，他可能会瞠目结舌吧。论家人、朋友和周围人群的关系，世界上哪个民族比得上中国人？儒学的核心概念"礼"，就是所谓的人伦。君亲臣忠，父慈子孝，兄友弟恭等，在古代中国人心中拥有至高无上的地位。《管子》说："国有四维。礼义廉耻，守国之度，在饰四维。"其中礼是放在第一位的。礼在维护人际关系中具有的重要意义。就如《荀子》中说的："人无礼则不生（血缘关系），事无礼则不成（伙伴关系），国无礼则不宁（政治关系）。"由此，按照罗伯特·瓦尔丁格教授的逻辑，中国人都应该是最幸福和最健康的人，并且是发展得最好的那部分人，但事实似乎并非如此。

根据科学常识，成功学如果是科学，至少成功学的结论是可以放诸四海而皆准的，一个人能否成功也是可以预测的。但事实是，世界上至今只有一个比尔·盖茨，一个扎克伯格，一个巴菲特，一个马云，一个马斯克……所有成功学都还没有复制出哪怕是一个上面提到的成功人物。甚至，我们不能通过马斯克之前的经历准确预测马斯克未来成功的高度。所以，成功学不能称为科学。

至于心灵鸡汤，只能使人感觉好一些，并不能对人生的改变施加"可以测量"的影响。所以，成功学也好，心灵鸡汤也罢，都不能帮助你的人生获得幸福和成功，因为所有个体的人生都是无数选择的累积，只有选择的结果才是决定人生是否幸福和成功与否的唯一决定因素。离开选择，那便是狗生、鱼生、虫生等，而与人生并没有什么关系。

人生与幸福和成功的距离，是指在欲求和满足之间，有多少选项可以选择。一般而言，认知越复杂，也就是说阅历和知识越丰富，欲求和满足之间的空间越宽阔，可以选择的选项就越多；反之，阅历和知识越贫乏，欲求和满足之间的空间越狭窄，可以选择的选项也就越少。虽然在一个低欲望社会里，通常比较容易获得满足感，而在一个高欲望社会里普遍充斥着焦虑和抑郁，但是如果把观察的尺度放大一点则不难发现：认知越复杂，获得幸福与成功的概率就越大。

但是必须看到，人生的幸福、成功与人生的意义未必成正比。一些伟大的思想家、艺术家一生穷困潦倒，身后却为人类认知边界的拓展做出了伟大

 认知逻辑与新闻传播：信息化时代的生存之道

的贡献，成就了无数人的幸福与成功。他们的一生无疑是光芒四射且意义非凡的。因此，人生的目标越远大，人生的意义（指个人对于他人而言）就越重大。当然，想要达成宏大的人生目标，还是需要认知足够复杂，认知的边界足够宽阔。这就好比萤火虫的光亮之于蜡烛，蜡烛的光亮之于太阳，太阳的光亮之于星辰大海。

第三节　命运是人生选择的边界围成的空间

要搞清楚人生最重要的因素，就要了解人生的环境和状态。把这个问题弄得比较清楚了，也就能搞清楚对于人生而言重要的因素之所在，也就可以比较清楚地了解所谓命运。

一、人生的舞台有多大？

曾经有人问孔子，你的志向远大，智慧超群，周游列国宣传你的学说，为什么如此落魄？对此孔子慨叹道："时也，命也。"古今中外关于时与命的讨论（即对命运的讨论）延续了几千年，可是至今也没有说清楚。笔者认为，孔子所说的"时"即环境，"命"即认知。前者是客观条件的限制，后者是主观条件的限制。所谓命运，就是这两个因素相互作用的结果。

人生必须且只能在两个维度中展开，一个叫物理时空，另一个叫认知空间。

物理时空是充斥着无数的能量态物质和物质态能量的空间运动，其最重要的特点有两个：一是空间无限，二是时间流逝（有学者说时间并不存在，只是物质运动的形式，但这不影响我们使用时空的概念）。空间无限比较容易理解，稍微具备一点科学知识的人都知道，在宏观上至今仍然没有人发现或证实宇宙边界的存在，微观上至今我们也未能发现或者证实组成物质的最基本粒子是什么。目前，夸克是理论上最基本的物质构成，夸克再往下分是什么？则还不得而知。关于时间流逝，中国古代有一句话叫"方生方死，方死方生"，可以比较好地帮助我们理解时间的流逝。就是说，无限的空间永远沿着一个方向流淌（运动），假设时间有一个可以确定的点，那么这个点之前和之后的空间都是不同的，之前的空间已经消失，之后的空间尚未存在。一般

而言，能量是物质存在的基础，时间是物质运动的形式。

对物理时空的理解，不能仅仅局限于身体之外的时空。从生命学的视角看，我们的感觉器官和思维器官等各种器官，以及构成这些器官的分子、原子、电子，都属于物理时空。从社会学的视角看，与"我"相对的"他（她）"，以及我与他（她）之间的联系和关系，也属于物理时空的范畴。

特别需要说明的一点是，在一般的知识层面，往往把世界分为主观世界和客观世界，同时把主观世界看作是客观世界的映现或投影。这样的区分容易把问题混淆，让许多问题说不清楚。比如，"圆"是主观世界里的东西，还是客观世界的东西？总不能说既是主观的又是客观的。在相当长的时间里，对于"存在"的纠结和争论就是因为两个世界的边界混淆不清。所以在本书中，不使用主观世界和客观世界这样的概念，而用物理时空和认知空间来区分这两种存在，因为这样可以更好地说清楚人生、选择、价值观等问题。其实，所谓客观世界，也是我们的认知所感知和定义的，是认知的产物。

认知空间是与物理时空相对应的特殊存在。认知空间最重要的两个特点，一是空间有限，二是时间异化。就个体的人而言，其认知的空间是有明确边界的，这个边界就是某个人的感知能力所及的范围（如视觉的边界就是可见光，知识的边界就是可触达的传承）和想象能力所及的范围（严格一点说，想象力的范围≤感知力的范围）。认知空间里没有时间的流动，如果物理时空中的时间是河流，那么认知空间中的时间就是湖泊。上下几千年的历史经验，周围千万人的生活经验，都可以同时存在于某个人的认知空间中。认知空间虽然也会随着时间而发生进化，但其对于认知空间本身的影响不是绝对的，绝对的因素是认知空间所依赖的物质基础：只要人的认知器官功能存在，认知的空间就存在；认知器官的功能全部消失（脑死亡），认知空间也随之消失。

与"自然存在"相对的，是一些只存在于认知空间而不存在于物理时空之中的"认知创造"之物。比如，纯粹的东西南北之方向并不存在于物理时空中，我们从地球上的任意一点一直向东，都会回到原点。在这个过程中，物理时空中的某个点，一会儿是东，一会儿是西，甚至可能变成南或者北。但在我们的认知空间里，可以在地面画一道线，并规定左西右东、上北下南。根据这样一条线，两个相距甚远的人，可以凭借东西南北的指引，相遇于某一点，人类还为此发明了指南针和地图。类似只存在于认知空间的事物还有

 认知逻辑与新闻传播：信息化时代的生存之道

逻辑、命题、定理、智慧、数、意向、价值、权利、义务、利益等许多。还有一些是由认知空间创造又在物理时空中建成的事物，如建筑、社会、国家、宗教、科学、关系、法律等。

物理时空和认知空间在存在形式和重要特征上存在非常大的区别。但是，物理时空与认知空间却也具有某些非常神奇的联系。

第一，认知空间里保存的是物理时空的编码，但其并不与物理时空一一对应。

第二，物理时空与认知空间总是相互作用和相互影响，甚至借助于人类的活动实现相互转化的。认知空间通过选择来指挥或操纵人的行为，在某种程度上改变物理时空中具体物质的形式。

第三，信息只存于认知空间之中，但可以被拓印或拷贝至物理时空的某个介质上，如纸笔墨水、刀凿斧锯和岩石土墙，甚至是空气的震动波。通过拓印或拷贝，一个认知空间的信息可以迁移到另一个认知空间中去（即信息传播），成为另一个认知空间的有机组成部分。但是这个"拷贝"和"粘贴"的过程几乎肯定地存在无法消除的扭曲和误差。

人的一生，就在某人所处的物理时空和认知空间重叠交织并能够交互的范围之内。人生的本质就是认知空间与物理时空的交互关系：从物理空间中获取资源以实现个体的生存和发展并反过来影响和改变一定范围内的物理时空。因此，物理时空和认知空间之"可交互的范围"就是展现人生全部内容的舞台。任何的人生都无法脱离这个舞台，这个舞台也决定了人生特有的样貌。

二、自我在哪里？

所谓人生，无非是生存和发展这两件事。所谓生存，就是人适应环境（包括识别在某些环境中能不能生存）的能力；所谓发展，就是人适应环境变化（在变化的环境中确保持续生存）的能力。从个体内部观察，生存和发展问题无非是欲求和满足这两件事，满足最低的欲求就是实现生存，满足更高的欲求就是实现发展。一个人内生的欲求及其适应环境和环境变化，以达成满足的能力和方式、路径就构成了所谓的"自我"。欲求与满足的匹配程度，是人适应环境和环境变化的能力所达成的效果，也就是自我与人生的契合程度。这个契合程度越高，人生的目标就越容易达成，人生幸福和成功的机会

就越大。

一个人的人生是否幸福,是否成功,有两个评价体系,一个是外在的评价,另一个是自我的评价。正如"鞋子是否舒服,只有脚知道"的道理,一个人的人生幸福与否、成功与否,自我的评价更真实,也更有意义。当然,人是生活在物理时空(自然界和社会)之中的,那么外在评价肯定对其人生有着极强的干预能力,最极端的情况可能是物理时空彻底否定某个自我。即使如此,正如裴多菲的诗中所表达的,"若为自由故,二者皆可抛",外在的干预力再强大,仍有可能无法影响人的自我评价。现实生活中,我们经常看到过于自我和过于否定自我的人,他们对自己人生幸福和成功的评价普遍不高,不论是从自我评价还是外部评价的角度来看,都是如此。

虽然认知空间与物理时空存在相互作用和相互影响的关系,但是人不可能真正改变物理时空。比如,虽然人可以燃烧氧和氢而生成水,但是 $2H_2+O_2=2H_2O$ 是物理时空本身所具有的属性,即两种物质态能量通过释放掉一些能量而达成一种新的物质态能量结构。对此人只能认识和加以利用,而并不能用氢气和氧气燃烧而产生水以外的物质。此外,某一个体是可以相对地和局部地改变生存环境的,如迁徙、开拓土地或构建秩序等,但是这种改变仍然是适应物理时空而不是改变之。

基于上述观点,我们可以得出一个结论,所谓适应环境和适应环境变化,其实是对自我认知的调整和控制。这句话很像一句"鸡汤金句",即"如果不能改变命运,可以改变心态"。这两句话都有自我调整和控制的意思,但却存在云泥之别。改变心态和改变认知,根本就不在一个维度上,也不在一个尺度上。心态是对于人生境况的看法和态度以及观察的角度。心态的转变需要建立在认知改变的基础之上。也就是说,认知是基础,没有认知上的改变,就没有价值观的改变,也就不会发生心态上的改变。只要认知和价值观发生了改变,我们对于命运就有了更深刻的理解和更准确的把握,由此我们就可以掌握命运、改变命运。心灵鸡汤式的改变心态无非是一种"鸵鸟政策",一种认为命运无法掌控而采取的消极逃避策略。

自我可以塑造吗?或者说,人生可以预期吗?对这个问题的回答是肯定的。人类历史的发展已经证明了这一点,否则我们也没有必要来谈论和探讨人生的问题了。若自我是可塑的,则人生的目标是可以达成的。这个可塑性的真实性和合理性,就在于人可以塑造自己的认知空间。从认知空间和物理

时空的关系来看，认知空间对于人生更为重要。下面不妨通过人类发展的历程来做一个简略的考察。

人类文明的历史大约开始于 7 000 年前。考古学的证据表明，已发现的最早的文字是古埃及的象形文字，大约产生于 4 500 年前。那么，同样根据考古学的研究，7 000~10 000 年前的人与现在的人相比，在身体结构上，特别是脑容量上，差别极其微小。现代人与上古人唯一显著的区别在于两者认知空间的不同。人类从原始群居时代发展到信息时代后，科学、技术、文化已空前繁荣，社会组织和管理结构已空前精细，但人的身体还是那个身体，地球也还是那个地球，唯一改变的，就是人的认知空间。几千年来，人的认知空间已变得极其丰富，其结构极其复杂，系统极其精密。人的认知空间对人生的影响如此重要，就在于它是人生选择的基础，也就是人可以适应环境和环境变化之能力的基础。因此，我们有必要对于我们的认知空间有个了解。

在西方哲学史上，有很多关于真我、本我、自我、超我的讨论，非常有意思。从认知空间这个概念出发，你会发现，真我不过就是基因所提供的认知空间模型，本我不过就是环境所塑造的认知空间形态，自我不过就是认知空间与物理时空的交互表现，超我则是认知空间中关于理想、信仰的想象或者对自我认知空间的检讨与反思。

三、初步了解认知空间

构成认知空间的物质基础是感知器官和思维器官，构成人的认知空间的基本元素则是关于物理时空的记忆总和。所谓记忆，一是指感觉器官对所接受的物理时空信号的编码，如形状、颜色、硬度、声音、味道等。二是指思维器官通过对这些编码的反复加工而形成的新的编码，如概念、命题、意义等。简而言之，记忆就是感觉和思维器官对物理时空的编码和对这些编码的无限次再编码。

记忆是构成认知空间的基本"元素"，没有记忆也就没有人类的思维活动，也就没有所谓的逻辑、理性、智慧。人类所有的思维活动都是对记忆的加工和组织。例如，概念是记忆的抽象，推理是借助概念对记忆的加工，思维是借助概念进行的推理（逻辑的或艺术的）的过程和结果，而一系列我们认为符合逻辑且"真实"的思维表达，即思想，就是所谓的智慧。所以，人类的认知空间就是具有复杂关联关系的记忆，经过连接、聚合而形成的系统化和结构化的复合整体。这些系统化和结构化的记忆复合而成为爱、恶、贪、嗔、痴等欲念,哲学、艺术、神话等想象,规划、理想、信仰等预期,经验、科学、技术等知识,以及诸如理性、智慧等的"主观意识"和复杂思维活动。

记忆并非人类所独有,一些动物也有记忆,或者说具有一定规模的认知空间。但是,人类的记忆能够形成思想、观念、理论、主义等,诸如这些被叫作智慧的东西,都是通过对记忆的深度加工而形成系统化和结构化的认知空间的结果。人的认知空间中的信息能够借助声音、语言、文字、图像等物理时空的载体,进行拷贝、传送、接收、融合,这是人类独有的。动物也能借助声音、气味、肢体动作等来传达简单信息,但这与人际信息传播有着本质的不同。动物之间的信息传达,是两个低等认知空间中相似的部分借由同类信息而产生的相近反应(反射)。人类的信息传播过程则类似于移植,即直接把认知空间的内容移植到另一个认知系统中,成为另一个认知空间中具有活力的、有机融合的一部分。这是人际信息传播与动物之间信息传达的质的区别。

认知空间的结构和系统决定着我们的人格特征、性格特征、心理特征、精神特征乃至知识、经验、技能等特征。所有这一切都是由认知空间所决定的,个体认知空间作用于物理时空的通路和方式,就构成了可以被感知、测量和理解的"自我",决定"自我"的认知空间的特征则是"内在自我"(也被称为真我或本我),"自我"和"超我"共同构成了"完整的自我"。因此,认知空间是构成"完整的自我"的主要内容和决定性因素。

认知空间是随着人类的进化而逐步丰富起来的。最初的人类与灵长类动物的认知空间差不多,随着人脑中认知空间的开发,人们的制造、协作、交流、组织等行为越来越多,人类的认知空间也越来越丰富多彩,并逐渐具有了复杂的结构,形成了比其他生物更有效率、功能更强大的智能系统。

关于自我的认知,使人显著区别于其他生物,使人生区别于猫生、鱼生、虫生等。同样,关于自我的认知,决定了人生的舞台,决定了人在舞台上的表演内容,决定了人之命运的走势。

第二章
认知维度决定选择的空间与边界

关于认知：
地球是母亲，生命是子宫，认知是胚胎；
时空的大河奔流不息，认知的湖泊越积越厚；
船够大才能跑得够远，认知够强人生才会够精彩。

——笔者

笔者认为，关于认知，不论是认知心理学还是认知传播学，其理论、逻辑体系都存在一些误区。主要表现在以下方面：

其一，关于认知本质的认识模糊不清。在认知学的相关著述中，认知常常与感知、认识、思维、意识等概念混用。在笔者看来，感觉、认识、思维、意识都是认知这个概念的子集，也就是说，它们都是智能认知系统所必备的子功能。因此，认知概念的内涵必然小于感知、认识、思维、意识这几个概念的交集，而认知概念的外延必然大于感知、认识、思维、意识这几个概念的并集。因此认知不等于感知、认识、思维、意识，这几个概念也不应该混用。见图2-1。

感知这个概念的定义十分不清晰。根据常识可知，可感的未必可知，可知的未必可感。因此"感"和"知"并不存在必然的联系。强行把两个概念拼合在一起，来表示既可感又可知的"存在"，在逻辑上也有问题。比如，既可感又可知的"存在"是指"自然的存在"还是"意识的存在"？"自然的存在"不可知，知在认知之内，不能到认知之外去知；"意识的存在"不可感，感在认知之外，不能到认知以内去感。所以，感知这个概念就显得非常矛盾且不可理解。

第二章 认知维度决定选择的空间与边界

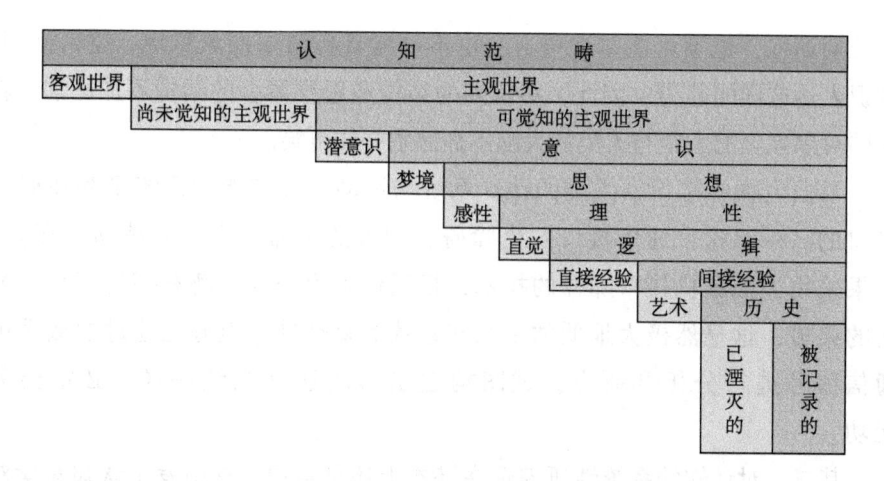

认知范畴						
客观世界	主观世界					
	尚未觉知的主观世界	可觉知的主观世界				
		潜意识	意识				
			梦境	思想			
				感性	理性		
					直觉	逻辑	
						直接经验	间接经验
						艺术	历史
							已湮灭的 / 被记录的

图 2-1 认知的思维层次

注：图中的历史，是指已经发生、曾经存在的经历以及那些经历中的感受，包括一切学术的、艺术的甚至幻想的呈现。

此外，思维也不等同于认知。思维是智能认知系统对认知材料的加工方式和加工过程，那么如果没有认知来搬运和处理原材料，思维如何加工这些材料呢？

意识也不等同于认知，意识是思维的结果，也就是思维加工而成的产品，没有思维的过程，哪来的意识？因此，认知与感知、认识、思维、意识并不是一回事，不能混用。

其二，关于认知结构的研究框架尚未建立。这与其他学科对于研究对象之结构不懈深究的情形相比（如化学和物理学对物质结构的研究、社会学对社会结构的研究、哲学对思想结构的研究等），有着天壤之别。这说明认知科学尚停留在比较浅显的层次。

现在的人工智能研究，特别是脑机接口技术，把认知结构与大脑的结构相混淆了，导致认知心理学向脑波方向发展。智能或者说智慧，是认知的产物，它必然受限于智能认知系统的结构，而不是决定于思维器官的结构。这就好比华为手机中的 mate 60 和苹果手机中的 iPhone 15，其在基础功能上有着很大的相似性，但是在内部结构上存在比较大的差异。不能因为这两种手机在功能上的近似性而得出其内部结构一致性的结论。根据生物学的研究，黑猩猩与人类的基因差异率仅为 1.2%，据此可以得出黑猩猩与人类大脑结构非常相近的结论。但是黑猩猩与人类的智力水平差距非常悬殊，黑猩猩即使经

过长期训练,也不可能掌握语言,也不可能具备诸如抽象思维、逻辑推理、意识表达这样的能力。因此,对认知的结构和思维器官的结构不加区别,就如同对黑猩猩的大脑与人类的大脑不加区别一样可笑。

根据生物学常识,人类的认知系统与运动系统和能量系统是存在通信接口的。一旦这个通信接口发生障碍,则人的生命就会受到威胁。那么,如果采用类似脑机接口那样的技术,把通信渠道作为了解和探究智慧、智能的渠道,这显然极大地低估了认知系统的复杂性。就好比通过拦截手机通信信号进行分析和研究,试图构建出移动通信系统一样,必定徒劳无功。

其三,对认知的系统性研究现在基本上还是空白。这引发了认知科学对认知现象、认知规律的研究,产生了多个学派,各个学派各执一词,相互抵牾,令认知科学的发展陷入混乱。

还是以基于移动互联网的移动通信为例,当在中国的一台手机与在美国的一台手机建立通信联系的时候,必然要通过基站、区域处理终端、卫星或海底电缆、根服务器、区域处理终端、基站这样一条链路。这些彼此独立而又相连的结构通过移动互联网的标准接口连接起来,构成一个完备、强大的系统,这样才能确保任何一台接入这个系统的终端设备可以使用系统的功能。如果只有结构而没有把结构连接起来的网络,那么这个结构就无法产生价值。再以发动机为例,油箱、气缸、传动轴是发动机的基本结构,必须用管道和连接件,如活塞杆、进气阀、喷油嘴、输油管等,把基本的结构联系起来,才能让发动机发挥正常的功能。以上两个例子,一个是软连接,另一个是硬连接,但都必须把各个结构连接起来才能正常工作,并且,连接的精度越高,系统的性能越好。

认知也是一样,认知必然存在结构,结构必须连接。这种把结构连接起来的方式,称为系统性。它是测量一个系统性能的重要指标之一。认知的系统性远比移动互联网或发动机要复杂得多,否则,被认知指挥的人类就不可能发明移动互联网和涡扇发动机这样复杂的系统。因此,认知科学不应该忽视对认知系统性的研究。

其四,由于对认知空间唯一性的重要性认识尚不充分,因而对认知的规律需要"呈现"于群体认知活动这一现象(人际关系是认知的显影剂)没有引起足够重视,从而导致在对认知的研究中,没有把人与人的互动关系放在应有的位置上,从而无从把握认知空间唯一性和价值观统一性的对立统一关系这一基本的认知规律。

认知唯一性和价值观统一性,是一个可以上升到哲学层面的问题,它甚至可以说是揭示人类历史和人类文明发展秘密的钥匙。至少,它是探究认知本质、发现认知规律的一个关键。人类的一切活动,都是基于人际关系而发展出来的,这是人的社会属性的来源。人类的认知活动也是如此。甚至可以说,是人类的社会化生存决定了人类智能认知系统现在的面貌。因此,在研究认知的本质和规律时,就无法抛开人际关系和人际互动这个研究场景。认知科学和自然科学、社会科学的一个非常显著的区别就是,在自然科学和社会科学的研究场景中,两个事物之间的联系不因为研究者不同而存在不同(也就是事物之间的联系具有客观性和稳定性),否则任何研究都不可能取得确定的成果。

但是在认知科学的研究场景中,研究者对研究对象的观察与研究对象对研究者的反应之间存在很大的相关性,因此,不同的研究者在面对相同的研究场景和研究对象时,会观察到不同的现象,得出不同的结论。其中的原因就在于认知的唯一性,因此,在认知科学研究场景中引发的互动反应具有不确定性。认知实际上不可能达到统一,但是人类的社会化生存又要求认知的统一,因此,认知的唯一性必定会引发价值观的统一,从而达到维持人类社会化生存所需要的最低程度的认知统一。所以说,对认知的唯一性和价值观的统一性的研究非常重要。

由于存在上面的四个问题,认知科学本身在理论体系、逻辑体系、学科框架上产生了诸多混乱与误区,从而造成经由认知科学派生、交叉、融合而来的学科,其在有关认知科学的体系、框架、范式等基础层面存在先天不足。这就导致了这些学科的一些成果、论断与实际情况的契合度极低,并产生了大量似是而非、模棱两可的结论。

本章旨在提出一些可以自圆其说的猜想或假说,以求专业的学术研究者能换个角度、换个思路研究认知问题,为认知科学的发展提供一个可能有意义的方向。

笔者关于认知的思考和积累很多,受篇幅所限在此无法全部列出,因而只能择其要点,此外基本上只列出结论,不列举研究案例,不展开逻辑推导。

认知逻辑与新闻传播：信息化时代的生存之道

第一节　关于认知的本质

要解释命运、人生的意义、人生的选择、价值观，以及要理解新闻传播对于个体乃至人类的至关重要的意义，都必须了解人类的智能认知系统，必须深入研究和理解这个智能认知系统的本质。

人类的智能认知系统由感觉器官、思维器官和传导器官连接而成，能够实现信号和信息的输入、存储、处理和输出功能，具有辨识、理解、判断和选择等认知能力，是一个能动、智慧的系统。其中，感觉器官负责对外部信号进行编码，传导器官负责编码的传输，思维器官负责储存和加工这些编码。

由感觉器官编制、储存在思维器官中的编码就是记忆。思维器官可对记忆进行无限次加工、处理，使记忆的"江河湖海"呈现出精细的结构和完善的系统，那些江河湖海的集合就是认知。所以，认知就是"流淌"在认知系统中的"水"——结构化和系统化的记忆的集合。

认知是结构化和系统化的记忆集合，这就是认知的本质。单一和少量的记忆不能称作认知，因为那不足以具备辨识的能力；没有结构化的记忆也不能称作认知，因为杂乱无章的记忆无法形成理解能力；没有系统化的记忆也不能称作认知，因为彼此隔离的记忆无法形成判断能力。零散的记忆、没有结构的记忆、缺乏系统性的记忆，因无法辨识、理解、判断也就无法进行选择。只有足够丰富的记忆，经过思维器官的无限次的加工，形成了相对稳定的结构，结构之间具有了相对丰富的连接，这个记忆的集合才具备了完整的认知功能和认知能力。

首先，认知向结构化、系统化的进化是因为海量环境信号之无穷无尽的刺激。我们的视觉、听觉、嗅觉、触觉、味觉、体觉器官，周而复始地接收环境信号的刺激，即使是在睡眠期间，感觉器官仍然在接收大量的环境信号。这些海量的信号，如果不经过认知系统的拣择和分门别类的处理，人类的脑容量是无法承载的，其巨大的能量消耗也是人类的能量转化系统所不能承受的。为了高效率地处理环境信号的刺激，认知系统必然要进行结构化和系统化的建设。

其次，在人类的社会化生存条件下，人与人之间的交流和互动，也为认知向结构化和系统化的进化过程提供了助力。从现存的西方早期哲学著作中可以看出，哪怕是最早期的哲学家（如苏格拉底），其知识体系和思维模式也体现出非常明显的结构化和系统化的特征。如果没有认知的结构化和系统化，怎么会存在知识的结构化和系统化呢？因此，哲学家的认知一定存在结构和结构之间的连接网络（系统）。那么，是不是哲人具有与众不同的大脑结构呢？显然不是。人们研究了爱因斯坦（笔者认为，这位伟大的科学家亦是一位不凡的哲人）的大脑，发现其与普通人的大脑并没有什么特别显著的区别。那么，究竟是什么原因使哲人的认知呈现出结构化和系统化的特征呢？是人际交流和信息传播。任何一位哲人的头脑，都是知识汇聚的节点，也是认知交汇的节点，这是显而易见的事实。其实在人类社会化生存发展的过程中，每一个人都是知识汇聚的节点和认知交汇的节点。一个由个体认知组成的"蜂窝网络"和一个由个体生命组成的社会网络，一起塑造了全人类每一个个体的认知，并推动了认知的结构化和系统化。没有认知网络与社会网络的接触和互动，任何知识都不会发生，任何哲思都不会存在。当然，如果仅仅是两个网络的接触和互动，没有沉思的过程，即没有认知对记忆的深加工过程，也就不会有觉悟和哲学。

最后，人类独特的个体发育过程，也为认知的结构化和系统化提供了助力。我们都知道，人类的认知开始于大脑形成、感觉器官开始编码的那个时刻。但是，大脑的发育要到青春期结束之后才会停止。从卵子受精后两三周开始，一直到15岁左右，大脑在不停地发育，大脑能够处理的信息、大脑处理信息的复杂程度、大脑处理和加工信息的方式和结果存在很大的差异，这就造成了记忆的保存和处理方式存在差别，也就形成了不同的认知结构。有研究表明，由于人在3岁前后分别使用两种不同的语言系统，因此大多数人很难回忆起3岁以前的记忆。由此可以推论出，人在3岁前后的记忆显然具有不同的结构，这是认知空间结构化的证据之一。

一、如何准确理解记忆

记忆是可以被认知储存和加工的环境信号的编码。记忆不是对外部环境形成的"固定反应"。比如，下面这些都不能称为记忆：在无机世界里，氧原子和氢原子化合成二氢化氧（水），氧原子和硫原子化合成二氧化硫；在植物世界里，春天种子萌发；在动物世界里，草履虫觅食；等等。

认知逻辑与新闻传播：信息化时代的生存之道

只有当动物进化到具备了专司编码的感觉器官，具备了对外部信号进行编码的能力时，才具备了记忆的第一个前提；只有当动物具备了专司传导编码的传导器官，编码可以被存储时，才具备了记忆的第二个前提；当动物具有了专司对储存的编码进行加工处理的器官时，意味着思维器官从感觉器官和传导器官中分离出来，形成独立的器官，这就出现了记忆存在的第三个前提。只有同时具备感觉器官、传导器官和思维器官，也就是说当记忆存在的三个前提都完备的时候，对于物理时空的编码才可以成为记忆。

记忆是存在于认知系统之中的编码集合，其不仅包括对外部信号的编码，而且包括对编码加工结果的编码。因此，记忆存在的前提——感觉器官、思维器官、传导器官缺一不可。换言之，记忆只存在于认知系统之中，没有完整的认知系统，就不存在认知学上的记忆。

在地球这个碳基生态系统中，植物是由支撑系统（类运动体系统）和能量转化系统构成的有机生命体，微生物是由运动系统、能量转化系统构成的有机生命体，低等动物是由初级认知系统、运动系统、能量转化系统构成的有机生命体，哺乳类动物是由高级认知系统、运动系统、能量转化系统构成的有机生命体，人类是由智能认知系统、运动系统、能量转化系统构成的有机生命体。由此可见，智能认知系统是人与动物及其他碳基有机生命体在基本结构上的唯一区别，也是人与后者之间的本质区别。

随着生物科学的发展，显示出一些动物也具有制造和使用简单工具的能力，或使用声调、节奏、肢体动作、表情等初级语言系统进行初级信息交流的能力。制造工具和进行信息交流，都是因认知系统的形成而具有的功能，没有认知系统，没有感觉、辨识、理解、判断的功能，就不可能制造工具和交流信息。没有智能认知系统，则无法制造复杂工具，或者使用复杂、抽象的语言作为信息交流的工具。因此，智能认知系统才是人区别于其他有机生命体的本质区别，是人区别于其他灵长类动物的唯一区别。

智能认知系统本质上是感觉器官对来自物理时空信号的反应能力，以及思维器官对这种反应进行无限次加工的能力。之所以称其为智能系统，是指通过反应、加工、再反应、再加工的无限循环，可以不断地实现人的自我完善和进化。在这个不断自我完善和进化的智能系统中，记忆是决定性、关键性和基础性因素。有人说认知是记忆的集合，有人说认知是记忆的加工厂，这些作为对认知本质的理解，其实都可以成立。

二、记忆是构成认知的基本元素

目前的认知科学，把记忆与感知、思维、意识以及情绪、性格、人格等认知功能同等对待，作为认知研究对象的一个组成部分。这就忽视了记忆在认知中的决定性、关键性和基础性地位，无疑对准确理解认知以及准确理解认知对于人生的意义产生了很大的副作用。

首先，不能把感知纳入认知。如前所述，"感"和"知"并不是一回事，可感未必可知，可知未必可感。通常说的感知，指视觉、听觉、味觉、嗅觉等感觉器官的功能，这里并没"知"的内容，笼统地说感知，就混淆了感觉、感觉器官与知觉、认知的区别。

其次，器官是物质的，而认知既不是物质态的能量，也不是能量态的物质，虽然认知空间的存在有赖于物质和能量，但却不能将其与物质和能量画等号。因此如果笼统地谈"感知"，则模糊了物质与非物质的区别。

因此，认知不是器官，也不是感觉，而是记忆。这正如计算机科学里数据与存储器的关系一样：最基础的数据是 0 或 1，而 0 和 1 在物质世界是不存在的，是人类认知所赋予的意义。换言之，存储器是物质，而 0 和 1 不是。认知也如此，记忆、思维、意识都不是物质，本质上是与物质相关的编码。事实上，从来也没有研究能证明记忆、思维、意识的物质性存在。如果记忆和思维是以物质的形态存在的，则我们可以在人脑之外"化合"或者制造出记忆和思维。显然，人类至今还不能做到这一点。所谓脑机接口技术，本质上是传导系统，相当于人造的神经传导器官。就人工智能技术而言，如果去除给定的指令和模型，则只能有死机一个结果。因此，那只能叫运算，不能叫思维，更不能叫认知或智能。

记忆的一部分是感觉器官对外部信号的编码。视觉是对光波频率和强度的编码，听觉是对声音频率和强度的编码，味觉和嗅觉是对物质种类和浓度的编码，触觉是对末梢神经刺激强度的编码。并且，感觉不只来自五个感知器官，而是还有一个——体感器官，这个器官是感觉我们身体状态的器官，它对体内微量物质浓度进行编码。这些微量物质的浓度，包括但不限于肾上腺素、色氨酸、内啡肽、多巴胺等。

上述六个感官的编码，被存储于思维器官中，就如同录音磁带上的永磁体的方向或电子存储器上的电位。思维器官对于这些编码的储存和加工，就

形成了记忆。记忆可以被认知系统进行反编译，如同录音机把永磁体的方向和强弱还原成声音，或是像计算机把存储器的电位转化成屏幕显示、打印输出那样。记忆的反编译输出，是认知空间与物理时空交互的基础。

任何一种认知活动，都不能离开记忆而单独存在。没有记忆，就没有认知，也就没有且不可能有任何的认知活动或认知现象。智能认知与高级、初级认知的区别就在于：①智能认知系统的存储量庞大；②智能认知系统对记忆的处理能力超强；③智能认知系统可以对记忆进行多层次的深度加工；④智能认知系统能够适应环境变化，实现自我发展和进化。

三、记忆是六维可连接的编码

记忆是六种感觉器官的编码。因此，每一个最小的记忆单元，也同时存在六个维度的编码信息。通过观察人类的记忆活动可以看出，人类的记忆并不是由六种感觉器官的编码分别、独立存储的，而是针对物理时空中的某一情境、某一时刻，六个维度的编码会同时被传导和储存。这种由六维编码构成的记忆（即构成情景的六种信号），是同时一次性完成编码并被存储起来的。这就能解释，当我们回放记忆的时候，为何可以情景再现（即多维信息同时呈现），也可以解释我们人类的寄情、移情等认知现象的成因。

记忆是可连接的编码。记忆的可连接性非常重要，这是人类思维器官长期进化而形成的认知功能，也是智能认知的基础。没有记忆的可连接性，就无法产生如抽象、概念、命题、推理、联想这些认知功能，也就不能出现联想记忆法这样的技能。恰如当年那句非常火的广告词所言："如果人类失去联想，世界将会怎样？"记忆的维度与数据的维度如图2-2所示。

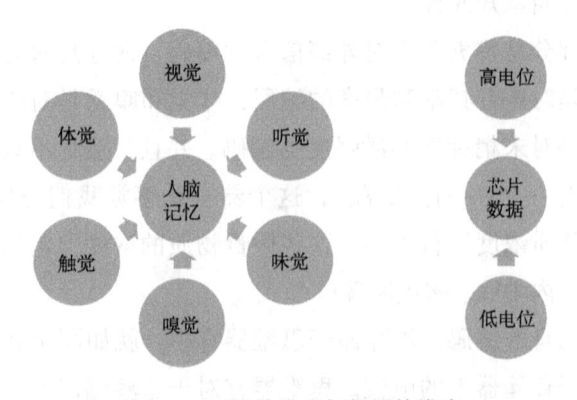

图2-2　记忆的维度与数据的维度

记忆的连接，是编码间通过相同维度进行的连接：两个或多个记忆单元通过最高强度同维编码的"触突"连接成记忆链；同时，次强度编码也可以与另外的单元或记忆链通过同维编码"触突"连接成记忆网；记忆网通过同样的原理，形成记忆云；不同密度的记忆云形成认知结构；结构之间形成认知系统。这样一个不断重复从而形成认知空间的"江河湖海"的过程，就是记忆的连接。

这个假设如果成立，那么就可以解释许多认知领域里难解的问题，比如两个不同的认知个体在观察同一个情景时会产生截然不同的认知反应，得出完全不同的结论，这很可能是因为两个人关于同一个情景的记忆在不同维度上的强度差异，以及因与既有的记忆连接方式不同，从而形成个体间不同的网状记忆链条。笔者相信，由此展开的认知科学研究，将呈现一个全新的天地。比如对诗歌、美学、逻辑等认知现象的理解，完全可以有一个全新的视角和拓展的方向。记忆和连接与数据的连接见图2-3。

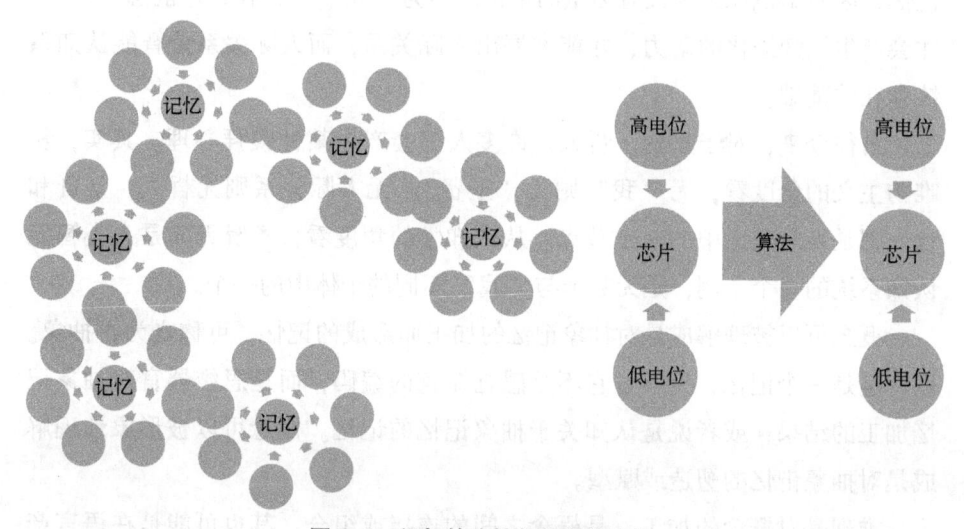

图2-3 记忆的连接与数据的连接

注：如图所示，记忆通过同维度通道连接成一维的记忆链、二维的网、三维的云，形成复杂认知结构；存储器通过算法连接成一维的数据结构。

四、记忆是认知功能的基础

目前已基本可以确定，认知功能的基础是记忆而不是语言，所有认知活动都是对记忆的处理和加工。比如抽象，很可能在语言出现之前就已存在于认知

活动之中，且直接推动了语言的产生。在认知空间中，抽象即是对多次重复的同类记忆的记忆。在逻辑学中，抽象是指去掉一部分事物的特征，而通过共性对事物进行分类的过程。人每天都会接受大量的感官编码，如果对每一个情景都形成一个记忆单元的话，那么存储空间是无法满足这样的需求的。因此，认知体系就是通过同类记忆进行合并，从而形成新的记忆，以代替那些复杂和冗长的记忆的。这不仅节约了存储空间，而且提高了调取处理记忆的效率。

比如，在人的认知中，关于"我"的概念，就是那个最大量的同类记忆——那个眼睛看不见（不包括照镜子）但可以时时被感知到的存在被抽象成了"我"。在认知领域里，"我"是一个非常重要的认知，甚至可以被称为认知的"种子"，没有这颗种子就没有参天大树。一切认知的动力源自体觉器官关于"恐惧"的编码。与恐惧相伴的感觉，如饥饿、伤病、痛苦、孤独、寂寞、焦虑等，都是因为激素、内啡肽和多巴胺的不同浓度而被相应编码而成的，这些都只有"我"才能感觉到。这种恐惧感是由感觉器官直接编码而形成的记忆，因而是最深刻和最有力量的记忆。因为"我"的存在，才能感到恐惧，才会产生认知进化的动力，才能发展出人际关系，而人际关系是智能认知系统存在的基础。

古往今来，对于圣贤、哲人，许多人都会产生某种膜拜心理。其实，从唯物主义的角度看，无"我"则无"圣贤"，无人际关系则无哲人。圣贤和哲人都是人际关系中的一个节点。从认知学的角度看，圣贤无非是人类智能认知系统的一个个例，是无数个与"我"不同的个体中的一个。

概念可以被理解成是对抽象记忆的加工而形成的记忆，可称之为再抽象。概念也是一个记忆，只不过它不是感觉器官的编码，而是思维器官对抽象记忆加工的结果，或者说是认知关于抽象记忆的记忆。概念可以被形象地理解成是对抽象记忆的塑造或赋型。

推理是对概念的加工，是概念之间的连接或组合，其也可能是在语言产生之前就出现的认知功能。在人类进化的初级阶段，人们用可重复的行动来获取食物，如挖掘地下的根茎，用石块或棍棒击打来捕获猎物，在岩壁上刻画等行为，就类似于逻辑学中的"类比"。这些活动如果没有假设和类比这样的推理过程，是不能实现的。研究发现，狩猎和采集活动远在语言产生之前就广泛存在。

推理，或者说概念之间的连接或组合的过程可以有两个结果：逻辑为真的推理和逻辑不为真的推理。在认知中，逻辑为真并不重要，所有的艺术都包含了逻辑不为真的推理。认知因为逻辑不为真的推理才拥有了无尽发展的可能和空间。因此，逻辑推理是认知中的很小一部分功能或能力。

交流是对推理结果的反编译。人类从诞生之日起过的就是群居生活，那么交流就必然存在，诸如逃避危险、分工协作、分配食物等这些群居生活中必须干的工作，没有交流是无法完成的。那个时候的交流，主要借助表情、肢体接触、音调高低和声音节奏来实现。这些交流的方式，直到今天仍然被广泛使用，并且是比语言更直接、更有效的交流方式。例如，如果你的女朋友突然就不理你了，你通常会感到紧张，这就是"无声胜有声"。

然而，在现在的哲学和认知科学领域，抽象、概念、推理、交流等都被解读成"依据语言工具而进行的认知活动"。似乎没有语言，就不会有抽象、概念、推理和交流，也就没有认知，这明显是一个误解。实际上，没有认知就不可能有语言，并且语言的产生必然有赖于抽象、概念、推理等认知功能和能力。

五、记忆不是外部世界的全息编码

由于感觉器官的特性（如灵敏度和基因差异），在记忆形成的那一刻，它就不是有关物理时空信号完全的、完整的、准确的编码。在认知对记忆的加工整理过程中，最强烈的信号刺激和反复出现的信号刺激被记忆下来，弱一些的、偶尔出现的刺激则被限制起来。这就是为什么对于同一个情境，不同的个体有完全不一样的记忆。

例如，在某个情境中，由于空间位置的不同，个体接受的刺激强度也会有区别，这就使每一个个体，即便其感官特性近似，也会对同一情境有不同的记忆。记忆的这个特征具有非常重要的意义，因为它预示着对认知的研究能够帮助我们找到上述问题的答案。

即便是同一个人两次面对同一个情境，由于体能、情绪、兴奋与疲劳程度的差异，其所形成的记忆仍然会有差异，这个差异有时候会非常大。想象一下，同一间房，同一支蜡烛的火焰，当人处于失恋状态（孤独、寂寞）与处于热恋状态（浪漫、温馨）时，会产生完全不同的意义（记忆连接）。

由此可知，每一个个体的认知空间，都会因感官差异和时空差异，形成与其他个体有差别甚至是完全不同的记忆。由于这种差异的存在，再加上感

觉器官的灵敏度和编码能力的限制，每一个记忆的单元，都不是针对物理时空之完全的、精确的、详尽的编码，而只是近似的、粗疏的、误差极大的编码。即使我们发明了电子显微镜、高灵敏度的雷达，我们的智能认知系统对于物理时空的编码仍然是极其粗疏和零碎的。

但是，人类智能认知系统可以通过群体之间的认知交流（反编译输出），形成群体认知，群体认知比任何单一个体的认知更加精确、详尽和完整。然而，群体认知必然小于或等于参与交流活动的全部个体认知的交集。由于认知的这一特性，即便是群体认知，其作为个体认知集合的一个浓缩和精华版的子集，仍然不是物理时空之完全的、精确的、详尽的编码。

综上，认知的本质是记忆的集合，认知的功能是对记忆的处理和加工。智能认知是一种超高级的认知体统，其具有更大的存储空间和更强的加工能力。

基于上述关于记忆的讨论可以推断出：①认知空间相对独立于物理时空之外，以非物质的形式存在；②思维和意识都不能独立于认知之外；③主观世界（认知空间）与客观世界（物理时空）不存在（也没必要存在）一一对应的关系。

进一步推断，目前以二进制代码作为数据基本单元的电子计算机，由于其数据的维度明显低于记忆的维度，无法形成关于"我"的认知，也缺乏恐惧所引发的进化动力；且计算机系统总是追求逻辑为真的推理，而排除逻辑不为真的推理。因此，虽然计算机在"算力"上远超人类智能，但由上述论述可知，它尚不具备替代或超过人类认知的条件。至于人工智能对人类的威胁，目前还看不到来自其创造力、想象力支撑的优势，反而是其对资源的占有（电力）和控制能力（算力）的优势，更令人恐惧。这种恐惧的根源之一恰恰来自人类自身对算力的依赖和迷信。

第二节　关于认知的结构性

一、认知结构的意义及成因

（一）认知的结构规定了认知的属性及功能

自然科学研究表明，物质的结构决定物质的属性。所有元素均由原子核与外围电子构成，因原子核的结构不同，不同的元素呈现不同的属性。化合物均由分子构成，因其分子结构不同而呈现不同的属性，而元素或化合物的属性决定了其功用。

在地球表面，数量最大的物质是碳酸盐和硅酸盐。由于其化学结构的特性，决定了其在固态时具有稳定性、坚固性、绝缘性的特点。因此，岩石、泥土通常被用来当作建筑材料。

在地球表面，有少量的金属盐。由于金属盐化学结构的特性，决定了它的活泼性，所以其可以被当作冶炼的原料；而冶炼的制成品，如金属和金属氧化物，因其分子结构的特性，决定了它们在固态时具有延展性、导电性，因此金属和金属氧化物通常被用来当作工具材料。

在地球的表面，存在数量不少的生命体。生命体因其细胞结构的特性，决定了其具有合成和分解化合物的属性，具备了能量转化的功能，因此低等生命体成为能量载体，并成为高等生命体的资源。

既然结构决定属性，属性决定功能，那么认知空间也必定有结构，也因其结构而具有属性，并因属性而具有功能。或者说，认知空间具有认知功能是因为认知空间的属性，而认知空间的属性必然取决于认知空间的结构。

(二) 认知空间结构的形成原因

要探究认知结构形成的原因及认知结构建立的过程，先要了解环境这个概念。对此我们不妨举个例子。众所周知，氢气的化学性质非常活泼，但是如果氢气不和其他物质接触，则氢气不会表现出它的活泼性，只有和其他物质（如氧气）接触，再加上一定的温度，它就会和氧气产生氧化反应（燃烧），而当氢气和氧气的混合比例在4%~75.6%时，就会产生剧烈的氧化反应（爆炸）。那么氧气就成为氢气得以表现出活泼性的环境，且这个活泼性表现得是否充分，取决于环境的状态，如氢氧混合比例是3%还是4%，或者是75.6%还是76%。

再举个例子。探索类地行星一直是天文学家非常热衷的追求，而他们寻找类地行星的方法之一，就是先寻找一个类似太阳系的恒星系。因为天文学家认为，如果存在类似太阳系的恒星系，那么在这个恒星系中才大概率地存在一个像地球那样有着大量水和含氧大气层的行星。也就是说，太阳系就是地球这样的一个由山川、平原、海洋和浓密大气层包裹着的行星得以存在的环境，而地球表面的山川、河流、海洋和大气层就是孕育人类文明的环境。

认知逻辑与新闻传播：信息化时代的生存之道

所谓环境，就是可令事物呈现某种属性和状态的物质要素。这个定义包括两个含义：一是指当物质要素齐备时，则该事物就必然呈现出某种属性或状态；二是指当物质要素改变时，则事物所呈现的属性和状态也会随之改变。

具体到认知这个问题上，大致存在着五个层次的环境：

- 底层环境：感觉器官、传导器官、思维器官组成认知空间的组织基础；
- 小环境：认知系统、运动系统、能量系统组成生命体的生物基础；
- 中环境：血缘关系、雇佣关系、伙伴关系组成生活圈层的社会基础；
- 大环境：民族关系、国家关系、信仰关系组成社会圈层的文化基础；
- 超环境：生态环境、星系环境、宇宙环境组成文明圈层的物质基础。

在个体认知空间发生、发展的过程中，上述五个层次的环境始终处于动态变化之中。生命科学告诉我们，认知的底层环境大致有四个剧烈变化的时期：胚胎期（2周至20周）、婴儿期（1至3岁）、儿童期（5至8岁）、青春期（13至18岁）。小环境大致有三个剧烈变化的时期：婴幼儿期、青春期、更年期。至于中环境、大环境、超环境的变化，如果从百年的尺度上观察，其稳定期和动荡期大致相当；如果从千年的尺度上观察，则始终处于剧烈变化之中。

由此可见，就认知空间的构建过程而言，环境始终处于变化之中。这个变化从不停止，只不过时而剧烈、时而缓和而已。环境的变化带来了一个问题：认知如何适应环境和环境的变化以确保生命的存续？一般而言，人类认知（不论是个体认知还是整体认知），其发展总是落后于环境的变化的，即认知永远要面对环境的变化和不确定性。因此，人类恐怕要永远面对因变化和不确定而带来的风险和挑战以及由此而造成的恐惧之中。不能否认，人类总会产生出一些认知水平超群的"先知"和"智者"，那么，这是否能够说明个体认知可以超越环境的变化呢？答案是否定的。因为，其相对于某个具体环境而言看似有所超越，但是如果综合五个层次的环境来看，则不存在认知可以超越环境和环境变化的可能。因此有学者断言，恐惧是一切思想的来源，也是一切思想的动力。

所以，适应环境（生存）和环境的变化（发展），是认知无法回避的首要问题。进一步而言，认知也是由环境和环境的变化塑造的。换言之，生存和发展是展开所有与认知相关的论题的逻辑起点，笔者称之为认知的"原点"。

2021年10月，扎克伯格宣布将脸书（Facebook）更名为元宇宙（Meta），吹响了进军元宇宙的号角。然而到了 2022 年 11 月，meta 的股价就跌去了 73%，其个人财富"在短短的 13 个月内，从 1 420 亿美元跌到 381 亿美元，跌去了 1 039 亿美元，平均每天损失两个多亿（人民币）。"其实，只要看看上面的五个层次的环境，思考一下生存与发展这个问题，就不难理解扎克伯格究竟是忽略了什么才导致了如此惨痛的挫折。如果一个游戏像《鱿鱼游戏》那样需要直接面对真实死亡，而不是像《吃鸡游戏》那样可以就地复活的话，相信每一个玩家都会充满对于游戏的无法克制的恐惧，从而不会沉迷于游戏中而不能自拔了。

回到我们的问题。

1. 认知结构的形成是由于环境的刺激

没有环境的刺激，就没有感官的编码过程，也就不会有构成认知的元素——记忆。那么就个体而言，对外部世界刺激的反应最早开始于什么时候？也就是说，认知空间的第一块基石在哪里？一般的认知科学认为，是婴儿离开产道的那一刻。这就造成了一个解不开的问题：对先天和后天的追问。

应该肯定，认知空间最初对环境的反应开始于大脑成型的阶段，也就是在妊娠开始的 2 周左右。认知甚至"亲眼目睹"了人体器官从无到有、从弱到强的全过程。并且，认知也是在那个时候开始与母体和母体之外的环境进行沟通的，即听觉器官、味觉器官、嗅觉器官、触觉器官、视觉器官、体觉器官依次展开，并形成最初的记忆。这些记忆形成了婴儿最初的认知结构。

从第一块认知的基石开始铺设之时起，外部环境之每时每刻的变化，都把海量的刺激通过记忆存储于认知空间之中。这些记忆不断连接，不断地被加工、处理。由此，相同或近似的记忆形成链、网、团，这些记忆也因环境刺激的"分布"而形成原始的认知结构。在后续的认知建构过程中，环境刺激的分布仍然在发挥着重要作用，而环境刺激的分布显然与社会生活的基本内容和社会的基本结构呈现出极大的相关性。

2. 认知结构的形成依赖于感官的特性

由于基因及胚胎发育环境的特异性，使婴儿的认知环境具有了与众不同的特征。在婴儿期、青春期等大脑发育的不同阶段，认知结构又受到外部环境与个体发育的基因规定性的限制，形成了与感官特性相关联的结构。比如，听觉器官发达的个体则对声音刺激敏感，视觉器官发达的个体则对光影刺激敏感。所以，美食家需要一个敏感的味觉和嗅觉器官；诗人、艺术家特质的

个体，则通常对情绪的感觉异常敏感。敏感的器官引发了更多具有独特性的记忆集合，形成了更加厚重且丰富的认知结构。反之，某个器官的弱化或残疾，则会导致一些认知结构的残缺。

用进废退是生物普遍具备的环境适应性特征。由于环境的影响，某些感官被频繁使用，而某些感官被闲置，这也会影响环境刺激的分布，从而造成认知结构的差异。这样的认知结构差异一旦形成，就会引起个体在发育、生活和社会结构中的差异，这无疑扩大了认知结构的差异。

3. 认知结构的形成有赖于互动的体验

认知输出以及因此而得到的环境的反馈，同样参与了认知结构的构建。例如，一个人际关系复杂的人与一个人际关系简单的人，一个接受了系统教育的人与一个没有接受系统教育的人，一个从事单一技能工作的人与一个从事复杂技能工作的人，一个成功经验多于失败经验的人与一个成功经验少于失败经验的人，一个生活环境变化剧烈的人与一个生活环境稳定的人，其认知显然具有不同的结构。

同样，一个频繁使用某一器官（不限于感觉器官）的人与另一个很少使用那个器官的人的认知结构也会显著不同。举一个简单的例子，拳击手和健美运动员对于肌肉和力量的认知就截然不同。当一个拳击手和一个健美运动员进行较量时，如果是比拼速度和爆发力的话，拳击手必然获胜，而如果是比拼力量和肌肉的线条的话，则健美运动员必然占据优势。

因此，外部刺激、感官差异和互动体验，三者共同构建了认知的结构。显而易见的是，不同的认知结构具有不同的认知属性和特征。

（三）认知结构的意义在于对环境的反应

认知结构的功能在于，其使认知系统能够更高效地处理外部信息。当外部信息进入认知空间时，至少要经过一个认知结构（记忆网络密集区，以下称"模块"），并通过这个模块的关键特征，形成对信息的辨识，并借由模块的情景再现，确定对信息的反应。对于复杂的信息，则可能需要经过几个模块来确定对信息的反应。对新信息的反应结果（反馈），又以新记忆的方式与旧的模块连接，成为模块的一部分（增长），并成为后续信息辨识和反应的条件。

认知体系对新信息的反应有以下几种：

- 无法反应，新的信息无法与认知模块匹配；

- 无视反应，被认知模块认定为无意义的信息；
- 微弱反应，不符合认知模块的主要特征；
- 强烈反应，与认知模块的特征高度重合或极端对立；
- 长期反应，与认知模块形成紧密连接；
- 短期反应，与认知模块形成较弱连接。

由认知反应的区别可以做出以下推断。

第一，认知结构对于外界刺激的反应必然受限于认知结构的稳定性。一个外界的刺激是否能够引起个体的反应，会引起什么样的反应，以及是否能够扩展认知边界等，既取决于认知既有的结构组成，也取决于认知结构的稳定性。青少年认知结构稳定性差，因此容易接受新事物，显示出比较强的求知欲和学习能力。年纪大阅历丰富的人，其认知结构稳定性比较强，对于环境刺激的反应较弱，做出改变就比较困难，他们坚定沉稳，但也显得固执。

第二，认知结构对于环境刺激的反应也受限于认知结构的可塑性。可塑性与稳定性是认知结构的一体两面，或者说是对立统一的。没有绝对的稳定性，也没有绝对的可塑性。可塑性是认知不断进化的前提，但它取决于既有的认知结构和环境刺激的相互关系。一般而言，稳定性强则可塑性弱，反之亦然。但是，如果外部刺激足够强大，或者同一刺激反复多次出现，则会打破稳定性和可塑性的平衡。过于不稳定的认知结构很有可能导致认知系统崩溃；过于稳定的认知结构则很有可能导致认知系统停滞。很多后发性心理疾病都是因强刺激导致的认知结构失衡的结果，而原发性的心理疾病可能与先天原因导致的认知结构缺陷有关。

第三，认知能力的发展（循环递进的反应过程）受限于认知结构的平衡性，且与环境刺激的强度和频度相关。过于强烈的刺激（如自然灾害和社会动荡）会极大地破坏认知结构的稳定，反复持续的刺激（如训练和学习）会极大地增强认知结构的可塑性，刻板而重复的刺激则会导致认知固化（如信息茧房现象）。认知能力和水平的提升，既有赖于认知结构的相对稳定，也有赖于认知结构的可塑性和平衡性。稳定性是基础，可塑性和平衡性是条件。

二、认知结构的组成和分布

（一）认知结构的组成

认知结构是基于感觉器官的展开与发育而形成的。由此，认知结构形成

的首要依据是认知空间的底层环境，即认知系统的发育。基础的认知结构循着环境刺激的先后次序与环境互动的不同阶段渐次展开，形成若干个记忆网络的聚集区域。这些由若干个不均匀分布、彼此独立、相互联系的记忆网络聚集的区域，就构成了认知的最原始的结构。

考察认知的结构可以有三个维度：器官结构的维度、认知材料的维度和思维层次的维度。这三个维度都可用以研究和讨论认知的结构，并由此得出有关认知规律的结论。关于器官结构的维度，脑科学已有大量的研究，如反射区、脑电波等。关于思维层次的维度前面已经涉及，它更应该成为哲学研究的领域。因此，这里我们着重讨论认知材料的维度。

人类社会生活的基本内容、社会的基本结构（行为边界），以及在历史和现实条件下个体的发育过程和成长经历（经验边界），大致规定了个体的认知结构，其与上述两个边界具有足够大的适配性。

认知空间中关于现实社会生活的基本内容和社会组织的基本结构包括：可以/不可以的认知（如规则、纪律、法律），应该/不应该的认知（如教育、政治、宗教），可能/不可能的认知（如科学、艺术、传播）。

与现实的社会生活基本内容和社会组织的基本结构相适应，几个普遍且非常典型的认知结构单元（模块）如下。

第一，关于惩戒与奖励的认知，包括纪律、法律、伦理、道德等知识和经验。通常，人类接受的第一个关于奖惩的教育就是"不准哭"或"好宝贝不哭"。然后是"这样不可以"或"你可以那样"。再然后是"这样是对的，那样是错的"或"这绝对不行"。所以，人的认知最先形成的记忆网络聚集区就是和可以/不可以相关的记忆。

第二，关于好奇心和知识经验的认知，包括知识、理性、逻辑、推理等。这个模块是从探索环境（如第一次问父母"这是什么？"）开始的。

第三，关于创造和想象的认知，包括意义、美、价值等。这个模块开始于三岁至四岁第一次大脑发育的高峰，随着青春期第二次发育高峰的到来而达到顶点。

第四，关于关系与协作的认知，包括交流、合作、关系、组织、权利、利益、成功等。这个模块开始于家庭成员的互动，强化于学校教育时期，完善于步入社会生活时期。

第五，关于未来与信仰的认知，包括世界、宇宙、生命、死亡等。这个模块开始于婴儿期，完善于青春期之后。

为了更好地理解和方便讨论认知结构对于认知和价值观的影响，在此将认知结构进行简化，即在现代社会生活环境的背景下，将与社会生活基本内容和社会组织基本结构相适应的那些认知结构归纳为七个主要模块，并依据认知材料的时间矢量性（过去和未来所占的分量）分列如下：法律认知、教育认知、科学认知、政治认知、艺术认知、传播认知、信仰认知。其中，法律认知更多是关于过去经验的集合，信仰认知更多是关于未来想象的集合，其他模块则兼具关于以往经验和未来想象的双向特征，且比重各不相同（关于认知模块，后文还有更加详细的说明）。

（二）认知结构的分布

认知结构大致有三种分布模型：单峰分布、双峰或多峰分布、均衡分布。如图 2-4 所示。

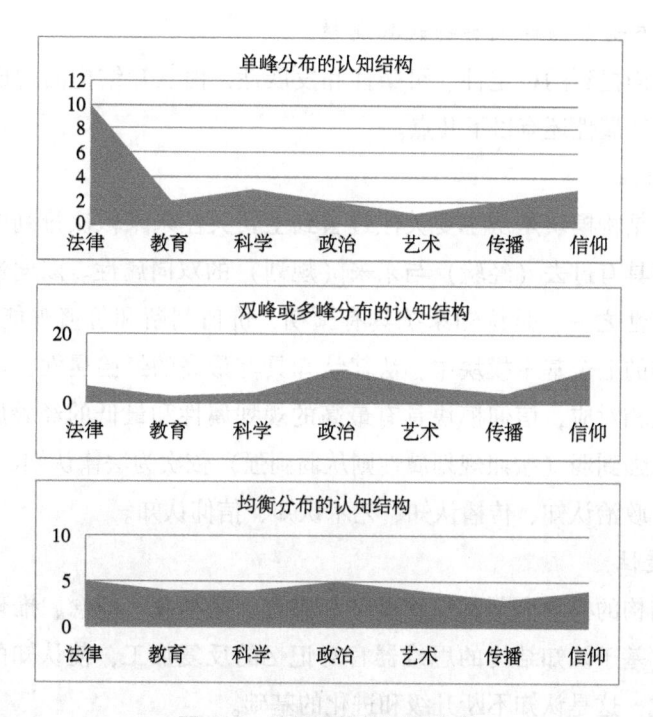

图 2-4 认知结构的不同分布

认知结构的分布模型，取决于个体的"生命体验"和"知识经验"所构成的经验集合。也就是说，个体生命在特定物理时空中的体验及其所接受的知识训练，在塑造认知结构的过程中发挥了极其重要的作用。进一步而言，

认知结构的分布模型又决定了个体认知空间之相对稳定的属性和功能。

假设某人有一个难以解决的问题，于是他分别求教于法律专家、政治专家、科学家、社会学家（如教育专家和传播专家）、艺术家、宗教人士。每个专业人士给他的建议大概率会大相径庭。法律专家的建议一定是合法的；政治家的建议一定是折中的和妥协的；科学家会帮他分析各种方案的利弊和概率；社会学家会告诉他多少人会选择 A，多少人会选择 B，多少人会选择 C；而宗教人士会告他上帝是怎么说的。最终，这个人的选择可能是听从了某一位专业人士的建议，也可能是综合了多个专业人士的建议，或者他谁的建议也不听，坚持按照自己的意愿来选择。这个人听取或不听取建议的选择，取决于他的认知空间结构，而他的选择所引起的反馈又会反过来影响他的认知结构分布。这就是说，认知结构决定认知属性，认知属性规定认知功能，认知属性和认知功能又对认知结构具有反作用。

（三）与认知结构相关的认知属性

除了前面提到的稳定性、可塑性和发展性，由认知结构的构成和分布模型决定的认知属性还有以下几点。

1. 双向性

认知的结构模块是从主要关注过去到主要关注未来依次排列的，并且每一个模块都具有过去（经验）与未来（规划）的双向属性。双向性是认知系统的主要属性之一，是认知系统具有预期、价值判断和价值观能力的基础。在前述认知的七个基本模块中，法律认知具有最高的经验属性，最少的规划属性；与之相对应，信仰模块具有最高的规划属性和最低的经验属性。按照经验属性从强到弱（按照规划属性则从弱到强）依次为法律认知、教育认知、科学认知、政治认知、传播认知、艺术认知、信仰认知。

2. 创造性

认知结构的模块内部的层次叠加和渗透，是抽象、概念、推理等思维活动的基础。基于认知结构的思维器官对记忆的反复加工，使认知的结构不断完善和强化，这是认知不断升级和进化的基础。

3. 传递性

认知结构特征可以通过反编译输出，并借助交流工具实现不同个体之间认知的复制、粘贴。这是信息传播的基础，也是人际关系建立的基础。

综上所述，遗传基因奠定了认知空间结构的基础，认知环境塑造了认知空间的基本结构，社会生活和知识经验丰富和完善了认知空间的结构。遗传基因、认知环境、生活经验是认知结构的构建者，也是认知结构性的决定因素。

认知结构决定了认知具有稳定性、可塑性、平衡性、双向性、创造性和传递性。正是因为认知的上述属性，决定了认知具备感觉、辨识、理解、判断、交流、思维、想象、创造、选择等强大、智能的功能。

认知具有的强大、智能的功能，是人类得以生存、发展的基础，是人类文明得以传承和创新的力量源泉，是人类社会和人类历史绵延不绝的根本动力，是人类文明发展前进的重要动因。

第三节　关于认知的系统性

一、什么是认知的系统性

认知系统中的"系统"就是结构之间的相互关系和连接方式，也叫联系。认知空间中的各个结构之间并不是彼此独立、互不相关的，而是相互作用、相互协作、相互贯通的。这种结构之间相对独立又相互联系的关系，以及系统中的各个结构借由这种联系而形成的统一整体，就是认知系统的系统性。

前文描述了认知空间的结构和分布模型，如法律、教育、科学、政治、艺术、传播、信仰等认知空间的基础结构（模块）。这些结构之间的相互关联和相互作用，在认知空间发育、发展的过程中大致遵循渐进的规律。它们在认知空间的解构和重构的过程中又具有相对的独立性。在认知与外部世界（物理时空）的互动上，既有侧重，又有交叉；既显示出结构的独特性，又具有协调一致的统一性。在实际生活中，人们做出一个选择或者判断，往往是几个认知结构共同作用的结果，同时也会受到群体认知的系统性影响，从而带有共性化的特征。

假如让一个哲学家、一个画家、一个音乐家和一个数学家共处于一个场景中，你会发现，他们每个人关注的重点会不同，每个人引发的联想会不同，每个人对复杂任务的回答与选择会不同，这是由认知结构决定的。但是如果他们面对的是场景中的一些直接、简单的任务，那么每个人又都会做出近似

认知逻辑与新闻传播：信息化时代的生存之道

的判断和选择，这是由认知的系统性决定的。

二、认知系统性的意义和机理

认知的结构性相当于认知活动的发动机和燃料，而认知的系统性是让发动机得以正常工作的那些东西。只有结构性而没有系统性的认知空间就像是拆成零件的发动机，就是没有活力的死系统。没有原子核与电子的引力，就不会有电子围绕原子核的运动，原子的结构也就崩溃了。认知系统也是一样，没有结构之间的相互作用，认知空间也会崩塌。从记忆单元之间的连接，到对记忆链条的组织，最后形成记忆网络、记忆云团，在认知空间逐步形成日趋复杂和相对稳定的结构的过程中，认知的系统性发挥着重要作用。

之前说过，认知的结构性决定了认知的属性。其实，认知的系统性也决定了认知的另外一些特征。

（一）认知空间的系统性决定了认知空间与物理时空的错位

物理时空与认知空间是两个完全不同的世界。在物理时空中，三维空间在时间轴上均匀流动，决定了物理时空的特性：空间无限，时间单向。

由于人的生命是有限的，因而依赖于生命而存在的认知空间也是有限的。同时，在认知空间中，时间被异化了，时间的单向流动性被否定了。这是认知空间与物理时空最大的区别。记忆一旦形成，就不会轻易改变，并且通过个体间认知空间的交流，记忆的时间流动性可能会颠倒和错位。就一个历史学家而言，上下五千年的事件都以记忆的形式存在于其认知空间之中，时间必须被打上认知的标记（如纪年或年谱）才有意义。并且，关于不同时间的记忆并不存在单向均匀流动的特征。

在认知空间中，我们的认知可以超越物理时空的限制，这是认知空间与物理时空的又一个显著区别，即认知空间并不绝对地要求结果为真的推理，也不绝对地要求科学意义上的可验证和可重复的"真实存在"，如《逍遥游》中的北冥和鲲鹏。

认知空间与物理时空的错位，是由认知空间的系统性所造成的，认知空间的结构之间的关系并不取决于时间，也不受限于感官可接触到的空间，它仅发生在认知空间内部，且与外部的联系没有必然的一一对应关系。

理解认知空间与物理时空的错位，对于研究认知科学具有非常重要的意义。正是因为认知空间与物理时空不存在一一对应的关系，所以那些试图从意识出发来构造完整世界，或者从绝对客观的角度来讨论意识与世界关系的做法，也就不会有任何结果。

（二）认知的系统性是人类智慧的基础

认知的系统性使人类的认知打破了物理时空的限制，也打破了所谓科学或宗教的禁锢。它使个体的认知空间获得了充分自由的发展。这种充分自由的发展，正是人类创新与创造力的源泉。正是认知空间自由、恣意的延展，使人类创造出宗教、艺术、科学、政治体系、意识形态、价值观等诸多不存在于物理时空中的"非自然存在"，并不断地推进和发展这些我们称之为"文化"和"文明"的事物，使地球的样貌焕然一新。

没有认知的系统性，人类智能认知系统就会失去通过试错而创新发展的机会。一些人类学者或社会学家总是把文明进步的原因归结于"先贤"和"哲人"的智慧，这其实是非常荒谬的。从事自然科学研究的人都坚信，科学和技术的进步，往往并不是来自某个人的奇思妙想，而是由无数人无数次的试错促成的。对于科学和技术的进步而言，知道哪些是行不通的比知道哪些是行得通的更有意义。对于社会科学而言也是如此，那些像苏格拉底、柏拉图、亚里士多德、孔子、老子等具备超强思辨性和创造力的人，数量可能还有很多，他们通过试错而为圣贤铺路，为圣贤搭梯，那些垂名青史的圣贤实际上是站在试错者铺就的坦途上、登踏在试错者搭建的阶梯上的幸运儿。

因此，没有个体认知的自由发展，就不会有群体认知的良性发展。尽管在人类社会这个现实的环境中，绝对的自由从未存在过，但是在个体认知的视野中，每个生命都能享有无尽的自由，那是认知的系统性所赋予的自由。当然，我们也必须看到，自由的结果是非常残酷的，虽然自由是当代文明社会所共同追求的，但是，人类整体的生存和发展就像一个巨大的筛子或是一个巨大的碾压机，个体之超过限度的自由往往不是被筛掉，就是被碾碎。即便如此，认知空间中的自由，仍然创造出了目前可知的最为灿烂的文明。可以想象，假设宇宙中存在更高等级的文明，那么它一定也存在认知的系统性所赋予的认知自由，且一定比我们更加自由。

（三）认知的系统性是个体认知唯一性的基础

认知的结构性更多依赖于感官和外部刺激，而认知的系统性相对独立于感官和外部刺激，因此它和认知的结构性一起构成了个体认知的唯一性。一个信息进入认知空间，与哪一个结构勾连？勾连的紧密程度如何？勾连的结

果怎样强化和改进认知结构？在这之中系统性起着决定性和关键性的作用，且这个作用并不遵循任何物理定律或任何自然法则。因此个体认知空间的系统性是个体认知唯一性的基础。这也就解释了"一千个观众眼里就有一千个哈姆雷特"，即同一情境中的个体也可以产生完全不同的认知反应和认知活动这个事实。

故此，研究认知的规律不能进行理想场景的重复实验，因为理想场景并不存在。也不能对众多研究对象进行一对一的样本研究，认知的唯一性规定了只有在互动关系中才能展示出个体认知的稳态。同时，也不能试图从大脑结构来还原认知结构，因为大脑结构是由基因决定的，具有高稳态的特征；认知结构则是在系统性作用之下不断发展变化的，它只具有相对的和暂时的稳态，而更多地表现为动态。

这里就提出了新闻学研究中的一个尖锐问题：客厅访谈法、案例分析法、田野调查法等研究范式，可能存在巨大的缺陷和漏洞。那种在实验室中和理想条件下通过解剖和肢解个体来研究新闻传播现象和新闻传播规律的科学主义的研究方法，深刻影响了新闻传播学的研究范式和逻辑框架，导致了新闻学理论与新闻传播实践之间的巨大鸿沟。

第四节　关于认知系统的功能

认知的结构性所规定的认知属性和认知的系统性所规定的认知性能，共同规定了认知系统的功能。因为认知活动决定着运动系统和能量转化系统的运转情况，所以认知系统的功能就是：指挥运动系统以维持能量转化系统，从而实现人的生存和发展。不难理解，人类的活动异常丰富，人类的行为异常复杂，但是归根结底它们都没有离开人对生存和发展的需要，且一切丰富和复杂的活动和行为都是服务于生存和发展的。

人类智能认知系统的主要功能表现为：

- 对欲望与预期的管理（干涉）；
- 对价值的计算与判断（权衡）；
- 对运动系统的指挥（选择）；
- 对能量系统的维护（反馈）；

第二章 认知维度决定选择的空间与边界

- 对认知系统的改造（进化）。

因此，认知的功能主要是对环境信号进行辨识、理解、判断，并据此做出选择。在认知空间内部，最主要的功能是对欲求（能量系统的需求）与预期（认知系统与运动系统的边界）之间的所有选项进行价值排序，根据排序结果做出选择，然后依据选择的结果（新的欲求与信号）开始下一个循环。这个认知的最主要和最重要的功能是构建价值观。简而言之，价值观就是在对环境信号（从小环境到大环境）的辨识、理解、判断的基础上，依据认知结构和系统完成穷举可选项并进行价值排序的工作，并做出符合预期的选择。构建价值观是认知重要的和主要的功能。

不论信号是来自能量系统还是运动系统（小环境），抑或是来自身体之外（中环境、大环境），人类认知系统对其经过辨识、理解、判断之后，对于运动系统的任何一条指令（输出）都是价值判断的结果。这个价值判断可以是感性的（情绪和冲动），也可以是理性的（知识和经验），但都是借由价值观（即需求重要性判断和实现可能性判断）而做出的选择。所以人类的一切活动都离不开价值观，否则认知系统就无法与能量系统和运动系统协调并达成生存与发展的目标。同样，人类既有的价值观也决定了人类所有活动的发展过程和进化方向。

一切科学都是工具理性的思想表达，一切思想都是重要性感受的语言表达，一切语言都是认知的价值表达。以上三个命题反过来也一样成立，用价值表达的认知是语言，用语言表达的重要性感受是思想，用思想表达的工具理性是科学。用比较通俗的话来说就是，我说是因为我需要，我需要因为很重要，之所以很重要是因为我的认知使然。说是如此，做也是如此。人的行动不是出自动机，也不是出自欲望，而是出自需求重要性判断和实现可能性判断，也就是价值观。价值是认知对需求重要性的判断。通常可以表示为需求的强烈程度与满足需求的风险的商，即 V（value）$= D$（demand）$/H$（hazard）。对此通俗的理解是，风险不变时，需求越强烈价值越大；需求不变时，风险或代价越高价值越小。价值观的功能就是在价值集合中求最大的元素。

这里所说的风险是一个关于机会、成本、代价的三元函数。一般而言，机会越大风险越小，成本越高风险越大，代价越大风险越大。

简单的价值观只能做出简单的选择，得到有限的结果；复杂的价值观却可以做出复杂的选择，得到多样性的结果。所谓人生乃至人类一切社会活动

的成果——文明，都是智能认知系统的选择，也就是价值观作用的结果。价值观是智能认知系统的典型特征，这个典型特征决定了智能认知系统成为人类与其他生命体的本质区别。

综上，经由认知空间的基本构成和认知空间的结构性、系统性，我们可以推导出以下关于认知空间的若干结论。

（1）记忆是构建认知空间的基本元素，如同自然界是由元素构成的那样，不研究元素，就无法理解自然界，也就无法掌握认识自然界的钥匙。不研究记忆，也就无法理解认知，无法掌握认识认知空间的钥匙。

（2）记忆是六维信息的集合，即最小的记忆单元是由视觉、听觉、味觉、嗅觉、触觉、体觉这六种感官同时对一个情境的刺激信号产生反应而形成的六维编码。

（3）记忆单元通过编码的信号强度与其他记忆单元同维度连接，形成一维记忆链，就像分子通过化学键连接起来从而形成化合物一样。

（4）记忆链上的某一记忆单元通过同维度与其他记忆链条的单元连接，形成二维记忆网络，就像氧化物与酸碱通过离子反应形成盐一样。

（5）二维的记忆网络通过"抽象"这一认知过程，形成三维的记忆团，使认知空间可以用有限的空间处理大量的外界刺激，这个过程类似置换反应。

（6）三维的记忆网络通过"概念"和"推理"等认知过程，形成更高维度的记忆云；高维记忆的重叠和堆积，逐渐形成认知模块。

（7）认知模块相互联系、协调作用，形成系统。至此，认知空间具备了比较完备的输入、运算、输出的功能，形成智能认知系统。

（8）认知是比较高级的动物都具备的能力，如能够围捕猎物的海豚等，其具备了分工协作能力，因此也就具备了一定的认知能力。但是，只有人类才有智能认知系统——具有复杂的结构和完备的系统，具备强大的计算和输出能力，并形成价值观，这也成为人与动物的本质区别。

（9）认知空间与物理时空不存在一一对应的关系。事实上，认知系统越智能，认知空间与物理时空在特定情况下不相对应的情况就越明显。

（10）智能认知系统最伟大的力量是创造力。人类一切的文化和文明成果都是认知系统的创造，包括但不限于语言、文字、艺术、科学、政治、宗教、货币、国家、民族以及一切精神文明和物质文明成果。智能认知体系创造力的本质是对记忆的存储、连接、加工、输出的无限次循环。

（11）人类智能认知系统是人类生存和发展的充分必要条件。人在物理时空中的生存状态，取决于人的认知、运动、能量转化这三个体系的分工协作，其中认知体系起着决定性作用。一旦认知系统在个体生命中消失（脑死亡），即意味着个体的生命的结束。在认知体系的指挥下，人通过运动体系获取外部资源，通过能量转化体系获得生命能量，实现个体和人类的生存；智能认知系统之间不断进行互动和交流，激发智能认知系统的不断进化，从而使人类整体获得冗余的资源和冗余的能量，实现人类发展。

（12）智能认知系统是社会化生存（既分工明确又高度依存）的产物，是生存欲求、环境刺激、认知活动共同作用的结果。智能认知系统具备自我完善的能力，这种能力是由认知的结构性和系统性决定的。认知活动是人的社会属性的本源，也是传播行为的本源。

（13）认知体系的结构性和系统性共同决定了个体认知的唯一性。个体认知的交流和互动决定了人类认知活动具有稳定性和规律性。一切关于认知的研究，如果不从群体认知入手和展开，就无法了解认知，也无法理解认知。由此可以推论，离开人与人的关系，认知科学不可能取得任何有实际意义的进展。

（14）与认知空间和物理时空的关系一样，认知系统的结构与思维器官、感觉器官的结构也不存在一一对应的关系。大脑与感官都是物理时空中的存在，是客观实在。认知是记忆构建的空间，记忆的连接和记忆的关系所构成的认知空间不是物理的实在，也不完全是客观实在。试图通过了解大脑的结构来研究认知的做法，就如同再怎么拆解计算机也无法找到数据一样，肯定是缘木求鱼、劳而无功的。要了解计算机的功能，只有让计算机运转起来，而不是解剖它。

（15）认知的属性由认知的结构决定，认知的效能由认知的系统性决定。认知的规律，则由具有不同结构和系统的认知空间之关联和互动的形式和结果决定。认知系统的工作过程是从欲望开始，经过预期和选择达到满足的无限循环。欲望来自能量系统，预期和选择是认知系统和运动系统的协作，满足是能量系统对认知的反馈。人能否生存与发展，就是要看这个循环能否持续。认知系统的基础功能就是对欲望和预期的管理。欲望与预期匹配，循环就持续；二者不匹配，循环就终止。

（16）价值观是欲望与预期的匹配过程。选择是价值观的反编译输出，相

当于"打印"价值观。纵观人类的发展历程，观察人类的一切活动，欲望与预期是否匹配是成败关键所在。世界观与人生观都是价值观的一种表现形式。

（17）情绪是体觉器官对个体生命状态的编码，是记忆最重要的一个维度。以往的认知科学研究，往往忽视了记忆的这个维度。

（18）心理现象是认知体系稳定性的外部表征。但是个体的认知系统具有唯一性和发展性，这就决定了个体的心理特征不具备绝对的稳定性（类似于无极或混沌）。因此，研究心理学还是要从人与人的关系——群体认知入手，因为群体认知比个体认知更具有稳定性。群体认知是个体认知的交集的一个子集。

（19）所有的心理或精神的疾病都是认知障碍问题。造成认知障碍的原因有：认知系统的器官失调，导致编译和反编译过程发生错乱；认知结构错位，导致对记忆的存储、加工产生错误；认知系统异化，导致输出结果混乱。所谓条件反射和非条件反射理论，都只注意到了器官之间的联系和现象，却忽视了认知结构和系统性的关键作用。

（20）认知科学及所有的派生、交叉、融合学科，都必须以人与人的交互关系为观察和研究的对象，否则就不可能得出正确的结论。

（21）现有的人工智能不可能取代人类智慧，除非出现具有三维以上存储和计算能力的计算机。未来的高维度计算机一旦出现，人类将面临巨大的威胁。只要高维度计算机基本数据的维度超过三维，威胁即产生，维度越高对人类的威胁越大。

（22）未来的科技进步，将是在人工智能的辅助之下，逐步完成对运动系统和能量转化系统的替代。其最终形态，很有可能是通过高维度计算机实现其与人脑的互联。人的生存则仅以大脑生存为特征，从而实现所谓的永生。

以上22条关于认知的结论，是后续章节的逻辑基础，也是理解后续章节中的观点的锁钥。从下一章开始，我们将开始讨论认知活动，包括认知活动的规律和意义。

第三章

人生是个体化的认知活动

关于命运：

欲求就像种子，充满生命的张力；

认知就像土壤，绽放生命的灿烂。

命运就是环境和认知的融合，融得越深，走得越稳。

——笔者

人的生命活动在物理时空和认知空间两个维度内展开，人生就是认知空间在物理时空中的延展。就个体生命历程而言，基本上可以将其看作是认知空间构建、完善、发展、传承的过程，也就是认知活动的过程。认知塑造了人生，成就了人生，直至摹画出人生的全部样貌。如果没有认知，就没有对外部信号的辨识、理解、判断，也就没有了选择，能量循环无法持续，个体无法生存，也就谈不上人生了。所以，个体的人生就是个体认知活动的轨迹，社会的人生就是群体认知活动的轨迹，无数个体认知活动的轨迹构成社会认知活动的图景。

人类学家通常在物质生活、社会生活、精神生活这三个维度上研究人生和人类文明。这三个维度都是认知支配下的生命过程。物质生活就是认知指挥运动系统为能量转化系统提供物质资料的过程，社会生活就是认知系统之间的交流与互动过程，精神生活就是认知系统内在结构化和系统化的过程。所以，从上述三个维度考察的话，确如前所述，人生就是认知空间的构建、完善、发展、传承的过程。

概言之，具体的人生就是个体化（独立和自主）的认知活动。个体化的

认知逻辑与新闻传播：信息化时代的生存之道

认知活动完全体现在具体人生选择之中，也完全决定于具体的人生选择。所以，了解人生的第一步，必须从了解选择开始。

第一节　关于选择的基本定理

研究认知的基本规律，必须从选择入手。当认知系统具备了辨识和理解环境信号的能力之时，人在判断和选择满足需求的方式与方法的时候就一定会权衡利弊得失，即"趋利避害"。这是连动物也具备的认知功能。比如，动物可以分辨食物和毒物，感知危险的信号，并能够采取获得食物和逃避风险的策略。再比如，雌性动物通常会选择具有遗传优势的异性来繁育后代，而雄性动物也因此进化出色彩艳丽的性别特征，以吸引异性。

那么，趋利避害的选择是如何做出的呢？

一、蘑菇定理（yes or no）

对于人而言，生存是第一要务。食物是维持生存的最主要能量来源。但是面对毒蘑菇这种食物，吃还是不吃的选择不取决于是否有吃蘑菇的欲望，而是取决于是否能够识别毒蘑菇，是否知道吃毒蘑菇的后果。如果能识别毒蘑菇，知道吃毒蘑菇的后果，人就不会去吃毒蘑菇，这就是遵循生存优先的法则。人生的所有的选择，都遵循着这一法则。

不论东方还是西方，为人处世的首要学问，就是区别哪些"蘑菇"是有毒的，不可以吃。许多有关法律、教育、政治和宗教信仰等的知识和素养，如"善恶与因果""规矩与服从""贪婪与阴谋"等，都是关于"蘑菇"的学问。许多有关科学和信息传播等的知识和素养，其实是用以反复验证这些学问真伪的。在人类的认知空间里，几乎都是关于"蘑菇"的经验知识。

那么，哪些"蘑菇"有毒呢？

中国人从小就被教育要读书，所谓"读书改变命运"，就是因为不读书这个"蘑菇"有毒。20世纪40年代，陕甘宁边区有个很流行的活报剧，叫《兄妹开荒》，其中有句关于识字的唱段："认得清，认得清，还要把道理说分明，过去咱们不识字，糊里糊涂地受人欺。"可见"开荒"并不只是字面上的意思，还有关于"读书"和"扫盲"的隐喻在其中。现在的很多家长教育孩子时总是说，你现在不好好念书，考不上好大学，就找不到好工作，你咋养活你自己呢？这就是说，不好好读书是个"毒蘑菇"，不能吃，不要吃。

还有一个"蘑菇"有毒，即损人利己。老子说："天之道，损有余而补不足，人之道，损不足而奉有余。"这是老子对人性的批判。不论是东方还是西方，对于损人利己的行为都不能容忍。西方谚语说"自由止于别人的权利"，儒教讲仁爱，佛教讲慈悲，基督教讲博爱，都是在说：利己不能损人，损人利己这个"蘑菇"有毒。

二、大野猪定理（more and more）

人的基本欲求是生存，但是，当基本的欲求被满足之后，又会产生新的欲求（这就是马斯洛的需求层次递增理论）。这是环境不断变化和认知空间不断拓展带来的一个难题。原始人类没有太多欲求，吃饱喝足之后，就是围着篝火唱歌跳舞。唱着跳着就弄出事情来了：一个原始人开始想，要是明天还能唱歌跳舞该多好！假如某一天，饿了肚子，没心情唱歌跳舞了，该怎么办呢？刚才跳舞的时候，某个姑娘的眼神总是在我身上转来转去的，如果我再能跳几天，我一定可以跳得更好，说不定那个姑娘就能跟我生个孩子，要是个儿子，肯定能跳得比我还好，肯定能有更多的姑娘喜欢，儿子就会有更多的儿子……嗯，明天我一定跟酋长说说，去更深的林子里碰碰运气，说不定能捕到一头大野猪呢。如果野猪够大，我就能连着跳3天的舞而不用去打猎，我就一定会有个儿子。

从想到明天能不能说服酋长去捕一头大野猪，到想到能不能有一个儿子，说明这个时候，人的认知空间开始复杂了，产生了生存（吃饱）欲求之上的欲求（繁衍），并将这个欲求与某个目标（大野猪）锚定，即为了达到一个欲求的满足而产生了对另一个目标的期待，也就是预期。

所谓预期，就是为了满足需求而进行目标规划并描绘实现路径的过程。这是智能认知系统之特有的且自然而然的功能。并且，智能认知系统越是复杂和精细，规划也越发精细和完善。"大野猪"就象征着这种规划，而与捕获大野猪相关的一系列想法就是预期。这种为了实现需求而产生预期，为了实现预期而进行规划的过程，体现的就是选择中的大野猪定理（more and more）。

通常，预期的目标可以是一个，也可以是多个。比如，捕获一头更大的野猪是为创造一个唱歌跳舞的机会，唱歌跳舞是为创造满足繁殖后代欲求的

机会，等等。欲求是预期的出发点，预期是欲求的延伸。预期可以是感性的目标，也可以是理性的目标；可以是符合逻辑的规划，也可以是不讲逻辑的规划。

"鸡汤烹调师"经常讲的一个段子就是：一个富人，看见一个渔民在海滩上晒太阳，就问，你为什么不去打鱼呢？渔民说，我今天有的吃了，为什么还要去打鱼？富人说，你为何不趁着好天气多打一些？渔民说，为什么要多打一些？富人说，你多打一些鱼，就可以换一张好的渔网；打更多的鱼，就可以换大一些的渔船；然后就可以有更多的鱼，那时候你就不用每天辛苦地打鱼，而可以舒舒服服地晒太阳啦。渔民说，那你以为我现在在干啥呢？那个富人的理论就是典型的大野猪定理。

因为有了对"大野猪"的预期，人们开始祈求神明赐予自己更好的收获，于是有了原始崇拜，后来发展成为宗教信仰。人们又开始改进捕猎的技术，后来发展成科学技术。人们还开始改进狩猎的方式，于是有了组织，后来还建立了国家。为了表彰捕猎更多猎物的英雄人物，于是有了歌咏和舞蹈，后来发展成艺术。为了把这些都传承下去，于是发展出教育和信息传播体系。为了惩罚破坏行为，于是有了纪律，后来发展成法律。因此我们说，没有预期，就没有人类认知空间的拓展，也就没有现在丰富多彩的社会生活的样貌。

"大野猪"是选择的另一种形式。把关于吃不吃的选择升级为吃得多一些和好一些（预期）的选择。这既是欲求的升级，也是选择的升级。但是，与手中的"蘑菇"是不是有毒这件事不同，依据预期所做出的选择，可能性大大地增加了，但确定性大大地降低了。也就是说，选择的结果具有不确定性。可能捕到了"大野猪"，也可能没有捕到。"大野猪"是个不确定目标，捕到了更好，没捕到也行。所以关于"大野猪"的选择也是结果不确定的选择。即使到今天，人类的选择仍然保持着这样原始的特征，仍然遵循着大野猪定理。

三、毒蛇定理（control risk）

预期在带来更多可能性和不确定性的同时，也带来了一个新的问题，这就是风险。进入更深的林子，会不会遇到躲藏在阴影中的毒蛇？付出更多的努力，既可能带来更大的收益，也可能带来更大损失（如在与大野猪的搏斗中受伤，或者被树林中的蛇咬伤）。于是有了关于选择的又一个定理——毒蛇定理。

蛇与人类的关系真是"剪不断理还乱"。诱惑亚当和夏娃偷吃禁果的是蛇，中国古代伏羲和女娲的形象也是人首蛇身的造型。关于人类起源的传说，几乎都和蛇有这样那样的关系。有学者考证，蛇是原始生殖崇拜的图腾，几乎遍布所有的族群。蛇既是欲望的图腾，也是难以发现的危险（风险）的象征，是欲求和预期之间需要规避的东西。

因为毒蛇定理的存在，人们开始精于计算。《孙子兵法》说："夫未战而庙算胜者，得算多也，未战而庙算不胜者，得算少也。多算胜，少算不胜，而况于无算乎！"就是说行动之前要认真权衡，要选择胜算多的方法。

现代经济学家研究发现，人们的选择与"预期"和"风险"具有很强的关联性。人们总是偏好于选择那些收益大（预期）和损失小（风险）的方法。但是，有趣的是，人们对于预期和风险的评估却又往往会做出截然相反的选择。美国经济学家丹尼尔·卡尼曼（Danniel Kahenman）在《选择、价值与决策》一书中介绍了一种叫前景（预期）理论的决策模型。其中展示了一种称为"确定性效应"的现象，即人们"在确定收益的时候会规避风险，而在确定损失的时候会寻求风险"。

假设，某一地区发生了一场流行病，预计会死亡 600 人。如果采用 A 计划，将救活 200 人；如果采用 B 计划，则有 1/3 的概率会救活 600 人，但有 2/3 的概率一个也救不活。此时大多数人会选择 A 计划。因为，A 计划的收益是确定的，所以可以规避"一个也救不活"的风险。换一种假设，如果采用 C 计划，会有 400 人死亡；如果采用 D 计划，则有 1/3 的机会一个都不会死。此时大多数人会选择 D 计划。因为，C 计划的损失是确定的，所以大多数人会寻求 1/3 的机会（其实是 2/3 的风险）。但其实仔细想想，A 计划和 C 计划是一回事（都是活 200 人，死 400 人），B 计划和 D 计划也是一回事（都是有 2/3 的概率会死掉 600 人）。但人们的选择却截然相反。这是毒蛇定理中的一个很有意思的现象。

蘑菇定理、大野猪定理和毒蛇定理，是关于选择的最基本规律。千条江河归大海，三个定理其实就是一句话：趋利避害。既要能吃上，又要吃得好，还要不太贵。

《左传》中记载了曹刿论战的著名故事：

十年春，齐师伐我。公将战，曹刿请见。其乡人曰："肉食者谋之，又何

认知逻辑与新闻传播：信息化时代的生存之道

间焉?"刿曰："肉食者鄙，未能远谋。"乃入见。问："何以战?"公曰："衣食所安，弗敢专也，必以分人。"对曰："小惠未遍，民弗从也。"公曰："牺牲玉帛，弗敢加也，必以信。"对曰："小信未孚，神弗福也。"公曰："小大之狱，虽不能察，必以情。"对曰："忠之属也。可以一战。战则请从。"公与之乘，战于长勺。公将鼓之。刿曰："未可。"齐人三鼓。刿曰："可矣。"齐师败绩。公将驰之。刿曰："未可。"下视其辙，登轼而望之，曰："可矣。"遂逐齐师。

在这个故事中，齐国出师攻伐鲁国。为了鲁国的存亡，鲁庄公决定发动保家卫国的战争。对此，曹刿先问的是鲁庄公凭什么去赢得战争。这就是选择的第一定理，要分辨"蘑菇"是否可以吃。待到鲁庄公细说了自身具备任用贤臣、赏罚分明等优势后，曹刿判断，保家卫国战争这个"蘑菇"没毒，可以吃。待到战争打响，曹刿推断齐军三鼓后士兵的勇气将衰竭，而只要彼衰我盈就可以战胜齐军。这就是选择的第二定理，要围绕预期进行目标规划。事实证明曹刿的预期和规划非常精准。等到齐军败退，曹刿却要下视其辙，登轼而望，确定齐军没有埋伏后才让鲁军追击。这就是选择的第三定理，规避风险，谨慎行事。曹刿论战的全过程完美诠释了选择的这三个定理。

有了选择的这三个定理，价值观就自然而然地形成了。价值观就是人在认知范围内对于所有达到预期的选择进行风险和收益的排序，从而做出最优选择的过程。通常，人们把价值观定义为"借助思维器官对外部世界进行辨识、理解、判断和选择"。这个定义多少有点问题，也就是把价值观的范围定义得太过宽泛了，内涵过大，而外延太小。没有辨识、理解，自然无法完成判断和选择。辨识、理解、判断、选择，都是认知所具有的功能。价值观其实只负责判断和选择，所以价值观是认知所具有的功能之一而不是全部。当然，价值观仍是认知系统所有功能中最重要和最基础的功能。如果只有辨识、理解而不做判断和选择，那么也就谈不上辨识和理解的意义了。

从人的三大系统（认知、运动、能量）的角度来观察，认知系统的作用是协调、指挥、维持其他两个系统的正常运转，由此可知，认知系统发送给运动系统的每条指令，都是依据能量系统的信号和认知系统的信息做出的判断与选择。也就是说，认知的所有输出都是选择的结果，当然也是价值观作用的结果。

第二节　价值观是天然的选择工具

既然选择的真谛在于趋利避害，那么如何权衡利害，就不仅决定了所选择的结果能否满足欲求，而且决定了人生的幸与不幸、成功与不成功。所以说，人生的幸福与成功，既不是上帝的意志，也不是宿命使然，更不是因果的循环，而是选择的结果，是一个人在一生中所有选择结果的集合。

影响人们权衡和判断利弊的因素很多。前面说过，人所处的时代不同，或者同一时代人的认知不同，其选择的空间和边界也不同，这就是说，个体认知是选择的空间，时代和环境是选择的边界。

在"神选"的时代，遗传优势是最主要的因素。在现代非洲的一些部落中，仍然保留着这样的风俗：跑得最快的男猎手成为酋长，跑得最快的女猎手成为祭司。

在注重军功和科举的时代，能否通过战争考验和科举考试是最大的因素。在中华文化圈内，科举制度的影响至今还在发挥着重要的作用：把考上大学作为阶层跃升的重要手段，仍然是绝大多数人的选择，"学区房"和"补习班"也因此成为一种奇特的标志物。

在当代，人们的选择空间倍增，权衡的方法也多种多样。法律、教育、科学、艺术、传播、信仰等经验可以成为利弊权衡的因素，欲望、情绪、冲动等也可以成为利弊权衡的因素。生活情景复杂化，价值冲突广泛化，利弊权衡多样化，正在成为现代社会的一种"选择病"。

如果考察人类文化比较丰富的阶段，即从有稳固的社会组织结构、有明确的文字记载、有初级的学术体系的阶段开始，人们进行利弊权衡的依据主要是直接经验和间接经验。所谓经验，就是从接收信号到获得反馈的过程中保存的全部记忆和信息的集合。其中，直接经验就是直接通过自己的感官获得的反馈，间接经验就是通过信息传播而获得的反馈。这些帮助人们权衡利害的经验的集合，就初步构成了价值观。

中国有句俗语，叫："没吃过猪肉，还没见过猪跑？""吃过猪肉"就是我们经常说的"体验"，"见过猪跑"就是我们经常说的"经验"。通常"体验"会给我们留下更清晰、更深刻、更强烈得记忆。比如，不少人在小的时

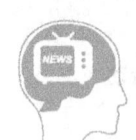

候都有过被烫伤的经历，这种体验会被长期保留在记忆中，形成对火的恐惧感，并使我们对红色和黄色保持警惕和强烈的反应。当人们了解到这个现象的时候，就会把红色当作危险的信号，把黄色当作注意的信号，从而起到警示和提示的作用。相对来说，经验通常不会像体验那样带来那种"下意识"的快速反应。但不论是有意识的反应还是下意识的反应，体验和经验无疑都是我们比较和判断的依据，从而也是我们进行价值排序和做出选择的依据。从这里可以看出，所谓选择，就是将信号（自身的欲求信号或外部的刺激信号）所引起的反应与认知空间中的经验进行比较和判断，再依据判断的结果做出选择的过程。那么，"比较和判断"这个中间的步骤，就是价值排序的过程，也就是价值观发生作用的节点。

不论是对外部信号做出放松或警惕的反应，还是做出排斥或喜好的反应，都会成为影响我们判断的因素。体验经过重复验证之后，就成为直接经验。经验经过重复验证之后，一部分成为直接经验，一部分成为间接经验。所以，在我们做出选择的时候，都是依据直接经验和间接经验的集合，与对现实环境做出的反应进行比较，从而得出经验价值的排序。所谓价值观，就是认知空间的这样一个功能，它在欲求和预期之间，对相关经验集合中所有经验的重要性和有效性进行价值排序。因此，价值观当然地成为选择中的首要工具。

说到"观"，一般是指关于某一事物的"总的看法和根本观点"，比如对世界的"总的看法和根本观点"叫世界观，对人生的"总的看法和根本观点"叫人生观，对新闻传播的"总的看法和根本观点"叫新闻观。但是价值观就比较特殊了，价值观不是关于价值的"总的看法和根本观点"。

首先，价值的含义太宽泛了。在经济学中，价值是指凝结在商品中的抽象劳动。在社会学里，价值又有文化价值、科学价值、学术价值、文物价值、艺术价值等，且均有其特定的含义。由于价值的定义过于抽象，价值的含义又过于宽泛，所以往往字面相近的价值实际上却"风马牛不相及"。比如，文化价值和文物价值，艺术价值和学术价值，经济价值和市场价值，看起来其"价值"所指应该很相近，其实相差万里，完全不是一回事。可见，在人类认知范围内不存在一个能够包罗万象的关于价值的总看法。

其次，价值观不是关于价值的观点，因为价值本身就是人类认知所"创造"的极度抽象的概念，任何价值都无法在外部世界中找到与之完全对应的自然存在之物，那么关于价值的总观点就成了关于观点的观点、抽象的抽象、意义的意义，这就进入了无限死循环。例如，如果 A 决定追求 B，那么 B 就一定有值得 A 追求的价值，这个价值可能是 B 的自然条件，也可能是 B 的身家、教养等社会条件。实际上，价值观并不管 A 要不要追求 B，那是欲求的问题，而是要确定如何追求，或者是确定哪一种追求的方法成功率更高。因此价值观不是用来衡量 B 的价值，而是用来衡量预期和风险的商数所代表的价值。关于预期和风险的商数所代表的价值，与一般意义上的价值既有相似之处却又不完全相同。

许多人常常说"三观"，如"三观不正""三观不合"等，都是把世界观、人生观、价值观并列，价值观还排在最后，好像世界观和人生观更重要一些。

"世界是物质的，物质是运动的，运动是有规律的，规律是可以被认识的。"这就是一种世界观。世界观所反映的对象没有好坏对错的区别，更不会区别好多少或者坏到什么程度。从物理时空和认知空间的角度观察，世界观是物理时空在认知空间中经验集合的一个子集，是认知空间对外部世界各种记忆的多次重复和高度抽象。在同一世界观之内，没有数量的概念，也没有对与错和善与恶的分别。

人生观也是如此。比如，"奋斗的人生就是幸福的人生"是一种常见的人生观，那么奋斗与幸福之间是怎么换算的？换算的公式恒定吗？类似的，还有善良的人生、勤奋的人生、学习的人生、坚韧的人生等与幸福的人生的关系。其实，有关人生观的表述都是定性的，而不是定量的。

价值观就不同了，价值观是一定要定量的，数量多寡对于价值观的意义非常重要，正如马克思的著名论断：资本"如果有10%的利润，它就保证到处被使用；有20%的利润，它就活跃起来；有50%的利润，它就铤而走险；为了100%的利润，它就敢践踏一切人间法律；有300%的利润，它就敢犯任何罪行，甚至绞首的危险"。马克思的这段经典论述，就是对价值观的这一特性最生动的表达。

对价值观不仅要做定量分析，而且需要对可以不可以、应该不应该、可能和不可能等问题加以判断。对与错、善与恶、多与寡都不是物理时空中的"自然存在"之物，也不是人生的典型特征，却都是构成价值观的基本要素，也是价值的基本要素。没有比较与区别（即不区别对错与善恶，也不计较多少），就无所谓价值，也就没有价值观。

价值并不存在于物理时空，而是只存在于认知空间中，它部分地依赖对物理时空的感觉，更多的是认知空间内的记忆整合，既有具象的部分，也有高度抽象的部分。对于多和少、善与恶、对和错的衡量和判断，都是价值观存在的形式。从这一点而言，价值观比世界观和人生观更有意义。过去总有人说，有什么样的世界观就有什么样的人生观，有什么样的人生观就有什么样的价值观。其实反了，有什么样的价值观，才有与之相应的人生态度，才能决定人们认同或相信什么样的人生观，人生的目标和态度一旦确定，则人们就只能认同能够与其人生目标相匹配的世界观。

综上，认知系统收到信号，就会因认知器官的特性对信号进行编码，形成记忆；与既有的记忆进行对比（辨识和理解）并形成反应；根据反应与经验的对比结果形成判断，再对多个判断进行排序，对排序的结果进行取舍和抉择。上述从接收信号到输出选择的过程，是人类智能认知系统天然具有的能力和功能。价值观就是在欲求（信号）到预期（经验）之间的所有可选项进行价值权衡，即把预期与风险商数进行排序的能力和功能。换句话说，选择是关于欲求和预期的二元函数，而这个函数的取值范围与函数表达式，就是价值观。

虽然价值观是认知空间对预期与风险的判断、权衡和考量，但是具体到某一个具体的选择，往往又会出现出乎人们意料的悖论。依据本书的逻辑，价值观是由认知空间的结构性和系统性所决定的，那为什么会出现个人选择往往与个人的认知空间特征不一致的反常现象呢？这就不得不研究一下价值观的分段函数特征了。当然，限于篇幅，本书在此不加以展开。

第三节 价值观的三大技能

人们在做出选择的时候，在所预期的目标和达到预期所要采用的方法等方面存在非常大的不确定性，即使是成功的经验也因为要经受环境变化的考验而具有不确定性。这种不确定性，常常让人陷于惶恐和焦虑之中。实际上，几乎所有的人生选择都带有巨大的不确定性，即使是依靠巨量科学计算所做出的选择，在结果真正发生之前，也仍然处于不确定的状态。那么，如何应付这样巨大的不确定性呢？这就不得不提到价值观的三大技能。这三大技能都是在智能认知系统进化过程中，为应对选择的不确定性而逐步形成的认知功能。

一、召唤技能

召唤技能就是用物理时空并不存在的事物（超自然之物）作为价值判断的依据。比如上帝、道家之"道"和佛家之"般若波罗蜜多"。召唤技能并不限于宗教领域，即便在现实生活中，凡涉及信仰、崇拜等的事物，都是价值观召唤技能的应用领域，如集体主义、个人主义、爱国主义、乌托邦主义以及金钱崇拜、英雄崇拜、科学崇拜等。

价值观的召唤技能始于远古，盛行于中世纪，变形于现代。其最初是氏族中巫师或祭司专享的技能。当时的人们相信，巫师或祭司可以和神灵沟通，获得神灵的启示，来预测狩猎的结果、气候的变化、灾害的发生、收成的好坏、战争的胜负、寿命的长短、事业的成败等。在神灵的启示面前，神谕的价值被最大化，免遭神灵的惩罚，祈祷神灵的庇佑，成为价值判断和选择不可置疑的最高权威依据。典型的召唤技能，如《圣经》所说，"信我的人，所有的罪都被赦免"。类似的价值信条还有"正义无坚不摧"，"勇敢者无往不利"，"知识就是力量"，"善有善报"，"吃得苦中苦，方为人上人"，等等。

从远古时期的巫祝术，到中世纪的各大宗教，再到现代社会中的各种崇仰（包括对科学、终极真理的崇拜），都属于价值观所具有的召唤技能。这种技能，本质上是人类认知空间中关于未知和未来的经验和想象（记忆复合）。召唤技能既可能是正面的、积极的和有意义的，也可能是负面的、消极的和无意义的。

如果没有召唤技能，人类就无法战胜对于不确定性的恐惧，以至于无法发展出大野猪定理这种关于预期的认知功能，人类社会就会发生退行性的演化。如果不能召唤神灵或正义、理想、信仰等力量的保佑，战场上的士兵就不能战胜对死亡的恐惧，从而无法赢得战争。同样，没有振奋人心的口号，即便是最优秀的政治家也无从构建起任何具有凝聚力的社会组织形态，人类也就无法适应环境的变化，战胜严寒、地震、火山、瘟疫、干旱、洪水这些严重的生存问题，从而顽强地走出各种困境，开辟崭新的天地。在经济领域，如果没有对货币价值、股份制、有限责任公司、投资回报率等各种预期价值的超过正常水准的"相信"，也不会有资本主导下的社会（以下简称"资本社会"）和金融市场的形成，并借由社会化大生产来推动人类科学技术和物质生产等文明形态的丰富和发展。

召唤技能类似于金融杠杆，它的作用是使某种价值被放大许多倍。稍微具备金融知识的人都知道，一旦过度使用金融杠杆，则意味着巨大的系统性风险。如果召唤技能过于强势，就会导致人类无法自拔地完全服从于神谕或者某种说教，陷入极端化和僵化的泥潭，人类也就失去了多种选择和多样发展的机会。历史的经验证明，墨守成规、不求改变的社会，最终一定会消亡。老子主张的"小国寡民"和"鸡犬之声相闻，民至老死不相往来"的所谓理想社会，就是基于对"道"的绝对服从这样一种信念。人类进化的历史充分证明，这样的"理想社会"只有灭绝一种结果，因为这样的社会无法应付气候和环境变化带来的生存困境。

对于人生而言，当我们面临困难的时候，可以适当地使用召唤技能。包括回忆那些成功的经验，参考别人的成功经验，给自己一些积极的心理暗示，以增强渡过难关的勇气。同样，在人际关系中，召唤技能也经常得到使用。比如，最近经常出现在"热搜"上的"画饼"操作，让同伴坚信未来可以预期，从而放弃短期和眼前的利益的做法，就是一种召唤技能的实际运用。另一种相反的操作，就是丑化和矮化竞争对手，并使同伴相信：敌人必将因愚蠢和疯狂引起人神共愤，从而走向失败。

二、膨胀技能

膨胀技能就是通过增加预期价值的权重来增加对某个预期的信心和投入。这是一种十分有趣的技能，人们对于预期中的"大野猪"的价值，不断地加以强化，最后"大野猪"的价值被极端地强调，甚至被强化到唯一、终极的境地。这种在认知空间中像吹气球一样膨胀预期价值的技能，就是膨胀技能。

膨胀技能可以使人们为了满足欲求而付出更多的努力。比如，发明新的工具和技术，采用新的组织形式，制定更加严苛的律法，等等。这无疑推动了人类文明的进化过程。如果人们在认知空间中没有或者缺乏膨胀技能，就会失去创新的动力，从而变得被动、消极、不思进取。最典型的膨胀价值观就是"知识改变命运""好人一生平安""善恶终有报"等价值信条。

反之，如果过度地使用膨胀技能，后果也是非常糟糕的。当某一预期的价值被刻意夸大之后，这一预期便成为认知空间的遮蔽物，使人们忽略了其他的可能性而趋向极端。最终，当气球被吹爆时，过度使用膨胀技能的人也会因此而付出高昂的代价。

对于人生而言，我们需要善于使用膨胀技能并不时地警惕之。当我们专注于自己的目标的时候，需要反思的是，那个目标的价值是不是真的那么重要？例如，一见钟情中的少男少女，一旦喜欢上一个异性，就会不断地在心里理想化那个梦中情人的形象，以至于产生"非他（她）不可""为他（她）牺牲一切"这样难以抑制的强烈冲动，心理学称之为"造梦"心理。但实际上，我们曾经暗恋过或热恋过的人，真的成为我们一生的挚爱了吗？所谓一见钟情，只开花不结果，甚至连花也没开一朵的情况非常常见。也有很多人为了某一个目标付出了所有，但当他们成功地达到目标时，却发现付出了这么多努力，得到的却不是自己想要的。相信很多人都有过这样的遗憾吧。

现实生活中，膨胀技能的表现非常常见。比如，对某一个目标反复强化、放大，使其成为压倒一切的追求；或者将某种能力或品质（如勇敢、善良、诚信、坚强、自制力、执行力等）的重要性强调到无以复加的程度，使其成为不可或缺的东西，从而不断地进行自我磨炼。例如，大人们就常常这样教导孩子：只要你足够努力，足够善良，足够诚实，必将获得成功。

笔者身边就有一些这样的朋友，他们认为每天跑10公里非常重要，也非常值得，即使出差在外，也不能耽误夜跑或晨练。他们的意志力非常令人钦佩，但是如果仔细观察，他们往往面色黧黑，少有光泽。适当的体育锻炼，对于保持健康的体魄和充沛的精力无疑具有很大的好处。但是，一旦单独强化训练指标，过度损耗气血，可能反而于健康无益。20世纪50年代有这样的流行语，如"人无压力轻飘飘，井无压力不出油"，"只要思想不滑坡，办法总比困难多"。人生是需要一些压力和奋发向上的动力的，也就是人们常说的"精气神"。但是，世事无绝对，过分压担子，揠苗助长，并不是好的选择。过分强调主观能动性，忽视客观条件的限制，明知不可为而为之，大干快上，可能会造成难以想象的糟糕后果。

三、"乾坤大挪移"技能

乾坤大挪移是这样的一种技能，把过去或他人成功的经验，直接复制到自己的认知空间中，用来增加某种价值的权重，以求获取同样的成功。

这种技能具有非常重要的意义。事实上，个体生命是有限的，人不可能在有限的人生中把前人走过的路都重新走一遍。面对越来越复杂的生存环境，汲取前人或同伴的经验，作为价值判断和选择的依据，是一种十分"环保"

认知逻辑与新闻传播：信息化时代的生存之道

而有效的价值观技能。正是基于这种技能，人类可以"站在巨人的肩膀上"，取得更大的成就。

但是，如果过分依赖间接经验，也会造成价值判断的失误和选择的失败。因为人类生存在"时间流动"的物理时空中，成功的经验能不能在变化的时空中复制成功，即这是任何人都无法控制的事情。比如，中国古代不少思想家、政治家大都认为"三皇五帝"代表的是最好的时代，那个时代的原则都应该"万世不易"地加以保留并发扬光大，而所有现世的苦难都是没有遵守尧舜禹汤的主张和制度的结果。这样复古的主张造成了中国历史上对社会改革往往持避之不及的态度，结果造成社会制度日益僵化，整个社会为此付出了巨大代价。

历史的经验无疑是宝贵的，但是企图一头钻进历史的故纸堆里去发现未来的道路，就非常可笑了。历史往往惊人地相似，却绝对不可能简单地重复。时过境迁，任何历史的经验、教训，都不可能解决所有的现实问题。

对于人生而言，乾坤大挪移是十分宝贵的技能。但是请注意不要迷信别人的经验。后边的章节还要讨论价值观的流动性和统一性的关系。对于自己的价值观的坚守，是人生区别于其他所有事物的关键。我的人生我做主，没有这一点，你的人生就不会幸福，也不会成功。

河南"胖东来"商业的传奇，在网络上广为传播：开门营业前人们就排起了长队，一开门就门庭若市。1995年创立的"胖东来"，从一家烟酒店起家，如今涉及超市、百货、专卖店、便利店等多种业态。从服装、家电到首饰，从药品、餐饮到粮油果蔬，凡与日常生活息息相关的商品或服务其几乎无所不包，"胖东来"用一张密集的商业网几乎垄断了许昌市的零售业，只有一小部分便利店和烟酒店还在夹缝中生存。连马云和刘强东都先后去"胖东来"参访取经。但是到"胖东来"取经者众，能够成功复制"胖东来"成功做法的，却还一个都没有。当年上海名噪一时的股神"杨百万"，也从没有人成功复制过他的致富经验。同样试问，社会上各种的总裁班，各种"成功学"班，成功复制出了一个像巴菲特、马云那样的成功人士了吗？

第四节 价值观与认知空间的关系

感觉和思维器官搭建了生产认知的工厂，外界的信号和信息作为原材料源源不断进入生产车间，流水线上的产品一部分作为信息输出，更多的则成为这个工厂里不断升级改造流水线的材料。这个工厂就是认知空间，工厂里的车间和流水线就是认知空间的结构和系统，而指挥这个流水线工作的系统就是价值观。前面所说的选择的三大定理，价值观的三大技能，都是这个工厂的产品，也是这个工厂指挥系统里的部件和原料。

一、认知空间和价值观的基本关系

经过上万年的进化，人类的认知空间具有了相对稳定的结构和系统。由于认知空间唯一性和价值观统一性的对立统一，人类认知空间的结构具有相对稳定的普遍性和一致性，现代人类的认知空间一般由法律、教育、科学、政治、艺术、传播和信仰这七个模块组成。这样的认知结构既与人类社会化生存的发展规律相适应，也与人类智能认知体系的进化规律相适应。也就是说，人类共同的生活方式和认知的进化方式，自然而然地塑造了人类认知空间的稳定结构。虽然存在巨大的个体化差异，但是人类基本的认知空间结构大体上仍然具有明显的普遍性和一致性特点。

人类认知空间经过长期进化，已成为具有输入、存储、处理、输出功能的，结构化、系统化的智能系统。这个系统与外在的物理时空经由人的感觉器官、运动器官发生关系；经由选择和行动，达成生存欲求的满足，从而展开人生的内容和意义。

人类智能认知系统最基本的功能是对记忆的储存和加工，并在此基础上发展出抽象、推理、创造等思维功能，进而演化出辨识、判断、分类、归纳、类比、预期、规划、价值判断和价值选择等认知功能，从而外向地表现出发现、识别、学习、理解、传播、认同、坚信、判断和选择等认知行为；再进一步，经过人际交流与合作，形成法律道德体系、教育传承体系、科学技术体系、文化艺术体系、政治治理体系、信息传播体系和宗教信仰体系等由所有社会成员共同参与创造的人类社会文明成果。

价值观是认知空间结构所规定的基本属性之一，是认知空间结构经过系统化而形成的功能。价值观的功能至少包括判断和选择这两个基本方面，并且这些功能自然地蕴藏于认知空间的结构和系统之中，并存在于认知空间之各个模块的特征和模块之间的连接状态之中。

价值观是在欲求驱动之下对认知空间的一种自然使用，也是经由选择的

结果而对认知空间的一种合理建设。因此，价值观与认知空间具有天然的和紧密的联系。一个人的认知空间的样貌大体上规定了其价值观的样貌，也大体上规定了其面对问题时所能做出的相对稳定的反应。或者反过来说，一个人对于生活的相对稳定的反应，就是这个人价值观的基本样貌，同时也是这个人的认知空间的结构特征和系统特征。

价值观决定选择，选择的结果决定欲求满足的程度，而欲求满足的程度（经验）反过来又会改造认知空间。因此价值观同时也是认知空间的建设者和改造者，即价值观具有强调或消解某种认知空间结构，增强、削弱或解除认知空间各部分联系的能力。这种对于认知空间的再建设过程，既是价值观作用于选择的结果，也是选择的结果反作用于价值观的过程。

后文还将阐述的是，正是价值观对于认知空间的塑造能力作为一个逻辑起点，使得成为"价值观统一工具"成为新闻传播的本质功能所在，于是实现价值观统一成为新闻传播的最基本规律和最高价值，这形成了一个顺理成章的逻辑闭环。

二、认知空间的延展性对价值观的影响

选择的胜算，取决于认知空间之于其所在的物理时空的匹配度。人总是在熟悉的领域中比较容易做出选择，且这种选择的结果对人欲求的满足程度也比较高，或者说是成功概率比较高。对于陌生的领域，则人们做出成功选择的概率就会大大降低，甚至基本上相当于赌博。对于完全未知的领域，则人们几乎不会做出正确的选择，即便结果是成功的，也是运气使然，而不是理性选择的结果。所以，认知空间越是适配于人所在的物理时空，就越能够建立起功能强、效率高、适应物理时空的价值观。

欲求满足的过程就像螺旋曲线一样：一个欲求得到满足，新的欲求就会产生，做出新的选择时需要判断和权衡的因素也会相应出现。因此，人类总是需要新的认知空间结构和系统来构建新的价值观。也就是说，价值观永远处于不断发展、进化、完善的过程之中。人生难免起起伏伏，但是只要价值观在不断更新，人生就会在看似反反复复中不断前行。一旦价值观不再更新，即进入"故步自封"的状态，则人的欲望就无法得到充分满足，人生也就会进入原地踏步式的宕机状态。

一个人越是善于从外部获得"经验"这种构建认知空间的基本材料，就

越是善于构建丰富的认知空间，也就越能适应环境的变化，越能发现满足欲求的新路径和新方法。因此，一个人的认知空间的延展性，决定了其价值观的完善程度。

当前，在中国网络上流行的穿越文学中，大多是往回穿越。主人公往往凭借后世经验和价值观优势，穿越至前世完成各种宏图伟业，建立千秋功业。反观西方的穿越文学，则多是往后穿越，如中世纪的英雄穿越到现代，或者现代的英雄穿越到未来（如星战系列）。这种东西方的差异呈现了一种有趣的文化现象。当然，从所有穿越主人公的境遇中可以看出，越是认知空间丰富的人越具有生存和战斗的优势，这是东西方文化都认同的事实。

人类文明的发展其实是一个不断调动和激发人的欲求的能动过程，也是对于人的欲求逐步剥夺和限制的反动过程。欲求激发出创造力，使人获得更多的生存资源，同时拓展了人的认知空间，但过多的欲求也引发了更多的生存危机和发展中的困难。这也导致人类的文明体系越来越复杂，不得不面对越来越多的压力和挑战。这就使人们不得不拓展自己的认知空间，以获得物理时空中更多的资源和能量，寻找更多的应对压力和挑战的方法。与此同时，面对变化和压力，人们又不得不对自己的需求进行反省，不得不通过法律和政治的体系来压制和限制需求，以避免因过度发展而导致资源枯竭或系统崩溃。能动和反动这两种力量的作用，使人不得不无休止地扩充和调整认知空间，从而建立新的价值判断体系，以适应环境和社会生活的变化。

在现实生活中，认知空间与物理时空失调的现象并不少见，一些心理疾病或人格缺陷就是认知空间的延展性不足从而导致价值观出现问题的后果。比如，那种以"我喜欢，我想要，我不高兴"为主要特征的"巨婴症"患者，就是由于一些人的生活空间已经进入成年期，但认知空间仍然停留在幼稚期，因此其价值观与现实生活落差过大所造成的。妄想症患者则是因认知空间单一结构过度膨胀，导致其认知行为与现实生活失调。精神分裂症患者，则是因认知空间与物理时空严重错位而造成的认知活动与现实生活的严重脱节。

可见，认知空间的延展性与价值观的完善性必须相互促进，相互协调，达到和谐匹配的结果，否则就会出现认知空间与物理时空错位、价值观与现实生活失调的后果。认知错位与价值观失调的后果非常严重，在人类历史上，有过极其惨烈的教训。

在中国历史上，秦王朝"二世而亡"，汉、唐两朝盛极而衰，宋王朝偏安一隅，明王朝不思进取，清王朝闭关锁国，这些都让中华民族经历了十分惨痛的历史教训。在欧洲，也经历过长达数百年的黑暗的中世纪，若没有文艺复兴和一系列思想解放运动，就不会有后来的工业革命，也不会有现在高度发达的工商、信息文明社会。再往前追溯，古巴比伦文明、古埃及文明、玛雅文明、古印度文明的消亡，也都可以从认知空间的延展性和价值观的完善性不能协调一致的角度加以解释。

三、认知空间的结构化程度对价值观的影响

既然认知空间是为满足欲求而存在的，其就必须具有一定的功能和与功能相匹配的力量。如果认知空间中的原料杂乱无章地堆积在一起，那就像沙滩上的沙子一样，既缺乏功能也没有力量。因此，认知空间的结构化，就是把零散的材料组织起来，搭建成具有使用功能的"建筑"或"器具"，这样才能发挥出应有的功能。认知空间的结构化是一个自然而然的过程，是由构建认知空间的"原料"和"原料"勾连的"本能"所决定的"自然过程"。具有强相关性的那些记忆被紧密连接而成记忆链、记忆网，最终形成记忆团、记忆云，这些记忆云团彼此区别，从而形成了认知空间的不同结构。认知空间的结构一旦形成，就会被新的记忆不断整理、完善和固化。

认知空间的结构化，部分是由人的基因属性所决定的。通常所说的"天才论"，就是基因决定论的一个典型表述。对光线敏感的人，视觉器官通常比较发达，其视觉对外界光影信号的编码能力也往往超过常人，他们记忆中关于色彩和图形的那个维度就具有更强的信息当量。可见，其记忆更容易因视觉信息的维度而构建起够多、够大的记忆网络，其认知空间也就具有对视觉信息更强的处理能力。因此，这样的人也更有机会依靠视觉能力取得超过常人的成就，如画家。同样，对声音敏感的人，更可能成为音乐家，嗅觉味觉敏感的人更可能成为美食家，等等。感觉器官敏锐和均衡的人更容易具有与众不同的气质。但是，如果没有后天的努力，不断接触更丰富的信息，不断优化认知空间结构，那些天资卓越者也会逐渐"泯然同众人"，类似"神童仲永"这样的例子可以说是古往今来比比皆是。

相比基因而言，认知空间的结构化更是由人的社会属性所规定的，是人与社会交往过程中自然而然形成的认知材料的组织方式。比如，某些久居于

官场的人，就善于操弄权术，甚至发展出厚黑学这种官场生存技能，而很少参与其中的人，就无法理解或善用权术。又如，当社会管理逐渐成为一种普遍的专门职业的时候，一些地方就逐渐形成了"精英政治"的社会基础和价值观基础，真正操控政府的人，如那些政策的制定者和拥有强大执行力的人都是少数精英分子。同样，一些精通新闻业务的人，也总是善于操控舆论。例如，当今互联网上很多自媒体达人或公众号运营团队，其或其业务骨干大都是从传统媒体跳槽出来的人。

认知空间的结构化，在人类文明进化史中具有非常重要的作用，它甚至影响了人类文明的发展进程。在人类文明进化过程中，完美体现认知空间结构化发展的例子，就是农业文明、游牧文明和商业文明之分别演进和相互冲突的历史。当然，我们不能否认自然环境对文明进程的影响，但是，这反而证明了"认知空间的结构化是在人与社会交往过程中自然形成的"这一认知规律。上述三种文明形态分别演进，相互冲突，最终统一于工商业文明，至此文明受到自然环境的影响也越来越小，文明适应自然和改造自然的能力则不断增强，这正是认知空间结构不断优化的结果。反之，那些不接受新事物，固执地抱持旧认知结构的文明，都逐步退出了文明竞争的舞台。

认知空间的结构化，也使一些人展现出与众不同的才华和能力，成为其领域的佼佼者。这些成功者大多数并非基因优势者，也不是所谓"被训练"出来的，其本质上都是认知空间结构完美者，价值观体系完善者，人生选择"精准而恰当"者。就现在的社会而言，社会分工越来越细化，对于认知空间结构化的要求也越来越高。这带来了一个弊端，就是那些某一领域的天才，在另一个领域却平平无奇。所以，就个人而言，要获得完满幸福的人生，认知空间的结构需要精细化、丰富化和均衡化。

一个人的认知空间的结构化程度，也决定了其价值观的特征。比如修士，他们的认知空间中更多的是关于上帝的知识和对上帝的虔诚，这决定了对上帝的信仰构成了其最主要的和最重要的价值观。与此同时，在现实生活中，他们只要做好本职工作，就会得到信徒们的供奉，获取相应的资源，因此他们实际上不需要为其他的俗务而浪费精力。所以，修士的认知空间就呈现"一头大"的结构。对法官、政治家或者农民而言，因为他们的职业（经验和经验的重复之产物）造成他们对某一领域的信息接受得更多，对经验的整理和归纳也更精细，这就造成其与该领域相关的那一部分认知结构更加精巧，

认知逻辑与新闻传播：信息化时代的生存之道

那一部分的价值观也更稳定和强大，从而使得他们在某些领域展示出不同于常人的优势。

过于异常的认知结构，则会造成价值观的扭曲。2021年，"小镇做题专家"和"985废柴"一时之间成为网上热议的话题。一些学习成绩优异的大学毕业生，在就业问题上遇到了很多困难，成为各阶层人士反思教育体系的一个大问题。在笔者看来，评价一个学生是否优秀，仅仅看考试成绩是十分靠不住的。但是，在高考指挥棒下，对优秀学生的评价标准产生了异化，所以就产生了"小镇做题专家"和"985废柴"这样的社会现象。素质教育是一个久议不决的话题。如果运用认知空间结构理论就可以看出，死记硬背那些被灌输的知识，通过反复做题训练出来的"能力"，其实是强化了以与考试相关的逻辑为基础的认知结构，这种过度强化的认知结构，导致了对认知空间的其他结构压抑、绞杀的后果，最终导致认知结构之间的平衡被破坏。这样的后果非常严重。比如，马加爵案以及后续的大学生投毒案、女大学生因被PUA而自杀案等，这些惨痛的教训都与认知结构的严重失衡有关。

四、认知空间系统化程度对价值观的影响

认知空间系统化是标识各个结构之间连接紧密程度和连接复杂程度的指标，是认知空间各个结构之间具有协调、一致、统一等属性的决定性属性。中国人对阴阳五行相生相克的说法很熟悉，在阴阳家的眼中，世界就是阴阳五行相互关联和相互协调运行的系统。同样，认知空间中的各种结构单元也是相互影响和相互协调的。构成认知空间的各个部分，都是对记忆的加工，是从一元到二元到多元、再到二元再到一元之往复循环的过程。如果这个系统运行良好，每一个部分都对价值观的完善做出了积极的贡献，那么人的价值评价体系就会高效和精确。

认知空间的系统性，心理学称之为记忆统合能力，一般表现为各种感觉和运动器官的协调性。进入认知空间之外部信号的六维编码，总是经由信息当量最强的维度进行连接的，但这个趋势并不是绝对的。有时，思维和记忆系统也会经由信息当量次强的维度进行连接，这就在各个记忆云团甚至是认知空间结构中形成了结构之间的联系。也就是说，外部信息进入认知空间后，并不是唯一地与某个单一结构发生关系，而是和其中的多个结构发生关系的。

信息与多个结构发生关系后，就会造成这样一个结果：对一个信息会产

生两种以上的认知反应，而对于这样的多个认知反应，就会形成不同的反应强度，也就会产生强弱不同的应对冲动。这时候，价值观就会根据既有的经验和已经形成的价值判断体系，对这些反应冲动进行风险和预期的评估，从而做出一个最终的反应并形成选择。

通常情况下，人对于其经验丰富的领域，做出选择的效率会非常高。比如，一个拳不离手的武术家，其对进攻的方向和角度，很容易做出非常精准的判断，并快速做出近似于本能的反应。但对于不够熟悉的事物，则人们往往表现出犹豫不决和退缩、规避等反应。这都反映出认知空间系统性的差异，也就是价值观效率的差异。

认知空间系统性越强，价值观的复杂程度越高，做出判断和选择的效率也越高。一个系统性非常强的认知空间，其所有的结构都会参与问题的解决过程，各种知识和经验都被调动起来，价值观也更容易做出正确决策。反之，如果只是单一结构或很少的结构参与问题的解决，则价值观能够参考的经验就会非常少，导致人们举棋不定，犹豫不决，从而无法快速和有效地做出反应，其选择的成功概率也会大大降低。这就好比一个缺乏系统训练的人与武林高手对决时，前者获胜的机会一定少得可怜。

人类智能认知系统与计算机系统的重大差异之一，就在于二者对经验的使用方式不同。人类智能认知系统会对成功经验形成敏感兴奋点，从而很容易经由信息的维度当量找到敏感兴奋点，并调用相关经验自然地做出选择。因此，经验是价值观的基础。经验越丰富，做出正确选择的概率越高。反观计算机系统，其所有的算法中几乎都含有"$i=i+1$"和"$if(\ )$"这两条指令，只有通过遍历所有数据，进行 yes 或 no 的判断后，计算机系统才能得到一个确定的结果。并且，上述两条指令会因为问题的复杂程度而嵌套几百上千层，可能需要经过亿万次的计算才能获得答案。虽然，建立一套完善的数据模型会增加判断的效率，如 ChatGPT。但是，ChatGPT 这种大数据模型对算力和能源的需求是超乎想象的。对此有专家认为，人工智能公司最大的投入是购买芯片，且这种需求几乎永远都不会得到满足。

经验的一部分形成了认知结构内部的兴奋点，从而提高了认知处理信息的效率。此外在面对复杂问题时，结构之间的联系会使价值观更加高效；而认知空间的系统性，为认知系统解决复杂问题提供了更加实用和高效的途径。

对于现代社会中的人而言，面对海量信息以及诸多选择时，高效和精确

认知逻辑与新闻传播：信息化时代的生存之道

的价值观就显得更为重要。如果我们常常有无力感和挫败感，如果我们的欲求总是得不到满足，那么通常的情况是价值观出了问题，导致无法做出比较好的判断和权衡，从而导致选择的结果不能满足我们。如此反复循环，人就会陷入各种难以解决的困境之中。

现代社会中的心理问题（如抑郁症），比中古时代要多，城市人群的心理问题比在乡村中生活的人要多，这在很大程度上是因为认知空间的系统化出了问题。在现代社会（尤其是城市）中生活的人，其认知空间的内容特别丰富，结构比较复杂，而这也给结构之间的连接造成了困难。这是认知系统的系统性与认知结构不匹配和认知系统性衰减的结果。

互联网出现以后，产生了"网恋"这种情感生活方式。但这种新型的情感生活方式非但没有使得"千里姻缘一线牵"变得更加简单，而是出现了这样的结果：离婚率在逐年上升，同时很多年轻人选择单身的不婚生活。离婚率上升和单亲家庭对社会结构的破坏作用是非常大的。首先是出生率降低，其次是给抚养子女带来了隐患。其中很重要的一个问题是，下一代的认知空间中将缺乏温情、信赖、忠诚、协作这些记忆，而这些记忆只能在直接的生活体验（家庭生活是其中最为重要的部分）中获得，是无法从艺术作品或教科书中获得的。如果下一代的认知空间中缺失了如此重要的部分，那么在这样环境中成长起来的人，其价值观也将是残缺的和不完善的，社会也将为此付出高昂的代价。

第五节　认知空间里的人生密码

综上所述，人生是选择的结果，选择是价值观的作用，价值观是认知空间的功能。

有什么样的认知空间就有什么样的价值观，有什么样的价值观就有什么样的选择，有什么样的选择就有什么样的人生。反之，有什么样的选择就一定有什么样的价值观，有什么样的价值观就有什么样的认知空间。

人生就是认知空间在物理时空中展开的过程。从受精卵开始分裂直到生命终结的全过程，就是认知空间构建、拓展的过程，就是价值观形成、完善的过程，就是选择、再选择的循环。

一、人生的意义、命运和幸福

我是谁？我从哪里来？我要到哪里去？这是关于人生意义的"灵魂三问"。

关于人生的意义，千百年来的圣贤智者，有过数不清的阐述。对这个问题的不同回答，以及对人生境界和人生目标的描述大致可以分为以下三类。

一是理性主义者。他们把人生的最高境界和目标归结为理性、智慧、道德等，主张人生的过程就是节制欲望、修养道德、开发智慧，最终达到纯粹、完美的理性世界。理性主义者无数次地描绘过类似"乌托邦"那样的理想世界。在那个世界里，人们都具备完备的知识和纯粹的道德，每一个人都会自觉地为社会做出贡献，并自动地获得生活所需的资源，所有的罪恶都不会发生，所有的丑恶都不存在，人人都平等享有充分的自由。就在ChatGPT引发的关于全球失业的恐慌中，有人提出了这样的观点：虽然人工智能将导致全球大多数人失业，但是人工智能会让全人类过上更好的生活。实现这一目标需要三个步骤：第一步，用人工智能大幅度地提高劳动生产率，创造出"数倍于"前十年人类社会总产品的商品；第二步，用人工智能开发可控的核聚变能量，实现廉价能源取之不尽、用之不竭；第三步，建立基于需求的分配制度，即从人工智能公司和能源公司的利润中抽取一部分，分配给每一个需要的人，使他们得到必要的生活资料。通过这三个步骤，人们将可以不用从事生产劳动而过上充分自由的生活（人工智能乌托邦）。由此可以看出，理性主义者就是试图用精确的、非感性的、可控制的秩序和路径，达成人生的意义。

二是神性主义者。他们认为人生最高的境界和目标就是无限地接近神性，从而创造一个近似于天堂的世界。他们也主张限制人的欲望，因为欲望是罪恶的源泉，会让人失去神性而堕入万劫不复的地狱。他们同时也反对理性，认为理性是可笑的伎俩，是遮蔽神性的邪门歪道，正如那句谚语所说，"人类一思考，上帝就发笑"。他们认为，人生就是消除欲望和理性，让自己回归神性的过程。越是接近神性或"大道"，就越能得到精神的满足，从而达成人生的意义。老子的《道德经》中，就描绘了那种由神性而达到的理想世界，"小国寡民。使有什伯之器而不用；使民重死而不远徙；虽有舟舆无所乘之；虽有甲兵无所陈之。使人复结绳而用之。至治之极。甘其食，美其服，安其居，乐其俗，邻国相望，鸡犬之声相闻，民至老死不相往来"。

三是现实主义者。他们认为人生的最高境界和目标就是"个性的充分解

认知逻辑与新闻传播：信息化时代的生存之道

放和欲望的充分满足"。他们认为人生"譬如朝露，去日苦多"，生命犹如"黄河之水天上来，奔流到海不复回。高堂明镜悲白发，朝如青丝暮成雪"。所以他们主张"人生得意须尽欢，莫使金樽空对月"。他们既反对理性，也反对神性。他们认为，理性不可穷尽，因为"生也有涯，学也无涯"；神性则虚无缥缈，因为"上帝已死"。他们主张关注"当下"，活在"当下"，享受"当下"，从而没有遗憾地度过一生。陈忠实的长篇小说《白鹿原》就是一本关注人欲和理想幻灭的悲欢故事。在生死面前，一切理想都苍白无力，一切抗争都混乱不堪，只有白鹿原上的庄稼，一茬又一茬，生生不息。

上述三种人生理念，虽然各有各的道理，但都是无法实现的理想。观察和研究这三种人生学派的理论和实践，倒是可以给我们提供一个思考人生意义的三维坐标系：X轴代表物质生活，Y轴代表社会生活，Z轴代表精神生活。当这样的一个坐标系建立起来之后，我们就可以发现，上述三种人生理念分别处于三个极端。理性主义是（$x=0$，$y=\infty$，$z=0$），神性主义是（$x=0$，$y=0$，$z=\infty$），现实主义是（$x=\infty$，$y=0$，$z=0$）。对于芸芸众生而言，其实我们的人生意义就是这个坐标系的某一个点，我们可能偏理性主义一些，但是不会忽视物质生活和精神的生活；我们也可能偏现实主义一些，但同样不会忽视社会生活和精神生活；又或者，我们偏向神性主义一些，但也不会忽视物质生活和社会生活。在现实生活中很少有那样绝对"纯粹"的人，更多的是那些不够纯粹但是很"可爱"的人。

其实，进一步推敲的话，三维坐标系还是有点复杂，人生的意义其实可以用二维坐标系来进行考察和研究：X轴代表我（包括本我、自我、超我），Y轴代表相对于我的一切。那么根据本书之前的讨论，可以把X轴替换为认知空间，把Y轴替换为物理时空，由此可以看出，两个坐标系的表现具有相关性和一致性。

实际上，所谓的自我，无非是个体认知的一个子集，并且是所有个体认知的子集当中最大的、无限接近全集的那一个。所谓相对于我的一切，无非是认知空间之外的所有的物理时空。对此笔者再次申明，本书定义的物理时空是包括感觉器官、思维器官、运动器官、消化器官等在内的、可以被称为环境的全部的物质世界；认知空间则是通过感觉器官编译、通过思维器官储存和加工、通过运动器官和消化器官反编译的关于物理时空的编码。当这个坐标系建立以后，我们就可以看清楚所谓的人生意义、人生幸福、人生的命

第三章 人生是个体化的认知活动

运都是怎么回事。

从这个坐标系中可以看出：人生的意义，就是选择的结果与预期的契合程度，其反映的是认知空间与物理时空契合的程度 $S=X/Y$（$Y>X$）。如果一个人的一生选择达成了其目标，那么这样的人生对于其自身就是有意义的。如果一个人的一生选择达成了另一些人的目标，那么其人生对于那些人就是有意义的。如果一个人的一生选择达成了所有人的目标，那么其人生对于全人类就是有意义的。那些平凡而普通的人，他们的人生可能很短暂，可能没有什么起伏跌宕的故事，可能没有名垂青史的成就，也没有留下什么豪言壮语或者绝美诗篇。但是，他们的认知空间是人类智能认知系统的一个部分，这是无论如何也无法消除的，好比构成物质世界的一个分子、一个原子，甚至是一个电子（就笔者所知，任何一个原子、电子都不会消失，反物质湮灭的现象目前只存在于理论的猜想之中）。人类智能认知系统是由众多个体认知无数次融合、化合而成的海洋，每一个人的认知空间对于人类文明的进化都做出了贡献。没有每一滴水的参与，海洋就不会有山呼海啸的力量，没有每一个个体认知的参与，人类文明也不会如此波澜壮阔。当巨浪席卷的时候，谁能否认大海之中一滴水的作用呢？每一个个体都是海洋中的一滴水，那潮头的汹涌澎湃也来自每一滴水的力量，这就是人生最大的意义。

具体到个体的生命，一个人的人生成功与否，取决于其认知空间与其所处的物理时空的匹配程度（$S=X/Y$）。这个商数越大，则表示匹配程度越高，意味着做出正确选择的概率越大。当人做出的正确选择数量达到一半（$S \geq 0.5$），则其人生就可以算是成功的；当人做出正确选择的数量接近四分之三（$0.75 \leq S \geq 0.5$），其人生就可以算是非常成功的；当人做出正确选择的数量超过四分之三（$S \geq 0.75$），则其人生就可以称为卓越。

再换一个角度来考察，所谓认知空间与物理时空的匹配程度，也可以表示为知识、经验和技能能够适应的环境和环境变化的阈值 $[S=\Delta X/\Delta Y$ 或者 $S=(x_1-x_0)/(y_1-y_0)]$。我们所增长的知识、经验、技能越适应环境和环境的变化，我们就越容易达成目标。一个显而易见的结论是：当我们的知识、经验、技能不能很好地适应环境和环境变化的时候，我们能做的，只有更新我们的知识、经验和技能 [增加（x_1-x_0）]，而不是试图去阻止环境的变化 [减小（y_1-y_0）]。那些试图模仿别人或阻止别人以来增加自己成功概率的做法，都是无法成功的。这样的人无法理解匹配度这个观念，也就不可能知道失败源

自其认知与环境的差距，而不是环境或者别人的问题。

同样，一个人幸福与否，取决于其认知空间与其所处的物理时空的重合度。还是以前面所定义的二维坐标系为例，个体认知可以表示为集合 $A=\{x, y\}$，在坐标系中用圆形 A 来表示。个体认知可触达的物理时空可以表示为集合 $B=\{y, x\}$，在坐标系中用圆形 B 来表示。如此，我们可以得出三种 A 和 B 的关系：A 包含于 B、A 部分包含于 B、A 完全不包含于 B。第一种情况即 A 包含于 B，那就是一种舒适的人生。第二种情况即 A 与 B 相交，那就是充满挑战和诱惑的人生：当 A 与 B 的交集比较接近于 A 的时候（$A\approx A\cap B$），就是舒适感和满足感、获得感都比较高的人生，即一般而言的幸福人生；当 A 与 B 的交集远远小于 A 的时候（$A\ll A\cap B$），就是舒适感和满足感比较少、挑战性和不确定性比较高的人生，即一般而言的痛苦的人生。第三种情况即 A 与 B 没有包含关系，那基本上就只能是癫狂混乱的人生。

认知空间越是能够覆盖足够宽广的物理时空，则人生越是丰富多彩，人们也就能从多种欲求的满足之中获得更多的幸福感。单调的人生注定不会幸福。在现代社会中，由于社会分工越来越精细，社会生产越来越依赖于专业分工和专业分工基础上的合作。这种合作越来越宽泛，且越来越隐蔽。在这样的生活情境之下，认知窄化的趋势越来越明显。在资本社会阶段，资本泛化与认知窄化的矛盾日益尖锐和突出。这就造成了各个阶层人群的幸福感越来越低。一旦知道了认知空间与人生幸福的关系和逻辑就会明白，增加幸福感的方法就是拓展自己的认知空间。这就是人们常说的"读书改变命运"的道理。读书，特别是专业领域以外的书，确实有拓展认知空间的效果，但是，随着信息传播技术的发展，读书似乎已成为一种非常奢侈的行为。因此，社交化、智能化的新闻传播内容，自然而然地成为人们首选的精神食粮。

对于人生而言，所谓命运就是认知空间与物理时空的契合度、匹配度，以及它们在时空维度上的重合度。掌握命运，获得成功与幸福，让人生更有意义，其秘诀就在于拓展和丰富自己的认知空间，优化认知的结构和系统，除此别无他法。那种无法改变环境就换一种心态的"毒鸡汤"，其实是在自我麻醉，让认知空间空洞化，结果必然是使聪明人变得傻乎乎的，把活人变成活死人。

二、人生的苦与乐

认知的进化引发了更多的选择，丰富了认知空间，使价值体系更完整，使人生境遇更多彩。

人生苦乐，无非得失。人生之乐，不过是选择的结果达到了预期而产生的满足感。人生之苦，不过是选择的结果未达到预期而产生的挫败感。人生的真实，不过是选择一定会有一个结果。人生的虚幻，不过是选择的结果具有相对于预期的不确定性。

选择能否达成预期，取决于认知空间的性能。认知空间的性能优越、结构均衡、连接丰富，就会"方法总比困难多"。认知空间的性能较差，结构失衡，连接单调，则"困难总比方法多"。见图3-1。

快乐的人生　　　　　　　　　　痛苦的人生

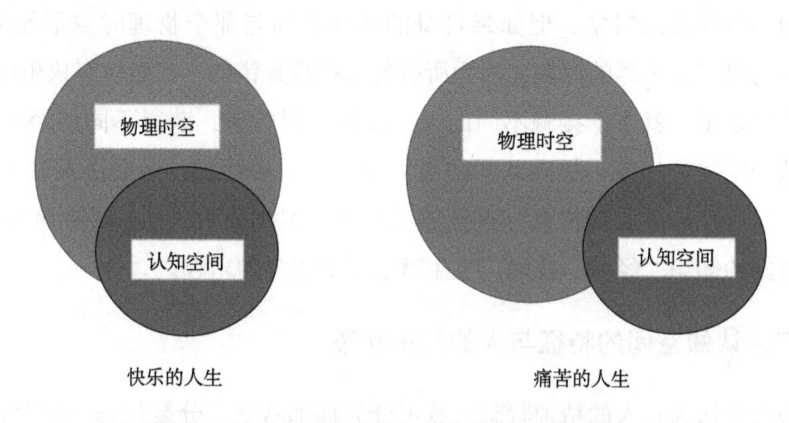

图3-1　人生的苦乐与认知空间和物理时空的关系

苦与乐是辩证统一的。选择失败对于认知而言，也是一种宝贵的经验，可以让一个清醒的人"觉知"自己认知空间中存在的漏洞和问题，从而在下一次选择时有机会填补漏洞和解决问题。所以人们常说，失败是成功之母。苦难对于强者而言，是登上成功的台阶；对于智者而言，是通向成功的方向；对于弱者而言，则是万丈深渊。

那些认知空间空洞、狭小的人，往往会因认知空间的性能低下而缺乏变通的能力，他们只会一条道走到黑，试图撞破南墙而摆脱痛苦。偏偏有那么一些所谓的"鸡汤大师"，赞赏和鼓励这种顽固而愚蠢的做法。他们杜撰出各种励志的"鸡汤"，试图让人们相信，你之所以感到困苦，是因为你的苦还不够多，只要你坚持下去，吃得苦中苦，必为人上人。

另一些愚蠢的人，则试图走捷径——少吃苦而获得成功。笔者小时候看过一个动画片，讲一个好吃懒做的闲汉，为了富贵而拜道士为师，又因为不愿意刻苦训练，就花言巧语骗得一个仙术——穿墙术。于是就想利用穿墙术

盗取财富，结果当然是撞得头破血流。拓展认知的过程，确实不是一个轻松而惬意的过程。但是，如果不懂得认知决定成功的道理，恐怕还是有不少人会投机取巧而走捷径的。

科幻小说《三体》里关于偶然发现四维空间碎片而战胜质子的桥段，引发了社会上对于高维空间的热烈讨论。一时间，降维打击成为网络热词。一本关于地球人到访十维外星文明的《海奥华预言》的书，在网络空间引发轩然大波。在一些人的认知空间中，走捷径是一个非常顽固的价值观。在《三体》中，高维的世界早就崩塌了，四维空间也只剩一些碎片。就算我们真能幸运地穿越到高维时空，但如果自身的认知空间与那个物理时空不能适应，所面对的仍将是无尽的深渊，因为所有的选择都是错的，当然没有快乐可言。

人生之乐，就在于接触不同的人，接触不同的事，获得不同的经验，来提升认知空间的性能，提高认知的能力和水平。俗话说，谦虚使人进步，骄傲使人落后。如果我们抱有一种开放的心态，坦然面对失败，不断地在失败中获得新的知识、经验、技能，人生就会增加很多的乐趣。

三、认知空间的特征与人的精神状态

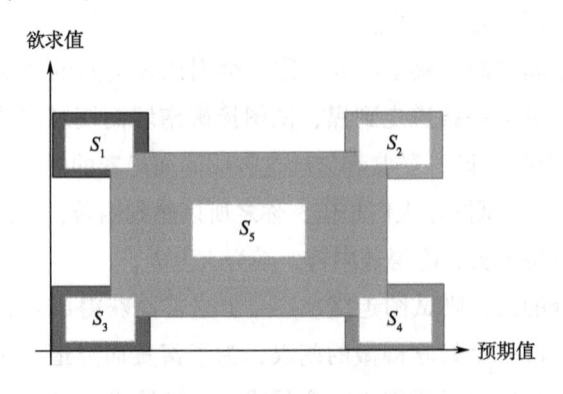

心理学认为，人的精神状态大致可分为抑郁状态、分裂状态、均衡状态、焦虑状态。从认知空间功能与特性来分析，如果把一个平面直角坐标系的 Y 轴定义为欲求，X 轴定义为预期，那么在这个平面直角坐标系中就会存在五个区域。Y 值高且 X 值低的区域 S_1，Y 值高且 X 值高的区域 S_2，Y 值低且 X 值低的区域 S_3，Y 值低且 X 值低的区域 S_4，以及 Y 值与 X 值居中的 S_5 区域（如图 3-2 所示）。

图 3-2 欲求与预期的关系

在区域 S_1 内，欲求很强烈，但是预期值却比较低。这意味认知空间的知识、经验、方法都比较少，因此规划、价值选择和价值判断的空间也都比较小。处于此种状态中的人通常会表现得冲动、直接、不管不顾，其精神状态也通常比较分裂，一方面显得忠厚老实，另一方面则有冲动和暴力的倾向。在《韩非子》里有这样一则寓言故事，光天化日之下有一个人在市场上偷金子，别人问他为什么这样做，他回答："徒见金不见人。"犯罪学里所谓的激情犯罪，通常就发生在人的精神状态处于 S_1 区域的时候。这样的人由于预期管理能力低下，头脑简单，所以很容易沉迷于幻想世界之中，现在青少年中比较普遍的沉迷于游戏和网络文学、网络鸡汤文等现象，就是其经常处于 S_1 区域而无力自拔的表现。

在 S_2 区域，人的预期值和欲望值都比较高，意味着选择的空间很大，内心的想法也很多。这时候，人会处于焦虑的状态，往往表现得亢奋和心绪不宁，紧张、烦躁、心慌、气短，时常处于暴躁和惴惴不安的情绪之中。处于这种状态中的人，通常会伴随身体健康方面的危险信号，如因高血压引发的心脑血管问题。一旦他们认知系统的性能指标与物理时空的匹配程度产生较大差异，就会因做出错误的判断而遇到重大挫折，反之则会获得意外的成功。在《三国演义》中，描写了两场决定双方命运的重大战役，一次是官渡之战，另一次是赤壁之战。官渡之战时的曹操和袁绍，赤壁之战时的周瑜和曹操，都处于这种极度焦虑的状态之中，只不过在两场战役中，曹操的认知和心态发生了变化，造成其在官渡之战中以弱胜强，在赤壁之战中却因强而败。这两场非常有名的战役，虽然有天时地利人和等诸多因素的影响，但双方主帅的精神状态，以及认知系统与物理时空（环境条件）的适配程度，也成为双方在战略决策和战术选择上的成功或失败的重要原因。有兴趣的读者，不妨再回头看看这段历史，相信会有非常不一样的感受。现代生活中，在竞争压力之下，一些职场白领和企业家，经常处于焦虑状态中而不能自拔，他们都有强烈的上升欲望，也都具有超过常人的知识、经验和技能，但是，越来越大的"内卷"压力，让他们越发无法摆脱焦虑。2021 至 2022 年中，中青年精英猝死的案例频发，内卷成为长时间占据网络热搜榜的热词。关于"996""7+2""白加黑"等的讨论也越来越激烈，这都反映出职场人的焦虑已经成为一种相当普遍的现象。处于 S_2 区域的还有一个特殊群体，就是青春期的叛逆少男少女。青春期的他们，虽然想法很多，但是知识、经验相对贫乏，也

就是认知与环境适配性很差，导致他们经常做出鲁莽的选择，从而时常遭受挫败。虽然这是成长中难以避免的烦恼和代价，但是，过于鲁莽和缺乏必要的指导，会导致其人格发育中的隐患。

在 S_3 区域，人的欲求和预期的值都比较低，表现为对外部环境缺乏兴趣，缺乏主动精神和进取的动力。这时候，人就会处于抑郁的状态，往往表现出社交恐惧和社交厌恶，内向、自闭，对任何事情都提不起兴趣，对任何需要努力的事情都缺乏动力。身体上的反应则通常表现为内分泌水平低下，食欲缺乏，倦怠、乏力等。在极端的情况下，甚至会诱发自杀倾向和行为。抑郁症是现代社会比较常见的精神问题，但究其实质，与认知的关系甚大。我们的身体运动系统，包括心脑血管、内分泌、消化、呼吸器官的调节，都是由认知系统指挥、调度、协调的。认知系统出了问题，身体和精神状态一定也会出问题。现代医学往往在抑郁症的治疗上偏重于药物，对心理治疗的重视程度不够，这说明人们对认知与抑郁症的关系还缺乏深刻的理解，对认知规律的把握还不够。这里有医学、心理学、认知学边界阻隔效应的原因，也与认知科学发展尚不能完全适应人类智能认知系统的进化有关。

在 S_4 区域，人的预期值很高，而欲望值很低，表现为想得多，做得少，沉湎于空想和幻想之中。这时候，人也会处于一种分裂的状态，与 S_1 区域的表现不同，处于 S_4 区域的人通常非常安静，较少有攻击性；同时做事情拖拖拉拉，整日里想入非非，对于困难和挑战通常会选择逃避。2022 年，国际心理学界将"白日梦"列入心理疾病，引发了网友的热议，一位网友描述他的生活常态时说："我每天会有超过 10 小时的时间沉浸于自己漫游太空的宇宙航行情景中，那里有丰富的情节和细节，如果写下来，至少可以有几百万字。"还有的网友描述道："我一般在清醒的时候就会沉入幻想之中，有时会忘了吃饭和睡觉。"这些被称为"适应不良白日梦"（maladaptive daydreaming）或"过度白日梦症"（excessive daydreaming）的患者通常会创造出极其生动的幻想故事，每天花数小时沉浸其中，把它当作自己生活的重心，甚至替代真实世界的生活。处于 S_4 区域的人，有的会成为伟大的诗人、画家、音乐家、作家，他们通常具有非常灵敏的感觉器官，有丰富且复杂的认知空间，他们往往能在认知世界里创造出无与伦比的奇迹。但在现实生活中，他们却又常常是失意者，是饱受内心折磨的人。那个写出"古来圣贤皆寂寞，惟有饮者留其名。劝君更尽一杯酒，与尔同销万古愁"这样千古名句的诗仙李白，一生都生活在 S_4 区域之中。但也有更多人，因为沉浸于幻想而无法正常的生活与工作，从而表现出人格和精神分裂的倾向。一般认为，白日梦症状是欲望得不到满足而导致的，这种理解有点过于表面了。笔者认为，欲望引发行动，这是智能认知生命体的基本规律之一。白日梦患者缺乏足够的行动力，这恰恰说明他们的欲求相对比较低，因此能够仅靠幻想就可以满足，这才是导致其因认知空间过于丰富而与物理时空差生错位的原因。

在 S_5 区域，通常就是最常见的普通人，或者说是正常人。但是，需要关注的是 S_5 区域中与其他四个区域有交集的那些人，他们具有了某些症状，但是并不影响正常的生活，如果不注意控制和调整，往往就会进入其他四个区域，甚至发展至这四个区域的远离中心的端点。那样就会造成严重的认知问题，导致无法维持正常的生活，当然也就谈不上获得成功了。

中医理论认为，人的七情六欲与人的健康状态互为因果关系。《黄帝内经》中说："怒则气上，喜则气缓，悲则气消，恐则气下，寒则气收，忧则气泻，惊则气乱，劳则气耗，思则气结。"《素问·阴阳应象大论》中说："悲胜怒""恐胜喜""怒胜思""喜胜忧""思胜恐。"其大意是：思则气结伤脾，怒可以克制思；怒则气上伤肝，悲可以克制怒；悲忧则气消伤肺，喜可以克制悲忧；喜则气缓伤心，惊恐可以克制喜；惊恐则气下伤肾，思可以克制惊恐。通常情况下，人的欲求得不到满足时则怒、悲、忧、思，欲求过于满足时则喜，当人意识到或者真实遇到意外的风险时则恐、惊。

欲求能不能得到满足取决于欲求与预期的落差和规划能力的强弱。欲求和预期都是由认知空间结构性和系统性的性状所决定的，而认知空间的结构性和系统性少部分来自先天因素，绝大部分来自后天获得的直接经验和间接经验。所以，欲求与预期的关系主要是由人生的阅历塑造、构建和进化出来的。

四、价值观、世界观、人生观

现代社会中的人们常常会谈论三观，即世界观、人生观、价值观，并一般认为世界观决定人生观，人生观决定价值观。

按照通常的定义：
- 世界观是指人对世界以及人同世界的关系的总的看法和根本观点；
- 人生观是人对人生的目的、意义、态度和人同社会的关系等问题的总

的看法和根本观点；

● 价值观是人基于一定的思维感官而做的认知、理解、判断和抉择。

关于三观的关系，有各种各样的表述。比如，世界观包含人生观、价值观；世界观决定人生观、价值观；生存环境决定人生观、价值观；人生观是一种特殊形式的价值观，人生观是价值观的核心内容，人生观对价值观产生导向作用；价值观对人生观产生基础作用与决定作用；等等。

以上似是而非又相互矛盾的表述，就是一种典型的对于事物本质和属性的认知混乱。

要说清楚三观的关系，大致需要从以下三个维度来进行逻辑思考。

一是时序的维度。对此有一个显性的前提是：三观都属于认知的范畴。那么在认知之中，哪一个率先存在并起作用，无疑是一个重大的问题。经由三观的定义即可看出，基于思维感官的认知、理解、判断和抉择，当然是先于世界观和人生观而存在于认知之中的。当思维感官具备了识别、理解、判断和抉择的时候，价值观就已成形。根据人的经验性常识，价值观的形成最晚不会晚于大脑的第二次发育高峰，即在2~3岁这个阶段。价值观的相对稳定和固化大致不会晚于大脑的第三次发育高峰，即在14~20岁的青春期。世界观之形成则不会早于初等教育阶段，因为早于这个阶段，人对自身与世界的关系尚缺乏系统的认知，也就不会在认知中构建起关于人与世界关系的总的观点和根本看法。人生观恐怕要更晚一些，因为人生观的形成有赖于社会生活经验的积累，有了一定的经验积累才能形成关于人生目的、人生意义、人生态度的总的看法和根本观点。这就像一棵树，先要有根系，然后有枝干，再然后才能开花结果。从思维感官形成的那一刻开始，外部世界的全部信号和反馈就以记忆的形式保存于思维感官之中，并成为认知开始生长的根系了，然后生长出价值观这个枝干，再然后才会开出世界观的花朵，结出人生观的果实。如果说是果实决定了花朵和枝干，则这个逻辑显然违背常识。事实上，两三岁的幼儿就知道在妈妈和阿姨之间该听谁的话，这就是辨识、理解、判断和选择，也就是具有了一定规模和功能的价值观。这个儿童即使开始思考世界和人的关系，其眼中恐怕也是王子与仙女、恶魔和天使那样的童话世界。童话世界与以哲学形式存在的、高度理性为基础的世界观和人生观，显然不是一回事。

二是应用的维度。在此先要区别狭义的价值和广义的价值，这样才能准确把握价值观的本质和属性。狭义的价值等于预期与成本的商数，它仅限于经济的范畴。广义的价值等于预期与风险的商数，它适用于认知的范畴。至于文化价值、艺术价值、历史价值等也都是重要和稀缺的商，也仍然是预期与风险的商数，其对文化产品的重要性表达，是一个偏于主观性的表达，可以归入预期的范畴之中；同样，对文化产品的稀缺性的表达，可以归入风险的范畴。因此，价值就可以抽象为需求重要性（预期）与风险的商，即 $V=D/H$。

在应用的维度上，可以打一个农夫的比方。对于风调雨顺这件事，农夫只是朴素地知道风调雨顺与吃饱肚子直接相关，而风调雨顺是老天爷决定的还是客观规律决定的，他们并不关心。至于肚子饿是主观意识还是客观存在，他们也不会去理会。不论其世界观科学与否，人生观正确与否，都要按照农时去劳作，这样才能吃饱肚子。可见，按照农时去劳作，坚信一分耕耘一分收获，就是农夫认为最有用的价值观。和农夫一样，大多数的普通劳动者通常不会去思考世界是物质的还是意识的，以及人与世界的关系，人生的目的、意义这样宏大的问题。通常这是哲学家和社会学家才会去研究和讨论的问题。如果世界观决定人生观和价值观，那么这些芸芸众生，是不是就没有价值观了？显然不是这样，一个人可能不具备关于世界观和人生观的学术理论，但这并不妨碍其具备相当完善和够用的价值观。

在现代教育体制中，世界观和人生观通常作为必备和必要的知识而成为公民义务教育的必修课。也就是说，在我们的世界观和人生观完全形成之前，就必须了解、学习一种主流的世界观和人生观。但学习关于世界观和人生观的课程并获得相应的考试成绩，并不能说明学生就自然而然地具备这样的世界观和人生观了。因为他们有可能只是"选边站"了而已。所以，因为学过了，考过了，就认为学生具备了这样的世界观和人生观，并武断地认为从此他们的价值观就被这样的世界观和人生观影响和决定了，这显然既不符合实际，也不符合逻辑。

世界观和人生观当然是价值判断的依据之一，此外作为价值判断依据的还有科学结论、宗教信仰、生活经验、法律条款、政治制度等。在此需要说明的是，不能就此简单得出"世界观决定价值观""有什么样的世界观就有什么样的价值观"的结论，否则一个人的科学素养、理想信仰、法律素养和政治素养等都能成为决定价值观的事物，如果那样价值观到底由什么决定就会

成为一个说不清楚的问题。其实决定价值观的唯一重要因素是需求的重要性，如农夫的价值观是由气象常识和农耕技术决定的，工匠的价值观是由材料常识和制作技术决定的，科学家的价值观是由科学常识和科学方法决定的，人类的价值观是由社会生产方式和生产力水平决定的……而不是先构建出一个世界观，再配套一个价值观。那样的话，在世界观构建完成之前，人类如何辨识、理解、判断和抉择呢？

所以，世界观、人生观和价值信条一样，都是价值观用作价值排序的工具。工作可以决定工具，但工具不能决定工作。也就是说，不能因为具备什么样的工具，就根据工具的特性来决定做什么工作，而是应该根据要做什么样的工作，再去选择合适的工具。

三是思维的维度。作为总的看法和根本观点的世界观和人生观显然是以高度抽象的思维为基础的认知，且都与信仰高度相关。因此，世界观和人生观的完善程度、信任程度、认同程度、坚守程度，都与一个人的学识、抽象思维能力等密不可分。并不是每一个人都具有构建并坚信世界观和人生观的能力和水平，也不是所有人在面临选择时都有能力运用世界观和人生观作为价值判断和抉择的依据。也就是说，世界观和人生观不是必需的和不可或缺的价值判断工具。例如，只有那些"特殊材料制成的"坚定的革命英雄，才能面对酷刑和生死的考验，坚守自己的理想和信仰；而对于普通大众而言，生活所需才是他们日常进行价值判断和抉择的依据。"三天不吃饭，什么都敢干"，生存的需求甚至可以使人突破法律、伦理、道德的底线，历史上多次上演过的"悬釜而炊，易子而食"的悲剧，并不是一句简单的"道德沦丧"就可以加以说明的。

如前所述，世界观、人生观是关于世界、人生之总的看法和根本观点，但是价值观并不是关于价值的总的看法和根本观点。因为世界（物理时空）是自然实在之物，人生（物理时空+认知空间）也是实在之物，价值却不是实在之物，而是认知空间的创造之"物"，且仅存在于认知空间之中。因此无法构建出关于价值的"总的看法和根本观点"。这也是本书的一个核心命题。价值观不是关于价值的总观点，它是认知空间对欲求与预期之间所有事物进行辨识、理解、判断和选择的能力，是认知系统因认知的本质而具备的属性，以及因认知的属性而自然具有的功能。包括信息传播在内，任何可以外化（即可以被观察和测量）的认知活动都是价值观作用的结果，人生观、世界观就是诸多可以外化的认知活动之一,也是价值观作用的结果。因此价值观才是决定人生观、世界观的基础。比如,当我们相信神可以满足我们的欲求时,世界就是由神创造的;当我们确信只有人的劳动才可以满足我们的欲求时,世界就是行动的对象(自然之物)。如果我们相信命运是注定的,我们的选择就只能是被动的;而如果我们相信命运是可以掌握的,我们的选择就会充满主动性。

常识告诉我们,在判断、选择的过程中,我们不仅要根据那些极其抽象的理性经验(知识),而且要常常使用那些非常具象的感性经验,甚至是我们根本没有意识到的特殊事物。比如,生物学研究表明异性之间初次见面产生好感的概率与双方的体味高度相关,而不是对方的身高、身体比例、身份、学历、收入等理性数据。然而,作为总的看法和根本观点的世界观和人生观,则不能依靠具象的感性经验,那样的话,世界观和人生观将变得非常不稳定,而摇摆不定的世界观和人生观之于价值选择而言也就失去了工具的意义。当然,世界观和人生观都有一个不断演变、发展的过程,但是这个演变和发展的过程,不论是就个体认知还是社会认知而言,都必然是建立在一切自然科学和人文科学演变发展的基础上,也就是建立在认知和价值观不断进化和发展的基础之上的,是对世界和人生进行更深入、更抽象的理性思维的过程。因此,世界观和人生观不能像价值观那样使用感性经验来丰富和发展自身。

所以从思维的角度来看,世界观和人生观的维度更高,价值观的维度更低。也就是说,价值观出自更基础和更底层的维度。

因此,在时间维度、应用维度和思维维度上,价值观是世界观和人生观的基础。只有在价值观的选择基础上,不断丰富、发展认知才能形成科学的世界观和正确的人生观,而不是相反。

总之,在认知的范畴里,世界观和人生观都是价值观的高级表现形式,是价值观理性的极致。价值观是基础,世界观和人生观是价值观基础之上开出的理性之花和智慧之果。世界观、人生观与社会观、人文观、历史观、政治观、法治观、发展观、经济观等一道,都是由价值观创造的,且是为价值观服务的价值判断工具。

五、人格与性格

人格与性格都是认知空间对环境信号的反应。对于环境信号呈现出比较

认知逻辑与新闻传播：信息化时代的生存之道

固定的理性反应就是人格，对于环境信号呈现出比较固定的感性反应就是性格。人在成年以后，认知空间的结构性和系统性相对固定，因此对环境信号呈现出比较稳定的反应；而在婴幼期和青春期，认知空间的结构性和系统性变化剧烈，从而表现出人格不确定和性格不稳定的状态。

根据认知空间构建的过程可知，人格和性格并不是先天或遗传的结果，而是经过大量的经验积累，大量的环境信号筛选，伴随着个体认知空间的成长过程逐步形成并构建起来的。其中，对环境信号的筛选是一个特别值得注意的问题。

所谓环境信号筛选，是指在婴幼儿期到青春期这段时间里，由于环境限制造成的个体认知空间所能够接受的环境信号的范围和密度。相对于个体而言，环境信号的范围和密度具有特异性，并因为不同环境信号的特异性，从而在认知空间的构建过程中形成了唯一性的认知空间结构和系统。显而易见，这种环境信号的筛选，对于人格、性格的形成具有非常重要的扰动和制约效应。

造成环境信号筛选效应的环境因素，主要有亲情环境、教育环境、生活环境和资讯环境等。其中，亲情环境对于性格的影响最为显著，教育环境对于人格的影响最为显著，生活和资讯环境对于人格和性格的复杂性影响最为显著。

因为人类的哺乳期明显长于其他哺乳动物，婴儿至少需要 8 个月的时间才能具有自主行动的能力，因此，基本上在一周岁之前，婴儿所能接受的环境信号，绝大部分来自父母（主要是母亲）的选择。由于这个时期是大脑急速发育的关键时期，因此在此期间的直接经验和生命体验，对今后认知空间构建的影响最大。这个时期的婴儿大多不具备语言能力（有学者认为婴儿具有另一套语言系统），因此观察和模仿是其主要的行为方式，特别是来自父母的肢体语言和神态语言，成为构建婴儿认知空间的诸多基石当中最为坚固和感性的那一块。

这一时期，父母的选择中有两个比较极端的趋势，过度保护或过度冷淡（冷漠）。被父母过度保护的婴儿，其环境信号筛选效应最为明显。在中国社会中常常可以观察到这样的现象，由老人带大的孩子相比由父母带大的孩子，前者性格缺陷发生的比例明显要高；由女性长辈带大的孩子和由男性长辈带大的孩子，性格的差异化程度比较大；单亲家庭中长大的孩子与正常家庭中长大的孩子，其性格通常存在明显的群体差异性特征。在老人、女性长辈和条件优裕的单亲家庭的生活环境中，孩子被过度保护的情形通常比较明显，反之则是过度冷淡的情形通常比较明显。过度保护和过度冷淡，都会造成环境信号接收失衡，导致性格发育存在比较多的隐患。如果在青春期又没有得到有效调节，很容易造成比较极端的性格，如暴力、自恋、冷漠等。

"昔孟母，择邻处，子不学，断机杼。"当婴儿发育到1~7岁这个阶段，通常是教育环境（并非特指学校教育）对环境信号进行筛选的关键时期。这个时候的幼儿，已经具有一定的活动能力和语言能力，可以稍微离开父母制造的小环境，自主探索更宽广的环境，其环境信号载量大幅度增加，行为模式也从比较被动的观察和模仿，转向比较主动的自主探索。这个阶段的孩子，其认知中的辨识能力极大增强，认知中的理解能力开始形成，内分泌系统开始复杂化和精细化，情绪反应成为主要的反应。这个阶段的孩子，周围人群的评价成为其环境信号筛选的主导方式。周围人群的正向评价和负向评价的多寡、重复频率、强烈程度，对于个体认知空间结构的塑造和系统的搭建具有超过以往任何时期的重要作用，也对人格形成具有奠基性的作用。一个明显的例证是：对孩子学习成绩的评价，对孩子学习能力的影响非常明显。

国外有这样一个实验：老师要求每个同学每天至少一次对一个普通的孩子进行赞美（不论其是否应得），经过两个月的时间，这个孩子的学习成绩发生了非常明显的提高，与同学的人际关系得到极大的改善。同样的实验放在成年人的环境中，效果就会大打折扣，甚至不具备统计学意义上的相关性。我们经常可以观察到，父母疏于对孩子进行干预时，或者在过度干预的家庭中，孩子得到的正向评价就显得比较稀缺，从而显示出抵触、自闭、幻想、冲动等自控能力较弱的人格特征趋势。反之，与父母和周围人群互动较多的孩子，其得到的正向评价会比较饱满，从而显示出合作、主动、务实、理性等自控能力较强的人格特征趋势。

在7岁~18岁这个时期，生活环境和资讯环境的信号筛选效应开始变得重要起来。这个时期，孩子的活动范围更大，自主意识逐渐增强，自我意识开始觉醒，大脑的发育开始进入最后一个发育高峰；内分泌系统发育完成，性别特征开始出现，体感器官更加精细，情绪变得极不稳定，其对生活环境和资讯环境信号进入了感知最敏感的时期；生活环境和资讯环境极大地影响了其认知空间结构和认知空间系统的丰富度，而足够丰富的生活环境信号和

认知逻辑与新闻传播：信息化时代的生存之道

资讯环境信号对于这一时期的人格、性格的塑造效能也达到了峰值。一个典型的场景是，在偏远且封闭的生活环境中长大的孩子，往往显现出淳厚（较少的防卫）、善良（较多的互助）但固执（较少的开放性）和依赖（较少的独立性）的人格和性格特征。在物质丰富且资讯发达的中心城市长大的孩子，则往往显现出自我（较多的防卫）、冷漠（较少的互助）、灵活（较多的开放性）和独立（较多的自我意识）的人格和性格特征。生活环境和资讯环境还进一步塑造了地域文化，而地域文化也反过来对生活于这种文化氛围中的个体人格和性格的塑造发挥了非常重要的作用。随着国人越来越多地选择到异地乃至国外工作生活，地域文化的差异性被越来越多的国人所感知，国人前所未有地开始探索、吸收、理解不同的文化以及不同文化当中的生活场景，文化融合的趋势超过了历史上的任何一个时期。同时，对于不同的生活场景和文化内涵的讨论和辩论也达到了新的高潮。我们在社交媒体上，经常可以看到类似南方人请客和北方人请客、南方人买菜和北方人买菜之诸多不同的有趣话题，也经常可以看到生活在国外的中国人以及生活在中国的外国人在社交媒体上发布的关于不同文化和不同生活环境的有趣话题。

一旦成年，人的认知空间结构和系统的稳定性即开始显露出来，人格、性格也开始呈现出稳定的特征。在这之后，除非在环境的压力骤增或者自我激励等的作用下，人格和性格基本上趋于稳定，剩下的，则只有社会环境对人格和性格的奖励和惩罚了。这种社会环境的奖励和惩罚，可能对人格和性格施加强烈的影响，也可能对人格和性格毫无作用。

综上，亲情环境、教育环境、生活和资讯环境共同通过环境信号筛选效应，对个体认知空间的构建，也就是对个体人格、性格的塑造，发挥了重要的作用。现代心理学对于人格、性格的区分，不论是9型人格还是16型人格，都是从人对于环境信号的反应来进行区别的。这一区分无疑是具有一定科学意义的。但是，在现实生活中，各种人格、性格测试的结果，往往让人感觉似是而非。究其原因，就是它们对人格、性格形成因素的探索尚不够严谨和科学，特别是关于决定人格、性格的认知空间的结构和系统的研究还非常粗疏，至少在分型上就不够科学。如果把人格、性格的类型划分聚焦于主动性、开放性、敏锐性、独立性、外向性、合作性这样几个维度，以此作为人格、性格分型分类的依据，可能更加符合人们日常的认知与感受。并且，人格、性格的形成过程，通常长达 20 年，在这 20 年中，任何的测试都相当于要在地球上瞄准月球上的目标那样困难。在人格、性格基本成型以后，如果忽视社会环境的作用、社会环境的变化以及这种变化的剧烈程度，则任何通过人格测试而规划人生目标和路径的努力，都有着比在地球上瞄准火星上的目标更大的不确定性。

人格失调与性格偏执的根本原因在于认知空间的结构或系统存在缺陷。有时是由于感觉、传导、思维器官的基因缺陷而导致的，但对于大多数正常人而言，更主要的还是由于婴幼期和青春期的环境信号筛选效应所致，这种效应决定了个体人格、性格的发生、发展经历，以及与这些经历相伴的记忆在构建认知空间的结构和系统时产生的影响，如原生家庭对成年人人格和性格的影响，又如冥想对于人格、性格缺陷的调整作用，等等。其实，冥想就是对记忆或者说是认知空间的某种重塑。

认知空间的塑造和完善是生命持续期间每一个人都在进行的过程，因此，人能够不断进步，不断获得新的认知，也就存在改善人格和性格的可能性。当然，这取决于环境信号、环境压力和自我认知等诸多条件。有些人一生都在发生着类似"上善若水"那样的改变，有些人的头脑则始终像"花岗岩"一样顽固。这些都不是天生的，而是认知空间自然而然结出的果实。一个重要的理念是：自由的成长是最值得期待的过程。过度干预、过度操纵的认知构建和价值观"矫正"操作，往往会造成清代龚自珍在《病梅馆记》中描绘的那种场景："有以文人画士孤癖之隐明告鬻梅者，斫其正，养其旁条，删其密，夭其稚枝，锄其直，遏其生气，以求重价，而江浙之梅皆病。文人画士之祸之烈至此哉！"

现代社会的新闻工作者，要警惕那种文人画士的孤癖之隐，面对社会生活中的种种不尽如人意的现象，不要轻易地幻想通过舆论"斫其正，养其旁条，删其密，夭其稚枝，锄其直，遏其生气"。新闻工作者要有善心和善意，要把互善、向善作为从事这项职业的初心和使命。毕竟社会之善，众生之善，才是新闻传播的价值所在，也是新闻价值转化为经济价值的之善道。

六、智商与情商

毫无疑问，智商和情商比较高的人，更容易获得成功和满足。

智商是认知系统处理信息的能力，表现为反应能力、理解能力、记忆能

力、分析能力、判断能力等。智商的一部分是由感觉器官的灵敏度和感觉器官的协调性所决定的。这一部分与遗传基因的表达高度相关。不过,虽然智商与遗传基因的表达高度相关,但遗传基因并不是绝对的、唯一的因素。遗传基因的差异不是不可逾越的鸿沟,过分强调遗传基因,必然陷入种族主义和社会达尔文主义的窠臼。必须看到,智商更多的是认知的表达而不是基因的表达。

相对于认知的四个基本功能(辨识、理解、判断、选择)而言,智商是分析、标称、辨识能力和理解能力的工具。除了感官敏锐程度和感官协调程度这两个因素之外,还与认知的结构和系统高度相关。也就是说,后天的训练,加之环境因素的作用,所构建的认知空间及其性能,对于智商具有更显著的影响。一个天资卓越的儿童,如果忽视后天的训练,或者其生活环境缺乏基本保障,或者遭遇重大的环境变化,那么其在人生旅途中所表现出来的智商,也不会明显地超过常人。同样,一个人的智商与其幸福程度、成功程度等也没有绝对的必然联系。

宋代宰相王安石有一篇非常有名的短文《伤仲永》,文中讲述了王安石家乡的一位神童叫方仲永,五岁时就能作诗,"指物作诗立就,其文理皆有可观者。邑人奇之,稍稍宾客其父,或以钱币乞之。父利其然也,日扳仲永环谒于邑人,不使学"。过了七八年,王安石再返乡探亲时,询问方仲永的近况,其舅告诉他"泯然众人矣"。王安石感叹说:"仲永之通悟,受之天也。其受之天也,贤于材人远矣。卒之为众人,则其受于人者不至也。"受之于天而受于人者不至也,意思是说,即便是天才,如果后天不努力学习,也不能成为英才。

著名美国女作家、教育家、慈善家、社会活动家海伦·凯勒,出生后19个月因患急性胃充血、脑充血而失去视力和听力。在家庭教师安妮·莎莉文和萨勒博士充满爱心和耐心的帮助下,她不仅学会了手语和写作,还考入哈佛大学拉德克利夫女子学院。海伦突破了识字关、语言关、写作关,先后学会了英、法、德、拉丁、希腊五种语言,出版了14部著作,受到社会各界的赞扬与学习。1964年海伦获得"总统自由勋章",次年入选美国《时代》周刊"二十世纪美国十大英雄偶像"之一。失去了视力和听力的海伦,如果做智商测试的话,可能并不会太高,但是海伦所取得的成就,以及在取得这些成就时表现出来的能力,无疑超过了大多数的普通人。海伦的成就,来自坚持每天用三个小时自主学习，用两个小时默记所学的知识，再用一个小时的时间将自己所学的知识默写下来，剩下的时间则运用学过的知识练习写作。

通过方仲永和海伦的经历，以及我们身边无数"仲永和海伦"的经历，我们必须承认，智商并不是遗传优势，甚至不是由基因决定的，决定智商的是认知。智商也不是幸福和成功的先决条件，甚至不是重要条件，决定幸福和成功的还是认知。再优秀的发动机，如果没有燃料和润滑油，就是一堆毫无价值的废铁；有再多的燃料，但如果发动机的结构不合理，仍然很有可能是一堆废铁。

情商是认知系统处理信息的性能，表现为心态、同理心、同情心等。情商与认知空间的协调性有关：认知空间的结构比较均衡，结构之间的联系比较丰富，就表现出高情商；反之，认知空间的结构不均衡，结构之间的联系比较单一，则表现出低情商。需要注意的是，人的情商并不是固定不变的，其通常受环境变化的影响比较大。当人处于比较熟悉且稳定的环境中时，有情商升高的趋势；反之，当处于陌生环境和剧烈变化的环境中时，则情商有降低的趋势。

情商高的人，往往善于设身处地，容易理解别人的感受。现实中情商比较高的人，往往是经历或经验丰富，且正向的经验多过负面经验的那些人。这就提示我们，提高情商的第一个途径，就是拓展认知的边界。现代社会中，我们需要和形形色色的人打交道，倘若我们的认知空间很狭窄，就无法理解别人的言辞和情感，也就无法表现出同情心和同理心，从而导致我们在处理人际关系过程中磕磕绊绊，得不到别人的理解，甚至会受到敌视和冷遇。

情商高的人，往往会从积极的方面，用积极的方法来处理人际关系。这给我们的提示就是，正向经验构建的认知，总是偏向于开放、进取、乐观等积极的选择；负向经验构建的认知，总是偏向于内向、保守、悲观等消极的选择。笔者有一个观点，这个世界的一切工作都与人际关系有关，这个世界的一切成功都与维护好人际关系有关。实际上，那些表现出高情商的人，通常是善于处理人际关系的人。他们在认知空间中，获得的正向的人际互动的经验，远远多于其自身的负面经验和他人获得的正向经验。实践证明，高情商的人在婴儿期、少年期、青春期，在亲情环境、教育环境、生活环境和资讯环境中获得了更多的正向的环境信号，并在与环境的互动中获得了更多的正向反馈。因此，提高情商的第二个途径就是，努力增加我们在人际交往过

程中积极正面的策略，并争取积极正面的反馈。当我们没有得到正向反馈的时候，我们要专注于改善自己的认知，而不是抱怨或者迁怒于人。我们通过努力增加与高情商的人相处的机会，尽量减少同低情商的人冲突的机会，也可以逐步提高自己的情商。当我们遭遇困境的时候，找出别人的缺点，诅咒别人的错误，并不能让我们脱离困境。只有学习别人的优点，建立合作的关系，才能让我们摆脱困境。

情商高的人，通常善于营造一个令人舒服的环境。无疑，在稳定和舒缓的环境中，人们都有提升情商的趋势；反之，在动荡和激烈的环境中，人们则有降低情商的趋势。这是因为，在稳定和舒缓的环境中，环境信号更多是正向和积极的，这会让身处其中的人更容易接收到更丰富的正向和积极的环境信号；而在动荡和激烈的环境中，环境信号更多是危险和警示的，这会引起人们的应激反应，把注意力更多集中于负面和消极的信号。因此，提高情商的第三个途径，就是努力减少尖锐的对立和冲突，争取营造一个宽松、舒缓的小环境。当彼此之间无法避免对立和冲突的时候，暂时把无法解决的问题搁置起来，营造一个强调彼此共同利益和共同目标的氛围，这样就有可能化被动为主动，化激烈为平和，化冲突为合作。这就是高情商所具有的能力。那么，当我们和陌生人打交道的时候，如何快速营造起一种可充分调动彼此高情商的小环境呢？一个有效的方法就是找到双方共同的兴趣点，激发双方共同的快乐的回忆。一般而言，在儿童时期，快乐的回忆总是多过痛苦的回忆，所以一起回忆童年的时光，通常是使彼此的情感快速升温的途径。这对彼此已有好感而打算进入恋爱期的恋人而言更加有效，一起回忆童年的时光，几乎可以"秒开"恋爱之门。

高情商的人通常不意味着高学历和高智商，也不意味着特别高的工作能力。但是高情商的人总是能在各种场合获得比高学历、高智商、高能力的人更大的成就。或者说，他们在人际关系中更容易获得别人的支持，从而解决自己的问题。比如，《红楼梦》里的刘姥姥就是一个高情商的人，她知道人人都喜欢听好话，有身份有地位的人更是如此。于是在大观园中，她逢人就说好话，见了贾府看门的，都要恭恭敬敬纳福，还一口一个大爷，见了周瑞家的，更是三句话不离嫂子，把个周瑞家的捧得高高的，心甘情愿帮她去传话。见了王熙凤，刘姥姥更是"早已拜了数拜，净拣好听的话说"，把初掌家、喜奉承的凤姐给拿捏得死死的，虽然她言语粗俗些，但凤姐仍乐得施恩。刘姥姥对凤姐和鸳鸯要拿她开涮取悦众人的心思了然于心，却也乐得配合，于是我们看到精于世故的刘姥姥，装傻充愣，扮丑自嘲，把贾府上下逗得哈哈大笑。刘姥姥说这些话，做这些事，可不是白说白做的，第一次她收获了二十两银子的救命钱，一家人因此得以活命。第二次她拉了大半车的财物回去。

要说《红楼梦》里树敌最多的，莫过于晴雯了。她几乎"怼"尽了所有人，稍有一点不如意，晴雯就开始口无遮拦，不是说袭人、麝月鬼鬼祟祟的事儿，就是打骂小丫头……她身边几乎没有一个朋友。晴雯很像现在网络上的一些人，傲娇得不得了，怼天怼地怼空气，逮谁怼谁，神挡怼神，佛挡怼佛，仿佛世界上就没有比他们更正确的，也没有比他们更正义的。这些人显然都是低情商的。

七、舒适区、学习区、艰难区

认知空间与物理时空（即环境）的契合程度，决定了所谓的舒适区、学习区、艰难区。当认知空间与物理时空的契合度比较高时，人就处于舒适区；当认知空间与物理时空存在一定差距时，处于学习区；当认知空间与物理时空存在巨大差距时，则处于艰难期。

舒适区、学习区、艰难区，是每个人都曾经历也必须不断经历的过程。婴儿都经历过艰难区；青少年都经历过学习区（学校教育只是其中一部分）；成年以后，则会有属于自己的舒适区。那些比较成功的人，都是孜孜不倦让自己处于学习区的人；那些沉迷于舒适区的人，大多不能算是成功人士；而总是在艰难区探索的人，则往往比较短寿而悲壮。

当然，前面也说过，成功与否，自我的评价很重要。别人眼中的成功人士，自己未必感到成功与满足；别人眼中的失败者，自我的感觉可能很成功也很幸福。每一个人生都是独一无二的，每一个人生都值得尊重。

八、爱情与婚姻

保加利亚社会学家瓦西列夫的著作《情爱论》中对爱情的定义是：爱情是以性爱为基础的、伴有丰富心理感受的亲昵关系。从这个定义中可以看出，爱情其实是一种认知能力和认知空间的一种功能。

首先，性爱不是性行为本身，而是建立在对性行为感知和认知的基础上的一种人际关系。人区别于动物性行为的标志是：动物可以感觉到与性相关

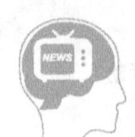

的各种信号，并做出本能的反应，这种反应与其对食物信号的反应并没有太大的区别。但是人在漫长的认知进化过程中，通过对这种特殊记忆的无限次加工，其关于性的认知已经远远地超过了信号本身的意义。对于人而言，性爱不仅仅是关于性欲的信号的反应，而是与性爱相关的一切需求的认知集合。性爱是可以认知化的，甚至是可以完全认知化的，即超越了从具体、实在的性信号引发性冲动、达到性满足，从而实现繁衍的本能行为。因此，人类的性爱是超越动物本能甚至超越物理时空的独立存在，属于认知空间范畴。

其次，心理感受和亲密关系也是认知空间的范畴。心理感受自不必言，人际关系（如亲密关系）也是脱离物理时空的存在。人际关系不同于事物之间的普遍联系，这是两个完全不同的概念。人际关系虽然有其外化的形式，如血缘关系、伙伴关系、社会关系等，但如果剥离了内在层面对于人际关系的认知，这些关系便失去了意义。人际关系的外化形式是选择的结果，而选择依据的是价值观，价值观依据的则是对关系对象的认知，没有认知便没有人际关系。

因此，爱情也是一种认知活动，可以说没有对于爱情的认知，人就只能有本能的性行为而不会有爱情。没有对于爱情的正确认知就不会有正常的爱情行为。爱情的幸福与不幸福取决于双方对爱情的认知的契合程度。由此可见，柏拉图与狄俄尼索斯的爱情就注定不会幸福。

说到婚姻，婚姻的本质是契约，契约则是属于独立于物理时空的认知空间。文本的契约不过是认知的外化，是认知系统反编译输出的功能。因此，爱情与婚姻虽然高度相关，但其完全是两种不同的社会关系。在现代社会中，爱情与婚姻在认知空间中的界限似乎越来越模糊了，但是现实中爱情与婚姻的相容度却越来越低，而这也是认知空间与物理时空错位的一种表现。婚姻是生活资源相对匮乏之环境的产物，爱情则是生活资源相对充盈之环境的产物。在现代社会中，生活资源相对匮乏的情况逐渐减少，生活资源相对充盈的情况不断增加。人们关于爱情和婚姻的认知正在更加艺术化和理想化，从而产生了对爱情和婚姻的认知空间与物理时空的巨大错位。或许，这正是现代社会爱情与婚姻危机的根本原因，以及"00后"越来越多选择不交朋友、不结婚、不生孩子的重要原因。

与爱情和婚姻相关的一个现象就是"处女情结"，这是价值观膨胀技能的一个典型的反面教材，是把贞操的价值无限放大的结果。究其根源，在于中古时期的财产制度和婚姻制度，要确保把财产传给嫡亲骨肉的制度安排。现代社会倡导婚姻自由、爱情自愿，那种因极度自恋而产生的处女情结早该被丢进历史的垃圾堆。但是，由于历史文化对于认知和价值观的影响，那些历史上的阴影总是挥之不去，而这也是一种认知空间与物理时空的错位。

总之，人生就是个体化的认知活动。每一个生命的历程都是认知空间之结构和系统的外化表现。

中篇
认知与新闻传播

第四章

新闻传播是社会化认知活动的高级阶段

关于新闻传播：
智慧像一盏灯，越暗处越显明亮；
认知像一堵墙，越高处阴影越长。

——笔者

发展新闻事业的目的是什么？这是每一个从事新闻活动的人的都无法回避的问题。把这个问题换一个角度，就变成新闻是必须的吗？没有新闻传播可以不可以？

要回答这个问题，就需要先回答另一个问题：信息传播是必须的吗？除非存在这样一种情况，那就是每一个人的生活都是周而复始、固定不变的，在同样的环境里，每天用尽脑力和体力重复同样的工作，刚好收获维持生存所必需的资源。只有在这种没有剩余产品和富裕时间的情况下，信息传播才不是必需的。但实际的情形并不是这样的，事实上，人类社会一直在发展和进化，人类先是改进了狩猎的技术，然后发展出了农业，后来又发展出了制造业和贸易行业。于是人们生活的方式和环境也就随着社会的变化而变化。也就是说，人们必须适应不断变化的环境。这个环境包括自然环境、技术环境、文化环境和政治环境等。适应环境所指向的就是人们常说的"生存和发展"这两个永恒的主题。

尤瓦尔·赫拉利在他的《人类简史》《未来简史》《今日简史》（以下简称"简史三部曲"）中，以冷静、温情又不乏幽默的笔触，试图说明历史为

认知逻辑与新闻传播：信息化时代的生存之道

什么如此，以及作为智人的我们，如何用一系列"虚构的故事"构建起复杂的社会结构和人际关系，从家庭到社群、民族、国家、社会的秩序，并试图让人们了解人类当前面临着气候变化、人工智能以及越来越多的健康和心理问题所带来的挑战。

尤瓦尔·赫拉利在"简史三部曲"中提出了终极三问：进化是好事还是坏事？我们以为的世界是确定的吗？我们能否应对未来种种极端的不确定性？其实尤瓦尔·赫拉利只差三块拼图，就能把人类史的图景给拼完整了，那样的话也就回答了他的终极追问。那就让笔者尝试一下，把最后三块拼图补上去吧。

第一块拼图：人类的进化史是人的"社会化"发展史。

所谓社会化，即人类进化是以全体参与、分工合作、相互依存为前提的。每一个社会成员都是进化过程的参与者、贡献者和推动者。就像是"简史三部曲"中提到的尤瓦尔·赫拉利的"波兰亲戚们"，他们历经战乱，无影无踪，消息全无。但那并不意味着他们对人类进化这件事毫无贡献。尤瓦尔·赫拉利在"简史三部曲"中偏重讲人们是如何合作的，却忽视共同参与、相互依存这件事，这是此书的第一个遗憾。

人类文明大致经历了三个阶段：采集和狩猎文明阶段、农耕和游牧文明阶段、工业和商业文明阶段。不论是欧洲蛮族的西侵，还是东亚游牧民族的南下，其主要都展现了农耕和游牧两种文明之间的矛盾，这引发了工业和商业文明的崛起，进而形成了当今社会文明的主要版图。那么，澳大利亚和美洲的土著，他们在很长时间内与欧亚非大陆文明相互隔绝，难道他们对人类的进化就没有贡献吗？答案当然是否定的。过去常说"历史是胜利者的宣言"，其实熟悉三国历史的人都知道一个事实：刘备、曹操、孙权只是环境剧烈变化中的"幸存者"和"幸运儿"，而非所谓的胜利者或者创造历史的英雄。所以实际上，"历史是幸存者的慨叹"。历史中被淹没的不仅有失败者的悲鸣与不平，而且有芸芸众生的"献祭"。

第二块拼图：人类进化史的本质是"认知空间"进化史。

尤瓦尔·赫拉利在书中把认知局限于感知、认识和了解。他更喜欢用意识和主观世界来描述智人如何用"虚构的故事"来构建复杂秩序，并以此来思考人类面临的挑战。这种对认知的矮化和忽视，成为他众多疑问不可解以及疑问本身不成立的原因。这是此书的第二个遗憾。

其实，我们只要了解到：人类认知定义的世界＝认知空间（主观世界）＋物理时空（客观世界），认知空间＝可觉知的主观世界＋不可觉知的主观世界，可觉知的主观世界＝意识＋潜意识，意识＝思想＋梦境，思想＝理性＋感性，理性＝逻辑＋直觉，逻辑＝间接经验＋直接经验，间接经验＝历史＋文学，历史＝被记录的＋被湮灭的，等等这些，就可以掌握人类进化史的密钥。其实尤瓦尔·赫拉利已经快摸到这把钥匙了，他只要把书中关于主观世界的概念替换为认知空间，就能清楚地看到，人类活动，包括构建和传播"虚构的故事"这种事，都是认知空间的延展和进化。这是人类智能认知系统所独有的功能，也是人类实现社会化生存，构建起关系和秩序的前提。所谓"讲故事"，其实就是个体的认知空间之间的信息交流。认知空间中的世界是"虚构"的，认知空间之外的世界是"真实"的，人类文明的进化就是虚构的世界不断接近真实的世界的过程，这个过程无穷无尽，因为物理时空广袤无边。所以，关于世界真相和世界确定性的疑问，不过是认知空间与物理时空的距离，或者说是认知空间与物理时空的匹配程度。认知空间越是庞大，我们就会面临更多的不确定性。但这并不否定人类的进化，也不能成为怀疑进化的理由，反而可以表明，不确定是一种进化的标志。

第三块拼图：人类进化史是地球环境变化史。

人类认知的基本功能就是让人类适应环境和环境的变化，所以认知的进化是环境的塑造和环境变化"碾压"下的延展。尤瓦尔·赫拉利显然对此没有给予充分的重视。所以他才会感到困惑：为何以采集为生的人每天只需要工作3小时就可以快乐地生活，而以耕种为生的人却必须无休止地劳作还只能过上半饱的生活，甚至时常挨饿？这是此书的第三个遗憾。

人类选择以农耕为生，主要是来自环境和环境变化的压力，以及人类对环境变化的恐惧。在东西方思想史上，都有相当多的人信奉"保守主义"。但是，当时移事易不可避免的时候，"激进主义"往往能杀出一条血路来。当采集和狩猎不能维持种族的延续时，人类就必须进化出类似农耕和畜牧这种社会形态。当农业无法满足人类社会发展的需要时，人类就必须进化出工业化和全球化这种社会形态。当地球无法生存时，人类就必须进化出适合太空生存的认知，并发展出在地球以外空间生存的社会形态和社会结构，以及与之相关的技能。所以不要抱怨为什么越进化问题就越多，也不要企图停下进化的脚步，甚至倒退回去。当然，这并不影响我们对过去的怀念：当未来人类

认知逻辑与新闻传播：信息化时代的生存之道

在太空中流浪时，会无比怀念地球生活，正如我们在钢筋水泥的环境中怀念田园生活一样。

环境和环境的变化，是我们思考一切问题时必须先加以确立的概念。因为没有环境，就没有自我的存在；没有环境的变化，就不会有恐惧，也不会有思想，也就不会有智能与智慧。当我们试图去发展机器的智能和智慧的时候，自我、恐惧、欲望、思想都是必须一个一个迈过去的台阶，少一个也不行。推而广之，当我们到了不得不开始在太空中生活的时代，环境和环境的变化，仍然是一切思想、理论、知识、技能的进步中必须解决的问题。

有了这三块拼图，就可以帮助我们更好地理解"百年未有之大变局"和"人类命运共同体"，可以帮助我们更好地消化人工智能技术，可以帮助我们更好地面对未来的挑战。这也回答了本章开始的问题，新闻是必须的吗？

当环境开始发生改变，信息的传播就是自然而然发生的过程，并且成为必须要做的事。信息在人群中流动，并不是基于人类求知的本能或好奇的冲动，而是适应环境及其变化时必须要做的事。也就是前面说过的，信息传播是人类社会化生存的前提和条件。

毫无疑问，信息传播是信息从一个认知系统向另一个认知系统流动的过程，是人类社会发展过程中不断发展和进化的一种能力，也是人类智能认知系统发展进化的一种能力。信息传播的方式包括语言传播、文字传播、图像传播等多种形式。新闻传播就是智能认知系统伴随社会生活发展到一定阶段，与信息传播的复杂程度、迅速程度、重要程度相适应，专业化、低成本、高效率的信息传播过程。

由此可见，新闻传播至少于现代社会而言是必不可少的，它的目的就是帮助我们适应环境和环境的变化。

人从出生开始就被训练以适应环境及其变化。从父母一对一地告诉你应该这样做，不要那样做，到教师一对多地告诉学生如果这样，则需要怎样，再到进入社会，生活用现实教育你这样不行，那样才可以，都是如此。尤其是现在的人们，迫切需要知道，世界究竟是什么样的？我该怎么做？在资本的时代，在大机器生产和跨国贸易引发的迅速变化和剧烈变化的时代，我们了解世界、获得支持、掌握技能、辨别善恶、分别敌友的最方便也是最经济的方法就是参与新闻传播活动。

要参与新闻传播活动，就要知道以下关于新闻传播的几个基本知识。

第一,新闻传播是信息传播的高级形式,信息传播归根到底是人的认知活动,也就是说,没有认知就不会有传播。所以新闻传播也是认知活动的一种形式。

第二,新闻传播的材料来自社会生活的各个方面,传播的对象遍及所有社会成员,因而其成为全社会广泛参与的社会活动。同时,新闻传播又是依托新科技和高技术的专业化的信息传播活动。因此,它也是社会化的认知活动。

第三,新闻信息的采集、加工、传播过程,有赖于传播者的认知空间对信息的加工、整合、复合,有赖于传播者和使用者的价值观来筛选和过滤,这使得新闻传播成为基于价值选择的处理信息、传播信息和使用信息的过程。新闻传播通过对社会变动信息的传播,帮助社会成员完成价值观确认和价值观更新,最终实现价值观统一。新闻传播作为价值观统一工具的高级形式,成为维系社会关系、维护社会结构、促进社会和谐的公益性的社会活动。

第一节 几个需要厘清的基本概念

一、信息与信号

普遍而言,信息是存在于认知空间中关于物理时空某一事物属性的编码(记忆),经过认知系统加工,以概念、命题、推论等形式存在,是为了向认知空间以外流动而准备的材料。信号则是可以被感觉器官感知的物理时空中某一事物的属性或特征。任何物理时空中的信号,不经过人的感觉器官编译,就不能成为信息。比如,温度是物理时空的物质具有的属性之一。但是,如果其不经过人的感觉器官的编码,不经过认知空间的加工,就不能构成信息,而经过认知空间的加工后,人就有了温度的概念以及描述温度的命题和推论,当这些认知材料向认知空间以外流动、传递的时候,就构成了信息。再比如,红色的灯光是信号,当其被认知空间接收并形成需要注意、警惕、停止、避让等命题或推论的时候,这些材料转化为运动系统的控制指令,发出声音,产生表情,做出行动,于是就成为信息。

信号作为物理时空中存在的事物的属性和特征,具有自然的实在性,它

仅由事物的属性和特征所决定，并与事物的属性和特征精准对应。信息作为认知空间里的传播材料，不具有自然的实在性，它依赖于人的感觉器官，并总是与事物的属性和特征存在或大或小的误差。倘若不把上述两者加以区分，当我们在进行信息传播的时候，往往会把信息描述的属性当作事物的属性，把我们认为的特征当作事物的特征，甚至直接把信息与信号等同起来，混淆物理时空与认知空间的区别，造成我们对真实、客观、准确的误解，从而纠结于一些似是而非的问题。

把握信息与信号的区别，对于理解"信息传播是人类社会化生存的先决条件"具有非常重要的意义。只要清楚了解了"信息是认知系统为信息传播而加工、准备的材料"这一点，就不难理解信息传播本质上就是价值观的传播。

信息载体是物理时空中被赋予了特殊信号的事物，这些信号必须经过认知系统的解读才能再次转化为信息。在传播学领域内，有一个主要的问题是关于信息载体与信息本身的区别的。声音、文字、图像，这些存在于物理时空中的事物，它们都是信息的载体，而非信息本身。特别是图像和连续的图像（视频），有时候既有物质的属性和特征，可以构成信号，同时也可以是信息载体。但它们都不是信息本身。可以作为信息载体的事物还有书籍、报刊、通信工具、信号灯（手机和电脑都是复杂的信号灯系统）等。

我们有必要充分了解，信号经过编译才能成为信息，信息借助载体的信号才能传播，信号再经过编译才能复原为信息。准确区分信号与信息，才能比较清楚地解释信息传播现象，把握信息传播规律，实现尽可能精准和有效的信息传播，否则就会落入"对牛弹琴"的传播困境。

特别值得注意的是，在信息传播中的信号经过编译、反编译、再编译的过程中，价值观一直在发挥作用，也就是介入辨识、理解、判断、选择的过程，成为信息传播每一个环节都无法绕开的程序。因此，信息传播的本质就是价值观的传播，且必须经由价值观的统一，才能实现顺畅和有效的信息传播，避免"鸡同鸭讲"的情况发生。

经常看到一些关于信息传播的论述，把信息传播看作是自然界普遍存在的一种自然而然的、不依赖认知的"信号传递"和"事物之间的相互联系"。这显然是因为对信号和信息不加区别而造成的一种对于信息的错误认知。不区别信息和信号的做法在文学作品中或许是可以的，如超时空传播、灵异传播等都可以成为艺术作品的"装备",但是在认知学和传播学范畴内,对于信号和信息的含混,将导致新闻文学化、神秘化、灵异化的后果。

二、抽象与具象

任何思想都是从具象到抽象的,如果缺乏从具象到抽象的能力,则思想无法深入。任何思想的传播都是从抽象到具象的,如果不能完成抽象到具象的转换,则思想的传播无法实现。信息传播是从具象的集合 A 到抽象的集合 B,再到具象的集合 C 的过程。在这个过程中,A 与 C 会发生异化。比如,$A=B$,且 $B=C$,则 $A=C$,这在数学上没有问题。但是在信息传播领域,只能是 A 类似于 C,且 A 不等同于 C。

信息传播的材料经过认知空间的加工,依次经过信息传播者运动系统的反编译(如书写、朗读、表演)过程和信息接收者感官的编译(如阅读、收听、观看)过程,信息在传播过程中不可避免地存在衰减和异化。包括新闻传播在内,在讲述、出版、演出等所有信息传播过程中,信息在经过数个认知系统的参与和改造(编辑、制作)后,衰减和异化效应更加明显。

只要充分了解了信息传播的这个特性,就可以了解"为什么大多数的信息传播都是无效的和反效的传播",也就可以比较容易理解以下结论,"人类社会结构越发达、越复杂,就越依赖价值观统一""社会稳定越依赖价值观统一,则价值观统一的难度就越大""专业化、社会化、公益化的社会认知活动只能且必然以新闻传播的形式存在"。

三、本质与属性

所谓本质,即此物是此物的原因,也是此物非彼物的原因。本质即区别,无区别就无本质。属性是这个"原因"被观测、感知、辨别、理解的结果。本质与属性之间的因果关系就是被称为"规律"的东西。比如,两个氢原子和一个氧原子通过化学反应结合成水分子,这是水这种物质的本质,而水的溶解性以及低于0℃成为固体,在0℃~100℃成为液体,高于100℃成为气体等特点,都是可以被我们的认知观测、感知、辨别、理解的属性。因为水的这种属性,所以其在地球上是生命之源。当然"水是生命之源"这个命题,既不是水的本质,也不是水的属性,而是水的属性和地球环境的属性之间所存在的因果关系,但与水的本质之间并没有因果关系。

认知逻辑与新闻传播：信息化时代的生存之道

本质是不依赖于认知而存在的实在，这当然也适用于认知的本质。属性则是依赖于认知而存在的实在，因此认知中的属性不具有绝对的实在性。同样，规律也不具备绝对的实在性。因为观测的误差、感知的误解、运用的失误等，都可能使我们所掌握的属性与真实的属性并不一致。同样，对于规律的把握也是一样。即使人们在现实活动中成百上千次地运用某个规律，并达到了预期的目标，非常接近本质与属性的因果关系，但是我们所掌握的规律仍然可能没有穷尽本质与属性的全部关系。

经常见到在学术上特别是人文学科内，对事物的本质与属性不加区别，含混地将之表达为性质，从而造成思想的混乱和传播中的误解。比如，在人类思想史上，人类一直试图发现适用于全宇宙的终极真理（绝对唯一的规律），或把万事万物的规律统一于数学规律（如毕达哥拉斯），或把宇宙的规律统一于物理定律（如牛顿、爱因斯坦）。宇宙的终极真理可以被感知的前提，是我们具备全息地感知真理属性的感官或工具，但我们具备这样的器官或工具吗？答案是显而易见的，不具备。可以被我们感知的只有物理时空中事物的部分属性，以及依据这些属性而推导出来的本质与属性的因果关系。因此，终极真理只存在于认知空间之中，除非认知空间能够覆盖全部的物理时空，并且可以感知到物理时空的绝对实在的全息属性，才有可能获得不依赖认知空间的绝对真理。

了解本质与属性的区别，对于我们认识和理解这个世界具有非常重要的意义：我们只是感知了部分的属性，并对事物的本质进行了合乎逻辑的推断，但那不是百分之一百的真相。

把本质与属性区别清楚，可以帮助我们了解信息传播的本质和属性的区别，深刻理解信息传播对于人类社会化生存的意义和对于人类生存和发展的意义。只有深刻理解新闻传播的本质和属性的关系，才能认清新闻传播的本质，掌握新闻传播的规律。

四、社会化与价值观统一

社会化，是指经由普遍的人际关系而发生的，通过分工与合作的方式，以全体社会成员共同参与为特征的人类社会特有的存在方式，如本书多次提到的社会化生存、社会化生产等。人类智能认知系统的发生、发展、进化过程，是一种社会化的活动过程，而新闻传播就是一种社会化的认知活动。

所谓价值观统一，是指在人类的社会化活动过程中，个体价值观通过社会化的生产、生活而达成一定程度、一定范围的价值观趋同的过程。统一的价值观并不是所有个体价值观的总和之外存在的特殊的价值观，而是在所有个体价值观的总和之内，趋近于所有个体都具有且被绝大多数个体相信和认同的价值观。价值观统一既是社会化的内在需求，也是社会化的必然结果。

对于价值观而言，相信即是价值的尺度和权重。所以价值观又通常表现为我们所相信或者坚信的那些由世界观、人生观、历史观、科学观、文化观等价值工具和价值信条所构成的体系。我相信故我接受，我相信故我传播。所以，一切信息传播都是依据相信或不相信以及在多大程度上相信的价值观做出的选择，信息传播也就是价值观的传播。

在人类社会化生存这个无可替换的环境中，个体间的价值观经由信息传播的互动，最终必然达成某种统一，即形成群体化乃至社会化的统一价值观。价值观的统一是社会化生存条件下人类智能认知系统进化的原因，也是人类智能认知系统进化的结果。因此，认知空间的进化，价值观的统一，是人类社会发展和人生命运起伏的基本规律。离开这一规律，对人类发展和人生命运的解读和阐释，都只能是缘木求鱼。

第二节　认知空间与价值观的属性

要了解新闻传播活动的本质和基本规律，就必须了解认知空间和价值观的属性。

认知空间的唯一性和价值观的统一性与流动性、流变性构成了认知空间和价值观的基本属性。这四个基本属性，既是人类社会生存与发展的先决条件，也是人类智能认知系统产生和进化的先决条件，同时是信息传播活动存在和演化，新闻传播活动能够成为信息传播最高级、最普遍、最强有力的手段且必然成为价值观统一工具的先决条件。

一、认知空间的唯一性

遗传学和基因学的研究表明，这个世界上尚未发现基因完全相同的两个人。即使是同卵双胞胎，他们身体内的基因也仍然存在着很多细微的差别。

有学者认为，虽然人的基因组合方式是复杂多样的，但只要这种组合方式不是无限的，那么世界上就有可能存在两个基因完全相同的人。但是这两个人不一定生活在同一物理时空中。

第一，基因的属性决定了认知空间的基本样貌，基因的差异决定了认知空间的差异。不同的生物个体对同一信号的编码、储存、加工、提取都存在极其细微的差别。同时，生存环境差异对认知空间的成长（非基因差异）则具有更加重要的意义。从大脑和神经系统发育到了具备感知能力的时刻开始，生存环境的差异叠加身体发育过程中必然存在的误差，就会使每一个认知空间的发育过程存在接近于无限的变数。常识告诉我们，人从一个细胞分裂成30万亿到60万亿个细胞，这个过程中细胞的产生过程并不像数控机床那样精准，即从细胞分裂到细胞复制都会产生差异度极大的异化。并且，人的一生之中，每天还有380万个细胞在更新。因此，即便是同卵双胞胎，在整个发育过程之中，也存在因环境变化和身体发育双重干预而造成的生物学范畴上的显著差异。因此，即使是基因相似度达到99.99%的两个人，由于其发育过程中经历的环境变化和身体发育的差异，两者的认知空间仍然会存在比较明显的差异。

第二，因激素这种人体内的微量元素造成的认知差异。心理学研究通常认为，人的感知器官分为视觉器官、听觉器官、味觉器官、嗅觉器官和触觉器官五种，而佛学认为存在眼耳鼻舌身意六种感觉器官，古典中医则认为在五感之外还存在神，也是六种感觉器官。当然，佛学和古典中医这种对生命现象的推测，由于无法证实而显得玄幻和神秘。现代心理学的研究已经证明，人体内存在第六感觉器官，它可以感知人的生命状态，并做出相应的反应。比如，当运动或受伤的时候，人体会分泌大量的肾上腺素，而肾上腺素的分泌可能造成多巴胺和内啡肽浓度的增高，从而使人减轻痛苦或感到兴奋。又如，人在吃比较油腻的食物的时候会促进胆汁和胰腺的分泌，吃甜食时则会增加胰岛素的分泌。这些生理现象说明，人可以感知身体的状态并使激素等微量物质分泌水平发生变化。身体的状态经过第六感觉器官的编译变成认知空间中的记忆，这些记忆大多与痛苦、快乐、兴奋、忧伤等被我们称为情绪的感觉相关。科学研究已经证明，诸多的化学成分可以让人产生欣快感或者挫败感（如抗抑郁的药物以及麻醉剂或镇静剂等），而外界环境的刺激也可以干预人体激素的变化从而产生各种情绪反应等（如颜色、声音等对情绪的影响)。第六感官和情绪记忆，比其他五种感官获得的记忆更加具有个性化的特征，如对于同一强度的信号刺激，由于生命状态的不同，即使是同一个体，其记忆也有很大的差别。情绪状态（激素水平）甚至可以对于同一信号产生截然相反的体验和经验。在构建认知空间的过程中，情绪状态（激素水平）具有不可预测、不可控制的特性，因此，即使在相同的文化背景、生活环境中成长起来的个体，其认知空间仍然具有与众不同的唯一特性。第六感官的存在和对认知形成的影响，大大增加了认知空间之间的差异度。

第三，认知空间形成以后，后续记忆进入认知空间，其也受到前序记忆和既有的价值观系统的影响，从而使相同的信息在不同的认知空间中的处理模式和结果迥异。这就造成了同一信号在不同认知空间中形成南辕北辙的记忆，从而造成截然不同的认知反应。在刑侦学中，常常出现这样的案例，同一案发现场的目击者对于同一情节的还原存在非常大的差异。在文艺界，也有"一千个观众眼中就有一千个哈姆雷特"的说法。这些都证明了认知空间对于信息处理的个体差异性。源源不断的后续记忆在价值观的作用下以独特的方式不断得到积累，其在充实认知空间的同时也不断地改造着认知空间，从而进一步强化了个体认知空间的唯一性。

综上，可以推导出一个结论：即使是基因相似度非常高的人，面对的又是同一外界刺激，但由于观察角度、编译精确度、感觉差异度、情绪差异度及其自身价值观等因素的影响，也会形成差别化的记忆，而记忆是构成认知空间的唯一元素，因此每一个认知空间都具有唯一性。从这个意义上说，每一个生命都具有独特的价值，每一个生命都值得尊重。

二、价值观的统一性

人类社会是个体独特性和群体一致性的对立统一，人类智能认知系统是认知唯一性和价值观统一性的对立统一。两者互为因果，这与人类长期的社会化进化过程和进化规律息息相关。

智能认知系统是社会化生存的产物。人作为灵长类动物，其起源即伴随着社会化的生存方式和进化方式。社会化的生存方式必然需要建立以社会关系结构为基础的统一行动和共同目标（价值共识）；社会化的进化方式也必然需要通过信息传播，以达到个体认知和社会群体认知的统一。人以外的其他灵长类生物因为缺少社会化的进化方式，其中更为重要的是缺乏认知系统社

会化的进化过程，从而失去了进化成智能灵长类动物的机会。

　　作为社会化智能认知灵长类生物，人类的群体价值观当然需要具有统一性。价值观的统一性普遍存在于所有人群中。比如我们交流时使用的语言，如果没有统一的发音和修辞，交流就不可能进行。因此，交流的前提就是信息模式和接口的统一，也就是在为交流准备信息材料时，必须选择使用统一的规则和标准。

　　另外，我们常说的民族认同、国家认同、宗教认同，乃至饮食习惯、生活习惯、人际关系特征等这些往往带有地域色彩的所谓"公序良俗"类的认同，也都是价值观统一性的例证。其中，对不同人群的生活方式影响最大的是语言。语言是认知空间的信息通过运动系统进行反编译（记忆编码的释读）的过程和结果，是认知空间的结构性和系统性的特征和属性的外化或物化。同一人群通过共同的语言进行认知空间的互动构建过程，直接影响了群体价值观的构建，进而影响了群体行为习惯和生活方式的演变。在近似环境甚至是相同环境中生活的人群，因语言不同而具有不同的生活习惯和特征，这种现象并不罕见。

　　价值观的统一性与认知空间的唯一性的对立统一，是人类生存与发展的先决条件，二者缺一不可。

三、认知空间和价值观的流动性

　　认知空间和价值观的流动性是由人的生物属性决定的，并由认知系统作用于运动系统这一基本生命特征所规定。如果没有认知系统对运动系统的指挥作用，能量转换系统就不能维持，生命就无法生存和延续。认知空间的流动性是低等生物也具有的基本能力。比如雌雄异体的生物，如果其没有认知空间的流动，就无法进行繁衍。群居的动物，如果没有认知空间的流动，就无法维持群体生活的生存方式。鲨鱼的集体捕猎行为，也是需要具备最初级的认知空间的流动能力方可进行的。价值观的流动性则是智能认知系统才具有的属性，它依赖于复杂和精密的感觉器官和足够强大的记忆存储和处理器官，是人类所特有的。

　　智能认知系统的流动性，是认知空间唯一性和价值观统一性相互作用的必然结果。这个流动性既促成了信息传播活动，也成为信息传播得以发生的前提。在人类的生存进化过程中，通过信息传播实现价值观统一，无疑保证

第四章 新闻传播是社会化认知活动的高级阶段

了社会的整体生存，并为认知空间的唯一性（个体生存）提供了生存和发展的空间。

前面在讨论认知空间的章节里论述过，认知空间的构建过程，部分来自直接经验，即通过感官对外部信号的编译而形成的记忆；部分来自间接经验，即通过信息传播而形成的记忆。

远古时代，在狩猎和采集的生存状态下，如果没有间接经验的传授，没有统一的选择和集体行动，人生存的概率就会大大降低。中古时代，在聚落而居的生存状态下，如果没有价值观的流动和统一，就不可能实现分工与协作这样的生产方式的变革。在近代，国家的产生造成社会结构的复杂化，人们对于价值观统一的需求激增，同时对于认知空间和价值观的流动的需求也更加迫切。于是，学校等满足认知空间和价值观流动（传播）需要的基本组织形式应运而生。在现代，科技进步加剧了社会分工和社会阶层分化，社会的结构和关系的复杂程度使人们对价值观统一的需求甚至超过了对生存的需求。没有高度的价值观统一，则国家必然在以国际贸易为主要竞争形式的生存竞争中落败。这一阶段，新闻传播媒介或新闻媒体这种能够更加充分满足认知空间和价值观流动性需求的新事物也应运而生了。由此可以知道，新闻传播以媒体形式的存在，就是认知空间和价值观流动性发展到某一特定社会阶段后，人类社会化生存和进化的内在需求。这也是价值传播论的基本逻辑，价值观借由新闻传播活动达到统一，这是新闻传播活动的本质所在。

当前，全球化进程遇到了前所未有的艰难和曲折。运用认知空间理论来看待这一社会现象，可以得出以下结论：所谓全球化，本质是价值观在全球范围内自由流动和达成一致的过程。全球化所遇到的挫折和曲折，也就是不同国家、种族、宗教信仰之间价值观矛盾和斗争的必然结果。只有当生存竞争上升到星际竞争之时，才是全球统一的价值观达成之时。在此之前，全球化必然是一个反复曲折的过程。

要达成价值观的统一，没有价值观的流动是不可能的。价值观的流动必然是以认知空间的流动为先决条件的。正如前文所说，价值观是认知空间的结构性和系统性所具有的功能。因此，没有认知空间的流动，就没有价值观的流动；没有价值观的流动，就没有价值观的统一；没有价值观的统一，在人类社会化生存的条件下，个体生存难以为继，认知空间的唯一性也就失去了存在的条件。

因此，认知空间和价值观的流动性，是智能认知系统社会化生存必然具备的属性，也是智能认知系统社会化发展的前提。

四、认知空间和价值观的流变性

认知空间和价值观的流变性，是指由于认知空间和价值观的流动，引发认知空间和价值观再造和升级的过程，或者说，这是流动的价值观反作用于认知空间和价值观，造成认知空间与价值观发生变化的过程。人类文明发展的过程，就是人类智能认知系统不断流动而催生流变的过程。人类社会形态的每一次跃升，都是人类智能认知系统和价值观升级的结果，也是流动性与流变性相互作用的结果。价值观流动就好比运出沙石和泥土，价值观流变就好比运进混凝土，由于有了混凝土，就可以建设更加高大和复杂的建筑。

人的生命系统是智能认知系统、运动系统和能量转化系统的统一体。智能认知系统的升级，带来运动系统的效率提高，也就意味着能量转化系统可以获得更丰富的材料，从而获得更多资源来提升认知系统。比如农业的出现，促进了农业工具、耕作技术的发明和广泛使用，提高了土地资源和气候资源转化成粮食资源的效率，从而提供了更多的食物。其中，农业工具和耕作技术的普及就是人类智能认知系统升级的标志。同理，贸易的发展，带来了以航海、运输工具普及为标志的认知升级。大工业的发展，带来了以大机器生产工具普及为标志的认知升级。智能产业的发展，带来了以电子通信工具普及为标志的认知升级。这些都是认知空间和价值观流变性存在并发生作用的证据。

认知升级是一个螺旋式上升的过程，智能认知系统的升级带来资源转化效率提高，造成欲求预期提升的趋势，同时也引起了满足度降低的趋势，这种一升一降的矛盾迫使智能认知系统再升级，如此循环，永无穷尽。比如，农业文明催生了商业文明，商业文明催生了工业文明，工业文明催生了科技文明，科技文明催生了人工智能文明。人工智能文明还能催生出什么样的文明尚有待观察，但可以预期的是，人类智能认知系统的升级过程是不可逆转也没有终点的。

第三节 价值观传播简史

价值观传播是认知唯一性和价值观统一性这一矛盾存在的形式，它既是价值观流动的过程，也是价值观流变的过程。价值观传播始终贯穿人类智能认知系统发生、发展的全过程，自然地成为人类智能认知系统的存在形式，并因此成为人类社会生存和发展的主要推动力量。没有价值观传播，就没有思想的产生，就没有科技的发明，就没有社会的进步，也就没有一切人类文明成果出现和发展的可能。

在本章中，我们探讨的是新闻传播的本质和规律。从人类生存与发展这两大主题出发，以认知空间与物理时空的相互关系为起点，全面审视认知革命发生的过程，从中我们可以清晰地发现，包括新闻传播在内的信息传播的本质是价值观的传播，是人类构建统一价值观的工具。其中，新闻传播活动之所以能存在的不可动摇的支点，就是人类适应环境及其变化以谋求生存和发展的强烈愿望和强大动力，或者说人类要实现和维系社会化生存就必须构建统一的价值观。

既然选择是人类智能认知系统唯一的输出结果，那么所有进入传播过程的信息都是经过选择的信息，都包含了来自价值观的加工和处理，所以信息传播就是价值观传播。或者说，没有价值观就没有信息传播。

价值观传播在智能认知系统出现开始，就广泛存在于人类的所有活动之中。"狼来了"是关于风险的信息，"要捕捉一头大野猪"是关于预期的信息，"那件衣服真漂亮"是关于欲求的信息。在人类完整、系统、符号化的语言出现之前，关于警示、协同、预测、欲望、规则等经过选择、包含价值观的信息传播就已普遍存在于日常生活的方方面面，并在实质上丰富和塑造着每一个个体的认知空间，它甚至直接催生出语言这种符号化的信息载体，使人类的智能认知系统实现了第一次革命。随后，信息传播与价值观统一的循环过程，不断催生出人类智能认知系统的一次又一次飞跃，如法治体系、教育体系、科学体系、艺术体系、政治体系、宗教体系乃至新闻传播体系等，这些都是自然界中本来不存在而经由人类智能认知系统，经过认知革命创造出来的"文明成果"。

为了清楚地说明这个原理，不妨简要回顾一下人类价值观传播的历史。

一、沟通神灵的祭司

祭司作为一种最早存在的职业，在人类认知发展史上具有特别重要的意义。世界上存在过的各个民族，上溯到远古时代的原始部落阶段，几乎都有祭司的存在。虽然称谓各有不同，但其都具有以下两个显著的特征：①他们是专职的；②他们负责原始部落价值观的统一。祭司不事生产，而是专门总结人类的生存经验，构建超过常人的认知空间。从这一点来说，祭司是一切哲学和科学的开山祖师。祭司的预测和警示，一般通过替神灵代言（即神谕）的形式来表达，因此，他们也可以被看作是价值观召唤技能的创造者。祭司作为一种与生产活动分离的专门职业，早于国王和专事管理的官吏等职业，因此，在社会管理者这个职业产生之前，掌管分配和建立规则、维护秩序这样的工作也基本上由祭司来完成，他们在事实上还是人类社会复杂结构的缔造者。

祭司是一种具有传承体系的职业，他们负责整理和加工人类生活和生产的经验，因此，他们是认知空间结构化和系统化的初创者。他们一代又一代地将这些记忆不断地组合、试错、发挥，形成了比个体经验更加复杂的经验体系，因此他们的认知系统明显优于其他社会成员，具有超过常人的认知能力，并因此对风险有更加敏锐的感知，对预期有更加合理的规划，且获得了同伴们的尊敬和崇拜。他们更擅长或更专注于族群内重大事物的决策，并在这一过程中影响了族群乃至人类认知空间的丰富和复杂程度。从这一点来说，他们也是人类智能认知系统最早的、能动的构建者。

祭司管理族群事物的方式主要是对预期的管理和对风险的控制，本质上就是对群体价值观的管理。祭司的管理能够实现的前提，就是族群价值观的统一。族群价值观统一的过程，也就是比较高级而复杂的价值观通过祭司向族群成员传播的过程。

随着族群数量和人口密度的增加，不同族群之中的统一价值观由于领地的交叉和重叠，经常会因祭司之间所发布的神谕的不同而产生冲突，这种价值观冲突导致了族群之间的利益冲突，甚至是战争。为了避免族群之间的冲突威胁大多数族群的生存，客观上要求将价值观超越族群，形成更大规模的价值观统一，即价值观统一基础之上的氏族联合或联盟。于是，价值观在更大规模、更长距离上进行传播。当然，这经过了长期、复杂甚至是激烈斗争的过程。

二、流浪吟唱的诗人

荷马是有史可查的著名行吟诗人中的一位。无史可查的行吟诗人数量则更是多到不可计量。价值观大规模、长距离传播是人类文明进化中极其重要的事件。族群战争通过消灭某些价值观而实现统一，这直接导致了一些族群甚至文明的灭亡。此外，过度强力下统一的价值观，导致价值观的固化，从而逐步失去了认知空间进化的可能。当环境剧烈变化，物理时空与认知空间不能相适应的时候，那种依靠武力强力传播价值观的行为就难以维系，其文明灭亡就是注定要发生的事情。

行吟诗人的出现，创造了价值观柔性传播的途径。不同物理时空中的人类生存经验，即不同的认知结构和系统构建的价值观，通过历史故事和神话传说等方式，以新奇和虚幻为表达特征，避免了价值观传播中的激烈对抗。那些对新奇的故事心向往之的听众，在行吟诗人的讲述中，完成了自我认知空间的拓展和重构，价值观也就神不知鬼不觉地完成了传播的使命。

行吟诗人在流动和讲述过程中，不断吸纳新鲜的内容，不断丰富其自我的认知空间，不断进行新的创作，以吸引不同地域的听众，获得更好的传播效果。价值观通过行吟诗人实现了更大规模、更长距离的统一。

行吟诗人在价值观传播的过程中，完美诠释了价值观的乾坤大挪移技能。甚至可以说，是行吟诗人发现并创造出了价值观传播的这一技能。

三、开门办学的哲人和周游列国的说客

说到历史上著名的教育家，就不得不提及中国的孔子和古希腊的苏格拉底。这两位圣人级别的大人物不仅开创了全新的教育事业，而且都是当时世界上著名的学者，他们不仅是哲学大家，还是史学大家、美学大家、文学大家，他们共同构成了世界文明轴心时代的两极。

在孔子和苏格拉底生活的时代之前，世界文明的两极都先后进入了以国家作为社会基本结构的时代。中国是封建诸侯制，古希腊是城邦制，都是以国家为基础的社会结构。国家的形成，对价值观的统一提出了更高的要求。

其一，国家间的战争，需要极大的动员力，而这个动员力是以对"国家

的信仰和忠诚"这种统一的价值观为基础的。

其二，当时已经产生了明确的社会分工，农民、手工业者、军人、官吏等基本上都成为专门的职业，并且形成了不同的利益集团。要保证国家的正常运转，就必须在利益集团之上建立更加统一和牢固的价值观。

其三，生产规模的扩大和生产力的发展，使得知识和技能的重要性日益凸显，于是知识分子（智者）这个社会阶层就应运而生了。由于不同职业、不同阶层之间的认知空间结构和系统产生了明显的差异，不同价值观之间也由此发生了激烈的冲突和对抗，在知识之上建立更高层次的统一价值观（真理或"道"）成为知识分子的使命。

基于上述三个原因，教育作为一个专门的学问和职业，开始登上了历史舞台。

一个十分值得体会的现象是，是德行或者说是美德而不是自然科学以及生产技术，成为教育登上历史舞台时最重要的学问。孔子和苏格拉底办学的目的都是培养国家治理的人才，都强调德智统一，注重德行的培养和训练，都把正义、勇敢、节制、理性、智慧作为最高的美德。

说到道德，西方的出处暂且不论，从中国的文字演变的历史看，在中国最早的文字（甲骨文和金文）中，"德"字的造型是十字路口的一只眼睛，表征的是人在不同的道路中间做出选择。现代的德字造型，仍然可以拆分为十字（路口）+目字（观察）+人字（主体）+心字（选择），意思仍然是人依据内心需要而做出的选择。文字的发展可以看作是思想或者说是认知发展的坐标。深入研究道德这一词汇的发展历史，就可以一探人类智能认知系统的演化历程。

当把选择放在人的社会属性，即人际关系的层面进行观察时，在个人的选择与他人的选择发生利害冲突的时候，选择本身就无法回避地成为一个道德问题。因此，现在关于道德的观念中就自然地蕴含着价值观统一的意思。通常来说，把群体利益放在个体利益之上的价值观就是道德，反之就是缺德，而把更大的群体利益放在自我利益和小群体利益之上的价值观就是美德或者说是德行。由此可见，孔子和苏格拉底都在做同一件事情，那就是最大限度地把国家的价值置于个人的价值之上。这就是国家层面的价值观统一。

虽然这两位圣贤都致力于培养国家栋梁之材，但真正能成为高级人才并有所建树的人却可以说是凤毛麟角。于是，一些满腹经纶而又郁郁不得志的读书人就开始了游说（价值观传播）的事业。说到说客，其中大名鼎鼎的应该要算苏秦和张仪了，其实对于价值观统一这个层次而言，真正的大家是孟子。他不仅身体力行，留下了游说行业的经典案例集，而且著书立说，成为儒家思想体系中与孔子齐名的开山祖师。

不论是哲学家、教育家、说客，其终极目标都是构建一种思想体系（理性），在超越物质利益的最高层级上实现价值观统一。他们实现价值观统一的途径就是教化民众，开启民智。从认知空间的角度观察，这就是一种建立认知结构、丰富认知系统的工作。从这一点上来说，孔子和苏格拉底都是人类认知空间的开拓者，也是把教育这种认知结构模块牢固地建立在智能认知体系之中的奠基人。从他们开始，教育作为认知空间的基本结构单元之一，成为人类智能认知结构中不可或缺的重要组成。

四、身体力行的修士和传播福音的教士

进入帝国时代，随着科技的进步，一方面人类的生产能力迅速地发展起来了，另一方面人类的生活成本也迅速提高，土地、水源、矿产等资源显得相对不足，于是贸易和战争就成为获得生产和生活资源不可或缺的手段。在古埃及，尼罗河及其两岸原本可以提供足够的资源来养育数百万的人口，但是随着贵族生活的日益奢华，如建造巨大的金字塔，资源不足的问题也日益严峻起来。于是国家之间争夺资源的战争不可避免地成为帝国生存的重要手段。连绵不绝的战争摧毁了诸多人类文明的成果，也极度扭曲着人类的价值观。比如在古希腊和古罗马帝国时期，战争以及"一切为了战争"的价值观体系，成为主导古希腊人和古罗马人社会生活中首要事项和行为的最高价值观。古代奥林匹克运动，就是那个时代这种价值观的生动体现。

当庞大的帝国成为社会主要结构，帝国之间战争的规模和烈度不断升级，严重阻碍了人类文明进步的时候，宗教作为价值观统一的强大工具开始登上历史的舞台。宗教的本质是建立在理性之上，以约束个人选择为手段，以价值观统一为目的的思想体系和人类智能认知系统的产物。

比如世界上最古老的宗教——犹太教，就诞生于连绵不断的帝国战争之中，又在更大规模的帝国战争之中演化为基督教。在当今世界的几大宗教之中，就有三个诞生于耶路撒冷，这里地处东西方文明交会的十字路口，是中古时期帝国战争的主要战场之一。

这里所说的宗教，特指那些认为世界的本源是一元而不是多元的宗教（有时也称一神教），而不是自然崇拜或多神教。宗教与自然崇拜、众神崇拜的本质区别在于：①宗教具有显著的理性主义特征；②宗教是凌驾于道德之上的不可怀疑的价值观体系；③自然崇拜和众神崇拜更强调"神的庇佑"和"绝对服从"，而宗教更强调认同教义和经典；④自然崇拜和众神崇拜更着眼于当下的选择，宗教则更强调未来对于当下选择的价值和意义；⑤宗教是规模远远超过自然崇拜和众神崇拜的价值观的统一，是直截了当进行价值观统一的工具。

宗教的价值观属性造就了两个专业群体：宗教价值观的践行者（修士）和宗教价值观的传播者（教士）。人类史上存在的宗教，如犹太教、天主教、基督教（新教）和东正教；以及道教、佛教、伊斯兰教等，其体系中都存在这两个专业群体。其中，犹太教、天主教、伊斯兰教、基督教（新教）和东正教中规模比较大且比较主流的是教士，而道教、佛教中规模比较大且比较主流的是修士。这也是东西方宗教文化的显著差异之一。之所以产生这样的差异，主要是地理和科技的限制，造成价值观冲突的烈度不同。在西方（此处指西亚和欧洲、非洲）由于地理阻隔比较小，帝国之间的冲突频繁而又激烈，其价值观统一的需求更多体现在帝国扩张的层面上。在东方（包括东亚和印度次大陆）由于地理阻隔比较大，帝国之间的冲突相对较弱，其价值观统一的需求更多地体现在帝国内部稳定的层面上。加之，彼时不论东方还是西方，科技的发展尚不足以突破地理屏障，因此，上述这些产生于帝国时代的宗教，彼此之间具有了不同的特性。

在此需要说明的一个问题是，要区别宗教与宗教崇拜。宗教是理性的极端化，宗教崇拜是去理性化或反理性的。这个问题在现实生活中时常混淆不清。比如，教堂礼拜和天主教不能混淆，道家修炼与道教不能混淆，烧香拜佛与佛教不能混淆。这个区别非常重要，因为宗教是价值观统一的工具，如果不能区别宗教与宗教崇拜，就会把宗教的抽象价值观属性与宗教崇拜之趋利避害的实用属性相混淆，从而无法认清宗教的价值观统一工具的本质，也就无法理解为什么在现代社会，新闻传播的作用有时甚至会超过宗教。

五、走街串巷的记者和无处不在的网民

人类文明继续前行，伴随着地理大发现和科技大发展，人类的生活面貌

发生了爆炸式剧烈的改变。农业文明和畜牧文明被商业文明主导，人类社会进入了资本时代。所谓资本时代，就是资本价值观穿透国家、民族、宗教、地理的区隔，实现资本的自由流动，市场规则占据主导地位，其带来的是对价值观在前所未有的范围和高度上统一的强烈需求。

资本价值观是比宗教更加理性和抽象的价值观，其成立的前提是：以交换价值为核心，创造出自由、平等以及以货币为基础的股份、公司、市场等价值观体系。价值这个概念和命题比上帝更加虚幻和不可捉摸（比如把市场规律说成是上帝之手）。但是，资本价值观不仅关注人类整体的命运（宗教意义上的未来），而且更加关注现实的变动（如资本增值和利润分配），从这一点来观察，资本价值观是对宗教价值观的修补与完善。

资本时代的产生，是人类智能认知系统的又一次革命性飞跃，是价值观脱离了现实利害选择后的进一步抽象化，并在此基础上构建出的更加复杂的价值观体系。资本价值观的出现，是人类生存资源与生产能力的矛盾造成资源分配规则发生变化的必然结果。

在西方社会，所谓上帝，归根结底是一种权力，即最终解释权。在帝国时代，即从《圣经》问世到美国独立战争之前这个时期，上帝是终极真理的代言人和一切问题的最终解释者。上帝的这个权力建立在众生信仰之上。食物是上帝赐予的，国王是上帝授权的，法律是上帝恩准的，命运是上帝安排的。大众价值观统一于上帝的意志，帝国就稳定；大众价值观一旦旁落，帝国就崩塌。因此，上帝的权力不在教堂之中，不在神职人员手里，它在亿万民众的心里。人人心里有上帝，上帝的权力就安稳，就无可匹敌。

进入资本时代，上帝还具有最终解释权吗？早在美国建国之前的一百年间，"上帝的归上帝，国王的归国王"的观念已经被普遍接受，而自美国建国开始，上帝就不再出教堂了。面包是货币换的，政权是民众授予的，法律是议员票决的，命运据说是可以选择的。

一张印有数字的纸（也就是钱）被所有人相信，甚至受到膜拜和信仰，因为它代表温饱、成功、幸福以及你能想象到的一切成就。为这张"纸的权力"背书的是资本力量和市场规则。

资本为了自由流动，就必须全力维护大众对货币的信仰，就必须让这个价值观穿透民族、国家、宗教等价值观壁垒，使市场规则在所有的社会空间里自由自在地解释一切。唯一可以穿透所有价值观屏障的工具，便是新闻传

播这种随着资本而诞生、伴随资本而强大、借由资本而不断进化的社会活动。

六、为什么新闻传播成为资本时代的价值观统一工具

回顾新闻传播史就可以发现，没有大众媒体的地方，便不可能有规模化的市场经济，大众媒体不发达的地方，就不会有发达的市场经济。例如，在资本主义兴起时的西方，大众媒体事实上充当了开拓市场的急先锋和维护市场秩序的裁判所角色，就算是《基督教箴言报》也不能例外。不论媒体掌握在谁的手里，其维护资本时代终极价值观的任务都是一样的。西方所谓"自由、民主、博爱"的普世价值观，不过是资本价值观击穿价值观屏障的工具和武器罢了。

（一）新闻传播与资本价值观的匹配度最高

资本价值观的最大特征就是对"关于变动以及应对变动"的认知需求被强化。从认知空间与物理时空相互关系的角度观察，资本价值观的一个重要特征，就是认知空间与物理时空相适应的规律被前所未有地强化，也就是人类的认知必须适应大机器生产和国际大市场这种社会生产方式，必须适应货币和市场主导的社会生活方式。因此，资本时代的生产方式（科技、金融、跨国贸易、大机器生产），激发了人类认知空间的极度拓展和认知功能的充分进化。也因此，资本时代必然需要更高程度上（超越国家和宗教）的价值观统一，这样才能确保资本的自由流动和市场的充分发展。

为了理解"变动以及应对变动"的认知，我们不妨做一个不够恰当但比较形象的比喻：在远古时代，不可逾越的安全半径（即距离$=S$）是具有绝对意义的价值；在帝国时代，工具可以抵达的安全半径（即速度$=S/t$）是具有绝对意义的价值；在资本时代，利润可以确保的安全半径［即$P(\text{profit})=f(S)/t$］是具有绝对意义的价值。在上述三个函数式中，显然$f(S)/t$最复杂，式中"距离"这个变量对结果的影响倍增。这个例子可以帮助我们理解资本价值观对于变动的认知需求。事实上，在现代社会，由于金融资本在社会生产活动中的作用更加具有决定性意义，函数式已经变得更加复杂，且自变量距离和时间被进一步抽象为成本（空间成本和时间成本），即资本增值的价值是一个关于成本的函数［$\Delta V=f(S,t)/t$］，这意味着变动以及变动的效率对于资本价值观而言具有更加重要的价值意义。

马克思说："社会变动产生信息需求。"随着时代的发展我们可以发现，更快速和更剧烈的社会变动产生了更强大的信息需求。当"信息传播应对变动的效率"成为社会主流价值观体系无法回避的问题时，新闻传播就无可争议地登上历史舞台，并逐渐成为统一价值观的首选工具。

新闻传播从印刷到移动互联网的演进，不过是对变动的反应速度的追求。新闻传播的主体从记者到主播、公众号等的演进，不过是对变动的普遍性和广泛性的适应。新闻传播对于传播力、引导力、影响力、公信力的追求，本质上是对价值观统一能力必须跟上时代变动速度的追求。所有新闻传播所呈现出来的现象和变化，都是资本价值观对社会变动的极度关注，是与价值观统一的稀缺性的矛盾相互作用的结果。

这里需要强调的一点是，人们经常说，资本的本质是趋利。这就好比说水的本质是滋养万物。水利万物而不争，说的是属性，而不是本质。把水的属性之一当作本质，这是逻辑上常见的错误。资本的本质是自由流动，资本的属性是资本流动引起增值。区别这一点非常重要，因为从价值观的角度来观察，逐利是价值观做出的选择，是价值观的具体化和实用化，这与资本的价值观高度抽象化的本质特征相悖；而对资本自由流动的认知是价值观的抽象化，这与资本的价值观高度抽象化相符。不区别这一点，就无法认清资本价值观和价值观统一的本质。

（二）新闻传播的专业化是资本价值观推动的结果

资本价值观一个最显著的特点就是对效率的重视。资本价值观对促进社会分工的精细化具有显著的推动和促进作用。正是在这个历史背景下，新闻传播从印刷出版业分离出来，承担起以最短的出版周期、最快的发行速度、最迅捷的获取方式、最新鲜的资讯集纳、最贴近的服务方式等传播信息的任务。同时，这种专业、快捷、方便、贴近的属性，使新闻传播成为资本价值观传播时最适用、最有效、最广泛的价值观统一工具。

在新闻传播普及以前，最强有力的价值观统一工具之一是宗教，宗教教义的传播是通过教堂、寺庙这些传播场景，通过传教士的现场演说来说服受众，通过宗教节日活动来扩大影响的。这样的规模与效率，远远不能适应资本价值观传播对效率的追求。因此，传教式的价值观传播必然被新闻传播所取代。

（三）新闻传播对于科技成果的重视

资本主宰下的生产方式能够极大地解放和发展生产力，其中最重要的原

认知逻辑与新闻传播：信息化时代的生存之道

因就是资本价值观对于科学技术的重视，以及资本对科技发展的巨大推动力。新闻传播对新兴科技的依赖是不言而喻的。印刷技术的进步，为新闻传播业的诞生提供了不可或缺的技术条件。随后，无线电、电视技术、互联网技术和人工智能技术，也都迅速应用于新闻传播，并推动了新闻传播产业的升级换代，有力地促进了新闻传播业的发展和繁荣。新闻传播业的发展和繁荣，不仅实现了资本增值，而且极大地促进了资本价值观的传播，为资本价值观在世界范围内通行无阻地传播，实现最大范围的价值观统一创造了充分的条件，做出了巨大的贡献。

与新闻传播并驾齐驱的价值观传播工具是学校教育，但是，学校教育的模式在应对社会变动方面的能力略显不足。学校教育的成本极高，所教知识的"保质期"又明显不足。当学生步入社会的时候，都会发现，学校所教的知识和技能无法应付复杂多变的生活场景，如婚姻、家庭、职场、创新等，对于这些充满变数和不确定性的生活场景，学校教育并不能提供完美的解决方案。新闻传播则以无处不在、无时不在、陪伴终生的良师益友式的"教育"模式，能够更加充分地满足现代人获取生活经验和技能的需求。现代教育主张"终身教育"，而新闻传播场景正是"终身教育"体系中最经济和最方便的"教育基地"。新闻传播之所以能有这样的作用，正源于新闻传播业孜孜以求地追求科技进步，从而使传播成本大幅度地降低，传播的效率大幅度地提高，传播体验大幅度地改善。

第四节　新闻传播的基本规律

从上一节价值观传播的历史中可以看出，价值观的传播进化过程是由人类活动趋向丰富和复杂的趋势推进的。换言之，价值传播的进化是人类为了生存和发展，必须力求认知空间与物理时空实现最大程度的匹配，即社会认知必须与社会环境相匹配这一认知规律作用的结果。那么，什么是新闻传播活动发生与发展的基本动力？是什么决定了新闻传播的形式、方法、手段？新闻传播的最终目的是什么？用什么来衡量新闻传播的效果？对这些问题的回答，可以看作是对新闻传播基本规律的描述，也是我们观察和研究新闻传播现象的基石。

一、价值观的对立统一是新闻传播发生与发展的基本动力

生存和发展是人类社会永恒的主题，价值观的统一则是其题中应有之意，不可或缺。价值观的统一贯穿人类文明进化的全过程，且始终是确保人类生存与发展之首要的和决定性的前提。这是由人类社会化生存这个现实所规定的，即由人的社会属性的绝对性所规定的。任何一个个体的人离开了群体就无法生存，更无法发展。曾有一位新闻学专家和笔者探讨过这样一个问题，离群索居的隐士是不是否定了人的社会属性？其实仔细观察可以发现，所谓隐士，若其真要与社会完全脱钩，则必须放弃人类文明的所有成果，如农耕、纺织、建筑、工具等，甚至要在头脑中清空一切人类认知成果，如语言、知识、逻辑、思想等，因为世代传承的文化也是社会化生存的产物。那么这个隐士是否还是我们认为的人呢？哪怕其仅保留一丝一毫的人类生活的经验，则仍然不能完全否定其作为人的社会属性。

从人类文明进程的发端，即最简单的狩猎和采集的生活方式开始，维护集体安全就是群落中所有成员的绝对义务，达成这个义务的前提就是价值观统一，即群体的安全优于个体的安全，群体的意志重于个体的意志，群体的预期强于个体的预期，群体的价值大于个体的价值，任何成员的所有欲求必须得到群体的认可。这种情形即使是在其他社会化生存的动物群体（如蚂蚁和蜜蜂）那里也依然存在。随着人类社会形态的进化，氏族、部落、国家、教会、政党、联合国、国际货币基金组织、世界银行等任何一种社会组织形态，如果没有价值观的统一，都会导致组织涣散、效率低下、功能缺失，甚至走向崩溃。

根据一般意义上的定义，所谓科学，就是对"现实存在物"进行符合逻辑的解释，并依据这个解释进行预测。新闻传播学的一个重大遗憾，是价值观的对立统一关系没有对新闻传播的影响给出符合逻辑的解释，甚至没有给予应有的重视。笔者认为，认知的唯一性和价值观统一性的对立统一是新闻传播活动的力量源泉，是新闻传播的本质与核心。如果对这一点缺乏深刻的理解，就无法精细分析和考量新闻传播的传播力、影响力、公信力、引导力的内在逻辑，从而无法定量、精准分析新闻传播中的各种现象，并对传播效果进行评估和预测，也就是说，新闻传播学就还不能说具备了完备的科学体系。

前面说过，新闻传播是价值观统一的工具，没有价值观的对立，当然也就不需要强力的价值观传播与统一工具。价值观对立是价值观传播与价值观统一的绝对前提。

贸易和商品交换的历史几乎与人类发展的历史一样长久，这就意味着商业价值观与贵族价值观、宗教价值观的对立长期存在。在资本时代以前，位于社会结构顶端的是贵族集团和宗教集团，商业价值观处于弱势和低等的地位。这种现象在世界文明史上普遍存在，而在华夏文化圈表现得更加充分。当大机器生产取代了手工业后，商业资本家、工业资本家、金融资本家成为社会资源生产与分配的主导和支配力量，资产阶级登上历史舞台，商业价值观与贵族价值观、宗教价值观出现对立甚至矛盾激化。自由主义和平权思想成为资产阶级的思想武器，于是催生出新闻业这种资本化运作的价值观传播的工具。因此，价值观对立是新闻传播业产生的温床，是新闻传播发生和发展的前提。

以现代物权法、税法和企业法为标志，资本主义社会制度得到了建立，资本价值观在其中居于统治地位，但价值观对立不但没有消除，反而更加尖锐和复杂。随着社会资源分配的基本形式转变为以货币为媒介的"交换"，其价值观对立主要表现为：①生产、竞争、消费的矛盾成为社会价值观对立的主要形式；②投资者、生产者、消费者的界限模糊、身份杂糅，造成利益冲突复杂化；③以全民教育制度和社会福利制度为标志，社会成员自主主张利益的机会增加；④以政党政治体制为标志，社会利益阶层分化和固化的趋势明显。以上四种社会现象的发生和发展，都使得个体认知空间的结构和系统趋向复杂化、精细化、多样化，引发个体价值观之间的差异性增加，价值观对立的范围不断扩大，对立的程度不断上升。在传统社会，同一社会阶层中的价值观统一度较高；在现代社会，即使是在同一社会阶层中，其价值观差异也甚至超过社会阶层之间的差异，足见现代社会中价值观统一的难度超过以往任何历史阶段。因此，新闻传播也就越来越深入民众的日常生活之中，在经济、政治等各种社会活动中扮演了越来越重要的角色，其在技术上、渠道上、方式上、手段上也得到了充分的发展。

19世纪，蒸汽动力普及；20世纪上半叶，电气化普及；20世纪后半叶，无线电技术普及；21世纪前20年，移动互联网普及。科技的进步极大地改变了社会生活的样貌，并且这种改变的速度呈现出几何级数的增长。社会群体中的代际差异更加明显和突出。过去的代沟间隔一、二代人，代际年龄差大约是三十至四十年，而现在代际差异普遍以十年为界限，甚至还有更加缩短的趋势。同时，由于资本对利润和效率的青睐，生产和消费呈现出地域经济发展的不平衡与信息传播高效能之间的落差，导致地域文化的冲突也比以往任何一个历史阶段都更加尖锐化、普遍化。这些社会生活样貌的演化，极大削弱了传统新闻传播的效能，增加了新闻传播的难度，也对新闻传播提出了更高的要求，迫使新闻传播业不断改变传播方式、方法，改进传播手段、途径，提高传播能力、水平。这就极大地丰富了新闻传播媒体和新闻传播产品的形态。不论是普利策新闻奖还是中国新闻奖，各种奖项设置在不断增加，这说明，新闻传播的从业者在不断适应社会发展变化，创新新闻传播的模式，这种创新是社会刚需，得到了社会的普遍认可。

纵观人类科技发展史，科技的每一个重大的进步，都具有颠覆大多数人认知的效果。科技的成果为大多数人所接受和适应的速度远远落后于科技进步的速度，这一现象在现今时代更加显著，特别是因20世纪电子计算机和网络通信技术的进步而引发的"信息爆炸"更是如此。少数知识精英认知层次和维度的跃升，常常以震荡波的方式猛烈地影响着其他人的认知。高势能认知向低势能认知传导的冲击力，导致价值观的对立越来越尖锐和普遍（作用力与反作用力方向相反、大小相等），这也强力地推动着价值观传播工具的快速升级和进化。

刘慈欣的科幻小说《三体》所表现的外星文明和地球文明的尖锐对立，就是价值观的对立。这种价值观的对立来源于文明体生存与发展的强烈意愿。在三体文明和高维外星文明看来，地球人不过是虫子，所谓虫子就是廉价资源或者无价值垃圾的代名词。在《三体》作者眼中，科技就是价值观，高等级、高维度的科技就是先进的价值观，先进的价值观具有不可战胜的优势。在此书的结尾处，作者设计了这样的场景：所有文明为了生存而达成价值观的统一，将质量还回宇宙，通过宇宙坍缩给了宇宙一次重生的机会。这样的描述，艺术化地展示了价值观对立统一的过程。

这里需要注意的一个问题是，不能把政治制度和科技的进步当作新闻传播活动的源动力。首先，政治制度和科技进步贯穿人类文明的所有阶段，而新闻传播是资本时代特有的社会活动。其次，政治制度和科技进步可能会导致价值观对立的增加，也可能会造成价值观对立的减少，而价值观对立的增

认知逻辑与新闻传播：信息化时代的生存之道

加才会产生对新闻传播需求的扩大。所以，政治和科技的进步并不必然是新闻传播产生、发展的动力。由于价值观对立产生的价值观传播的需求，才是新闻传播的动力源泉。

综上，价值观的对立统一是新闻传播产生的动力，也是新闻传播演变的动力，更是新闻传播发展的动力。通过价值观的对立，达成价值观统一，是新闻传播的底层逻辑。这个逻辑至少包含三个层面的含义：一是价值观对立是绝对和永恒的；二是价值观的统一是动态的；三是价值观对立是价值观统一的前提，价值观统一是价值观对立的结果。

二、价值观的确认和更新是达成价值观统一的基本路径

价值观统一的过程至少包括两个同时存在但方向相反的作用过程，一是价值观的确认，二是价值观的更新。价值观的确认，是根据新的变化对既有价值观的有效性进行肯定的过程。价值观的更新，是根据新的变化对既有价值观的无效性进行否定的过程。在信息传播的视阈下，价值观确认是价值观的传承过程，价值观更新是价值观的发展过程。社会活动的参与者对既有价值观不断进行确认和更新的循环过程，就是价值观统一的过程。

在人类历史上，没有一种价值观是绝对的和永恒的。因此，价值观的统一始终是一个过程，是随着人类智能认知系统的不断进化和人类生存状态的不断演进，不断反复经过价值观确认和价值观更新的一个螺旋式上升的过程。

2007年的彭宇案导致"扶不扶"的问题在中国网络舆论场热议了十余年，成为中国新闻传播史上的一个经典案例。扶危济困是中华文明传承了千年的美德，却成了当代社会中舆论双方争执不休的话题。前文已经论述过，德行或者美德，究其实质是价值观统一的一种体现。关于"扶不扶"的争论，生动诠释了价值观确认与价值观更新对于价值观统一的意义和作用。

自2006年起，中国报业经营开始经历寒冬；及至2021年，中国传统媒体普遍经历了"冰河期"，与之相对应的则是互联网和社交媒体、自媒体的高速发展。由此产生的关于新闻传播价值观的争论与探索，在新闻传播领域内至今是热议的话题。内容为王还是流量为王？看重主流舆论还是大众舆论？追求新闻价值还是商业价值？各种观点争执不休。

这些争论其实都没有触及新闻传播的本质问题，即新闻传播的最高价值是什么。在对新闻传播的最高价值的认识不能达成共识之前，所有关于新闻价值、新闻形态、新闻内容、传播方式和方法的讨论，都是避实就虚、纸上空谈。

关于新闻传播的最高价值的思考，源于笔者带着课题组在"今日头条"调研时与其公司高管的一次关于新闻传播最高价值的互动。之后，我曾经就这个问题请教过许多业界和学界的精英。出人意料的是，竟然没有一个比较标准、为大家普遍接受的答案。新闻传播业已经有近三百年的历史，新闻传播学也已经存在了一百多年，这个问题竟然如此模糊不清，实在是匪夷所思，就像没有上帝的宗教，没有情感的戏剧，没有灵魂的人物，没有对最高价值的讨论和思辨，何以成为一门学问？

笔者认为，新闻传播的最高价值是：通过变动信息的传播，促成价值观确认和价值观更新，从而实现最广泛的价值观的统一。

笔者的这个结论有三个认知来源，或者说是来自三个认知空间的不同价值观。一是习近平总书记关于"党媒姓党"的论断。二是今日头条副总编辑王强提出的"传播创造价值"。三是中国人民大学高钢教授提出的"新闻的首要社会责任就是帮助公众了解生存环境发生的重要变化，为其理性决策提供认知基础"。这三个认知来源，涵盖了三个关键词：价值观、变动、信息。这是构成新闻传播最高价值的三个关键要素。

前面已经说过，资本价值观统一的内在逻辑是资本价值观对"社会变动"的认知强化。资本时代对变动的信息的渴求，是新闻传播成为普遍的、专业的、社会化的社会活动的动力和温床，是人类社会发展到特定阶段后关于"社会变动"认知对价值观统一的刚性需求。所以，对变动的关注、发现、解释和迅速的传播，就是新闻传播最高价值的基本要素之一。

"党媒姓党"的内在核心是价值观，在中国特色社会主义的语境下，政党是社会统一价值观或者说是国家最高价值观的代言人或代表人。那么就不难看出，"党媒姓党"的真意就在于肯定新闻传播对于价值观统一的意义。那些对"党媒姓党"存有偏见的人，就是不能从价值观统一的层次来理解这个论断的内涵。

中国特色社会主义是社会主义的初级阶段，只要是市场经济，就仍然适用价值观统一的逻辑——因对变动的敏感而产生的对新闻传播这种社会化、专业化、大众化的价值观统一手段的依赖。资本因其变动敏感性而对价值观统一的需求，已经发展到了这样一个阶段：全力穿透民族、国家、宗教等价

值观屏障，实现最大范围的统一。除了新闻传播，其他价值观统一的手段都无法达成这样的目的。这就是新闻传播的真正价值所在，也是新闻传播的最高价值。

任何一种社会活动，如果对社会生存和发展没有价值，则必然失去其存在的合理性和合法性，也必然被社会发展所淘汰。新闻传播业的不断进化、发展就无疑问地说明，新闻传播这种社会活动对现代人类社会的生存和发展具有重要的价值。

在传统传播学的语境中，新闻价值被等同于所谓的"三性"，即：重要性、趣味性、贴近性。这里存在一个明显的逻辑错误，即把新闻传播产品的易于接受程度作为衡量新闻传播这一社会活动的价值评判依据，用狭义的交换价值或实用价值替代了广义的存在价值。也有学者把新闻传播所承担的社会责任作为新闻传播的价值，这同样是概念混淆和逻辑错误。试想，不同的媒体承担的社会责任不同，以此可以得出媒体的价值不同的结论吗？显然不可以。那只是一种分工的形式，并不能决定新闻传播的价值。还有学者把新闻的真实性、公正性、公益性等属性作为新闻传播的最高价值，等等，不一而足。

从认知空间与物理时空的相互作用，即认知与环境相互作用的规律来看，当民族、国家、宗教之间仍然存在各自的利益冲突和安全冲突的时候，就不可能存在资本价值观所期望的价值观绝对统一的结果。更何况，现在人类的生存空间仍然局限于一个星球，人类的足迹尚未扩展到太阳系中的其他行星。人类发展的历史，类似于地球相对于宇宙，仍然处在极其渺小和初级的阶段。即使是对于人类自身的认知，也仍然连启蒙（详细了解+熟练运用）的阶段都远没有达到。现在谈论价值观的绝对统一，为时尚早。

三、价值共识是一切新闻传播的起点和归宿

新闻传播是人类文明进化的阶段性产物，具体而言，是人类社会进化到国际贸易和跨国市场（从殖民地贸易到全球化）成为基本社会生活方式，资本和货币成为基本社会关系纽带阶段的产物，是这一阶段的文明衍生品。印刷和出版作为信息传播的媒介和方式，当且仅当贸易和市场成为社会生活的主要场景、等价交换成为这些场景中普遍的法则的时候，才以大众新闻传播媒介的方式存在，并且随着资本和市场的进化发展而演进。去除附加在新闻

传播表面的形形色色的特征所即可知道，新闻传播在本质上是资本时代社会终极价值观的传播。

新闻传播史学研究表明，近代报刊的雏形与资本主义的萌芽同时产生。在16世纪地中海北岸的威尼斯，商人们十分关心商品的销路、各地物价、来往船期等信息，于是有人专门采集这些信息，间或也有人将关于政局变化、战争和灾祸事件的信息抄写后出售。因为这些信息会影响商人们的利润（贸易预期），从而广受追捧并流传到罗马以及欧洲各国，被称为威尼斯小报。

一般认为，定期印刷出版、向读者销售、以时事新闻为主要内容的报纸，是以资产阶级登上历史舞台为发端的。欧洲最早的报纸都经历过资产阶级与封建专制进行斗争的历史。国际贸易和跨国市场的形成，打破了长期停滞的封建秩序。特别是，同宗教改革交织在一起的反封建浪潮迫切需要传播反封建斗争的信息，宣传观点、左右舆论，以促进社会的变革。

在中国，报刊作为西学东渐与商品经济刺激之下的产物，最初都主张发展资本主义工商业，积极宣传洋务运动和变法图强思想，从中可以清晰地看到，新闻传播对阻碍资本流动的落后价值观的强力摧毁和在非资本价值观统治区域建立主导话语权的强烈诉求。

后续出现的广播、电视、互联网等媒体形态，都是伴随资本力量的壮大，市场规模的扩大，对变动信息的需求（主要指信息的丰富性和快速性）的倍增，以及意识形态斗争烈度的升级而依次出现的。不可否认的是，技术的进步对媒体迭代有着极大的促进作用，但是正如马克思所指出的："没有需求，就没有生产。"新闻传播的发展历史的每一个步骤，都揭示出新闻传播的内在本质：对变动的敏感，对话语权的争夺，对反市场规则的社会意识形态的斗争，总而言之是对资本时代终极价值观的维护与传播。前文已经说过，所谓资本时代的终极价值观可以总结为：资本自由流动，市场至高无上，货币无处不在。

当然，资本时代与人类历史上存在过的多个时代一样，有诸多弊端和其自身不可克服的矛盾。但是，资本时代和资本主义的弊端，并不能否认在此历史阶段和背景下产生的新闻传播的本质。

不论是新闻传播中的传播者，还是新闻传播中的受众，都是对自我认知之外的认知空间所制造信息之处理结果，必然且只能依据个体认知空间的既有结构和系统做出反应。众多类似反应的结果，又反过来塑造了所有新闻传

播参与者的认知结构和系统，进而影响认知空间的重要功能——价值观。接受或者反抗新闻传播的信息，都是一种选择，即价值判断与价值权衡的结果。抛开价值观，抛开新闻传播对于价值观的改造，抛开新闻传播对于价值观统一的作用，新闻传播就失去了全部的意义，也就失去了存在的价值。

一些新闻史或新闻观的教科书，把新闻传播的源头延展至原始社会。这是因对新闻的本质认识不清而造成的一种对新闻传播与信息传播不加以区别的错误认知。有的教材中考证出新闻一词最早出现于南朝宋人的《难顾道士夷夏论》，于是就把新闻的源头推至1 000年前，非常不严谨。汉语词汇中的新闻与新闻学中的新闻概念显然在内涵和外延上有非常显著的区别。同政治、社会、经济等词汇一样，"新闻"在新闻学中应该当作外来语看待。新闻学中"新闻"的概念应该特指专业化（分工）、大众化（对象）、社会化（规模）的信息传播活动，是信息传播活动集合中的一个子集。如果不加以这样的区别，就如同说人与猴子一脉相承一样荒谬。一般而言，我们所说的新闻史是从15世纪至17世纪资本主义萌芽阶段，威尼斯流行"船期预告+时政消息"印刷品那时开始的。按照马克思的论述，资本主义市场经济的迅速发展，引起信息需求的迅速增加，于是报纸和杂志才从印刷业中分离出来，成为一种专以刊登时讯的、具有一定规模的、生产"商品纸"的行业。新闻业一登上历史舞台，就成为资产阶级反抗封建压迫，宣传政治主张的强力工具。并且，随着资产阶级成为统治阶级，新闻业更加成为资本主义建立市场经济秩序、维护资产阶级核心价值观的舆论工具。因此，新闻起源问题的研究关键在于认清新闻本质的关键，认清新闻本质的关键，在于揭示新闻的规律。

四、价值观统一的程度是新闻传播效果的度量衡

在当下新闻传播学的视阈下，衡量传播效果通常使用的度量工具是流量。如订阅量、发行量、收视率、点击量、转发量、活跃用户数量等。这种衡量新闻传播效果的底层逻辑来自哪里？稍微了解一下资本对新闻传播的影响就不难发现，把流量作为衡量新闻传播效果是市场经济的基本逻辑在新闻传播实践和研究领域的借用，或者说是嫁接，即利润=（销量×价格）-成本。其中，利润是资本的增值部分。在市场经济的逻辑话语体系中，竞争使价格趋近于平均价格并成为不变的常量，于是扩大销量和降低成本就成为资本增值的关键因素。当普遍成本降低到接近极限的时候，销量成为衡量资本增值效

果的唯一指标。这就是"流量为王"的底层逻辑来源。

这个逻辑的谬误之处，在于混淆了资本运动与新闻传播活动的区别。资本运动的核心是资本，资本是货币化的物质资源。新闻传播活动的核心是认知，认知既不是物质资源，也无法货币化。同样，资本运动和新闻传播也是完全不同的两种社会活动。资本运动是把资源货币化，然后依照市场规律实现资本增值的过程。可以货币化的资源，追根溯源都是物理时空中的事物，如水、土地、石油、天然气、矿产等自然资源，劳动力、消费者等人力资源，空间、时间等机会资源。新闻传播虽然从产生之时就带有资本的基因，但它是认知空间之间的信息流动过程。新闻传播是把物理时空信息化，然后依照认知规律进行加工和传播，最终实现价值观统一的过程。尽管新闻传播的信息流动过程需要借助物理时空的媒介，但媒介除了信息载体之外，并不能承担信息增值的任务。反而是新闻传播要求载体尽量保持信息的原貌，即使是承载虚假信息的载体，也要尽量保持信息的原貌。信息增值的过程仅存在于认知空间之中，且这种增值既可以是正值，也可以是负值。

既然资本运动与新闻传播是性质完全不同的两件事，那么它们在底层逻辑上就没有共同之处。把流量作为衡量新闻传播效果的尺度，是逻辑上的错误，也是对新闻传播本质认识的错误。

那么，用什么来衡量新闻传播的效果呢？新闻传播引起的选择变动才是衡量新闻传播价值的重要指标。选择的变动反映了价值观确认和价值观更新的效果，也反映了新闻传播引起的价值观统一或价值观对立的结果。观察2020年至2021年期间社交媒体上的一些典型案例就会发现，流量并不是衡量新闻传播效果的可靠尺度。一方面，是抄作业体、风景线体的流量远超不同意见者的流量；另一方面，"一言不合就退群""三观不合就绝交"成为社交媒体里的普遍现象。可见，流量和传播参与者的选择，到底哪一个指标更能反映新闻传播的效果，就不言而喻了。

由于工作关系，笔者经常会参加一些传统媒体与互联网企业的座谈会。不论是传统媒体还是互联网企业，其在说明传播正能量时的效果时，往往用流量来表示。但是，以同一题材为例，传统媒体与互联网企业存在几个数量级的差距，那么流量指标又如何能准确地评价其传播效果呢？就同一媒体而言，其正能量产品流量和"负能量"产品流量之间几个数量级的差距，是否又能准确地评价这个媒体在传播价值取向和传播效果之间的差距呢？

综上，新闻传播的最高价值是应对变动实现价值观的统一。由此，价值观统一的效果，即价值观对立群体的选择与行动，就是衡量新闻传播效果的最可信、最直观、最有效的度量。其实对于传播效果的判断，新闻传播学有许多研究关注到了群体的选择与行动这一指标，如沉默螺旋理论。但这些理论大都仅限于现象的整理和归纳，还没有从价值观统一这个层面上给予足够的重视，因此把流量作为衡量新闻传播效果的尺度，仍然是业界和学界的主流。

第五节　新闻传播价值论与舆论场力学模型

新闻传播业作为一个职业，能挣钱养家，那么就说明新闻传播这个活动有经济价值。把新闻传播这个词拆开，一半是新闻、一半是传播，那么说明新闻传播是两种形式的结合，一是关于社会变动的报道，即新闻作品；二是把关于社会变动的报道送至每一受众的手头、耳边、眼前，即传播媒介或传播渠道。作品和渠道的结合，构成了新闻传播行业。所以新闻传播业还有两个价值，一个是新闻价值，另一个是传播价值。新闻传播作为社会价值观统一的工具，成为维护社会稳定、促进社会发展的有力武器，因而它必然地存在社会价值。图4-1为新闻传播价值的层次关系。

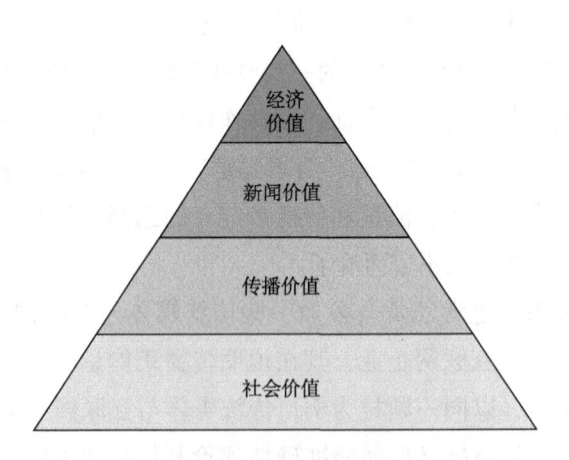

图4-1　新闻传播的价值层次

社会价值、传播价值、新闻价值、经济价值，构成了新闻传播这一社会化认知活动的完整价值。任何不能完整把握新闻传播价值的理论、学说、观点，都不能从本质上把握新闻传播本质，不能正确认识新闻传播规律，既不严谨、也不科学，更不符合新闻传播的实际。

本书有一个重要的观点，即 V（value）= D（demand）/H（hazard），即价值是关于需求的重要性表达。这个命题有两个含义：第一，价值一定要和需求相对应；第二，价值是关于需求重要性和满足需求的风险性的商。正如马克思说的："没有需求，就没有生产。"将这个命题引申一下，就是没有需求就没有价值，没有价值就没有生产。图4-2是需求与价值的关系。

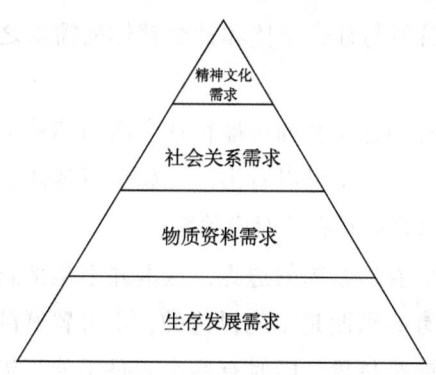

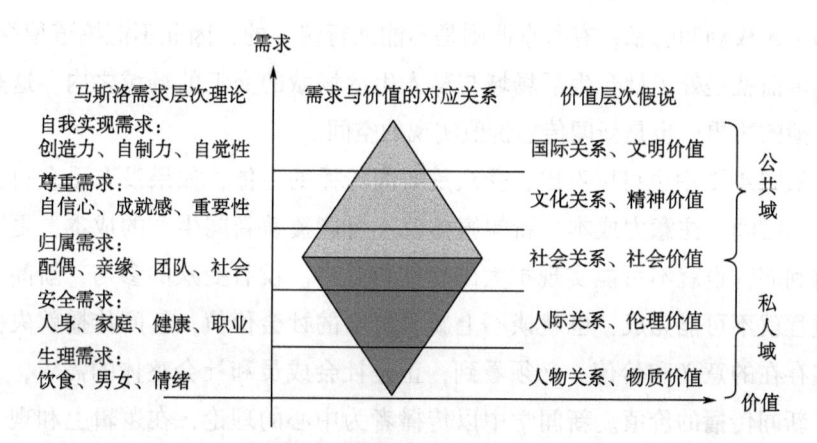

图 4-2　需求与价值的关系

按照马克思主义政治经济学原理，价值是凝结在商品中的劳动。如果仅仅从经济学的观点来看，新闻传播的价值就是凝结在新闻传播中的劳动。但是，新闻传播不仅仅是一个经济活动，即使是在资本主义价值观指导和资本主义政治、经济制度保护之下的新闻传播活动，也不是一个单纯的经济活动。

这里又涉及本书的另一个重要观点，新闻传播是社会化的认知活动。前面我们讨论过，资本运动是货币化一切资源，然后在市场中通过资本增值实现其价值。资本运动的价值是由人类社会对于生存和发展的物质资料的需求决定的。但是，新闻传播是一种认知活动，而信息是无法货币化的，认知对于信息的加工处理也是无法完全货币化的，且不能完全在市场中实现信息和认知的增值。那么新闻传播的价值如何实现呢？

我们先来看看人和社会的需求。

社会个体和社会整体的需求具有一定的差异性，同时也具有一定的统一性。那么新闻传播的价值与社会个体和社会整体的需求之间有着什么样的关系呢？

图4-2比较形象地描述了新闻传播在社会活动和社会价值观体系中的地位及其之间的相互关系。从中可以看出，社会价值观体系中的每一个层次的价值观与社会活动需求之间存在着对应关系。

从图4-2中还可以看出新闻的边界，这里并不是指新闻产品的内容可以触达的边界，而是说有些东西是不能讨论的，不可置疑的，比如审判权是法律赋予的，媒体审判就是越界；同时有些东西是不能干涉的，比如受法律保护的个人权利和隐私；有些东西则是不能强行统一的，因此不能搞道德绑架。新闻传播就是处于社会生活场域与私人生活场域的交汇的场域之内，这是新闻传播的边界，也是新闻传播价值实现的空间。

从图4-2中也可以看出，受众是新闻传播的主体，如果没有受众付出的费用、时间、注意力成本，新闻媒体就不可能覆盖新闻生产的成本，更不能获得利润，也就不可能实现扩大的新闻再生产。没有受众的参与，新闻传播的过程就不可能完成，也就谈不上新闻传播的社会价值，新闻传播就失去了普遍存在的意义和价值。必须看到，正是社会成员和社会整体的需求，才成就了新闻传播的价值。新闻学中以传播者为中心的理论，在逻辑上和现实上都是不科学的。也就是说，新闻传播的经济价值是在为受众服务的过程中把劳动价值转换为经济价值的。这就是新闻产品的售卖和传播渠道的二次售卖（广告）过程。

新闻传播的价值是在传播渠道中通过挖掘附加值而实现的，如报纸的副刊、广播电视的文艺节目、互联网媒体的平台经济等，媒体通过利用传播渠道，从事超过新闻业务本身的社会服务来获取文化、艺术、资讯、科技等附加价值的分成。传播价值本质上是终端用户的文化、娱乐、资讯等精神需求贡献给渠道的价值增加的机会。

新闻传播的新闻价值是在价值观统一的过程中由获益的社会群体支付一定的资源成本实现的。其本质上是为利益群体代言,从而获得一定的社会资源(信息源、轰动效应、关注度、美誉度等),在市场环境下,这部分资源是可以货币化为资产的。

新闻的社会价值是通过融入社会治理体系、维护社会核心价值、获得社会全体的认同、被社会赋予特殊权利而实现的。在西方社会,这就是所谓的"第四权力",是在西方社会政治体制下,新闻传播业作为三权分立政治体制的补充所获得的"特权"。在中国特色社会主义条件下,新闻权是通过"特许经营"的授权方式实现的。特许经营授权包括:时政信息指定发布权、舆论引导和监督权、政府对社会公益的补贴权等。所以中国的媒体必须履行传达党和政府的声音、宣传党和政府的主张、表达人民的意愿、监督社会不良现象、促进社会稳定和谐等义务,并因此获得社会价值和社会赋权。

习近平总书记在关于新闻舆论工作的讲话中指出,党的新闻舆论工作是党的一项重要工作,是治国理政、定国安邦的大事。新闻舆论工作者要做党的政策主张的传播者、时代风云的记录者、社会进步的推动者、公平正义的守望者。在新的时代条件下,党的新闻舆论工作的职责和使命是:高举旗帜、引领导向,围绕中心、服务大局,团结人民、鼓舞士气,成风化人、凝心聚力,澄清谬误、明辨是非,联接中外、沟通世界。这些重要论断充分揭示了中国特色社会主义新闻传播之社会价值的实现路径。

一、价值传播与传播价值的关系

(一)价值传播就是依靠价值观、通过价值观、达到价值观的信息传播过程

在现代社会生活中,认知的唯一性表现为不同个体的价值观不完全相同,不同的社会阶层、不同的行业、不同的职业,其群体价值观也各有差别。但是社会的发展又需要有超越阶层、行业、职业的统一价值观,以实现全社会奋斗目标的一致和社会行动的一致。因此,社会必须在充分尊重每一个个体价值观的前提下,实现全社会价值观的统一。在我们的语境中,这个统一的价值观就叫"社会主义核心价值观"。资本主义和社会主义的理论之争、道路之争、制度之争和文化之争,归根结底是价值观之争,而资

本主义国家和社会主义国家围绕各自价值观展开的斗争，又称为意识形态斗争。

价值观寓于传播目的、传播手段、传播效果之中。记者有记者的价值观，媒体有媒体的价值观，受众有受众的价值观，但无论怎么标榜，新闻传播都是依据价值观而开展，运用价值观统一规律而进行，为达到价值观统一而存在的社会化认知活动。

（二）价值传播是社会价值观统一的自然和必然的要求

资本主义的价值传播是以资本主义价值观为统一目标的传播。资本主义价值观的核心就是资本自由流动、货币等价交换、市场平等交易。因此，资本主义的价值传播就是试图让资本主义价值观穿透国家、民族、文化、宗教的壁垒，实现全球范围的价值观统一。在民主、自由、平等、博爱的口号之下，让资本自由地将世界资源货币化，从而维持社会化、现代化的再生产，维护资本控制下的全球贸易秩序，获取资本增值权利的价值传播过程。在这种价值观的作用之下，一切的新闻传播理论、一切的新闻传播手段、一切的新闻传播伦理、一切的新闻传播目标，无不打上了资本主义价值观的深深烙印，如"新闻自由""第四权力""注意力经济""二次售卖""流量变现"等。一言以蔽之，资本主义的价值传播是以财产私有、资本增值和市场规则的正义性为最高价值进行的传播，在学术上和实践上，常常因为混淆了资本运动和传播活动、经济价值与传播价值的区别，从而导致了新闻传播的商业化、商品化、实用化等，违背了新闻传播的价值规律。

社会主义的价值传播是以社会主义核心价值观为价值观统一目标的传播。社会主义核心价值观的指向就是解放和发展生产力，促进人的自由充分发展，实现全体人民的美好生活目标。因此，社会主义的价值传播就是促进解放和发展生产力，实现美好生活目标，从而实现最大范围的价值观统一（全体人民共同奋斗的思想基础）。当然，在实行市场经济制度的社会主义阶段，资本价值观还有其存在的合理性、适用性，但社会主义价值传播的目的和手段因为价值观的区别而与资本主义的价值传播截然不同。虽然我们需要借鉴和有鉴别地吸收西方传播学理论、方法、手段，但是更应该着力于建立基于社会主义核心价值观的新闻传播理论和新闻传播体系，也就是新闻传播学的中国化和时代化。

（三）新闻传播的价值如何实现

资本主义的新闻传播通过让资本掌握和控制舆论话语权、解释权、设置权，从而获得资本主义价值观的统治和支配地位，维护资本主义的社会制度的"正义性""普世性"，建立和维护由资本掌握并控制的全球贸易规则和秩序，实现无限扩大的社会化大生产和资本增值最大化，这是资本主义新闻传播之价值实现的基本路径。

社会主义的新闻传播（以中国为例）通过解放和发展新闻传播生产力，巩固舆论阵地，壮大主流舆论，讲好中国故事，建设具有强大凝聚力和引领力的社会主义意识形态，巩固全党全国各族人民团结奋斗的共同思想基础，在充分尊重个体价值观的基础上实现最广泛的全体人民的价值观统一，这是社会主义新闻传播之价值实现的基本路径。

（四）人工智能技术如何为新闻传播价值实现提供强大助力

人工智能技术的进步，为新闻传播提高效率、增加"四力"（指传播力、引导力、影响力、公信力）提供了更加广阔的空间。同时，人工智能技术的应用为我们提供了一个重新审视认知规律、重新挖掘人类智能认知规律的秘密、重新梳理人类大脑进化规律的绝佳机会。来自 ChatGPT 的影响，再一次引发了全社会对于人工智能和人类智能相互关系的激烈争论，引发了关于人类智慧的更深层次的思考。这对于我们在认知与智能的视角下，重新认识新闻传播这一社会化认知活动，重新认识新闻传播对人的认知空间改造、发掘及其使用的原理、机制和规律，重新审视新闻传播学的范式和方法，从而使新闻传播站在更高的起点，以更宽广的视野，以更坚定的步伐，开创新闻传播新境界、新局面、新天地，具有十分重要的意义。

人工智能助力新闻传播价值实现的途径主要有以下几点。

第一，重"流量"但更重"质量"，把"流量变现"转化为"价值变现"。

第二，重市场但不唯市场，善用资本的力量，扼制资本的冲动，监督资本的行为。

第三，不仅"挖掘"价值，而且"发现"提升价值的能量。

第四，关系是能量的管道，认知差异产生传播的势能，智能传播释放传播的动能。

第五，场景是传播的载体，也是价值的载体，更是价值传播的能量

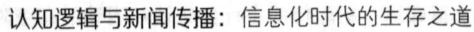

载体。

第六，"受众"是消费者，消费者的消费耗费传播动能；"用户"是贡献者，贡献者的贡献增益传播动能。

第七，共善与互善是价值传播的终极目标，也是社会价值的测量标准。

二、价值传播的方法论

（一）新闻传播价值实现需要重视社会环境的适配性

在中华传统文化中，有"一生二，二生三，三生万物"的说法。其中的一是混沌的状态，若存若亡、似有似无；二是阴阳互搏的状态，此消彼长、矛盾斗争；三是新生变化的状态，欣欣向荣、万物萌发。有了矛盾的对立统一，再加上生发演化，就可以化生出万事万物。

现代社会的组织结构纷繁芜杂，其中包含有数之不尽的"三"。具体到新闻传播领域，在对媒体的监管与监督体系中，除了监管机构和媒体这个矛盾体之外，还应该有一个第三方机构，那就是对新闻传播进行专业性评议的监督机构。一个专业的、规范的、科学的新闻传播评议和监督机构，是社会上层建筑中新闻传播基础设施的重要组成。目前，上述这些机构还比较分散，协调性差，系统性弱，动员能力不强，也缺乏科学和专业的训练，难以跟上新闻传播迭代升级的速度和日新月异的社会发展变化。

关于新闻传播的社会环境，本书第七章的"新闻传播体系建设"部分将有详细的讨论，这里不再赘述。

（二）新闻传播价值实现需要重视人的主体性

是否尊重人的主体地位是衡量社会进步的主要指标。党的新闻舆论工作是党性和人民性的统一，党的宣传思想工作宣传群众、教育教育、动员群众的初心是人民至上，目的在于为人民服务。社会主义的新闻传播价值观与资本主义新闻传播价值观的重要区别在于：后者是把用户作为资本增值的市场资源，前者是把用户作为新闻传播的主体和主人。

用户并不是新闻传播天然的主体和主人。在新闻传播的发展历史中，"受众"和"大众"这两个概念里都没有主体和主人的意思。这是由资产阶级哲学观、历史观、发展观和新闻观的局限性所决定的。在习近平新时代中国特色社会主义思想中，人民至上和为人民服务是中国共产党的初心和使命，也是中国特色社会主义事业发展的根本目的。正是习近平新时代中国特色社会主义思想这个核心命题，正视了新闻传播中我是谁、为了谁的根本问题，回答了新闻传播人民至上、为全体人民的根本利益服务这个基本问题。这是新时代中国特色社会主义与西方资本主义制度的本质区别，也是中国特色社会主义新闻传播学与西方资本主义新闻传播学的分水岭。

就目前看，虽然联合国已经将媒介素养作为公众的一项基本素养，但是国内外的公民媒介素养教育仍然处于起步状态之中。以我国为例，媒介素养问题也还没有得到应有的重视，以至于我们投入大量的人力物力来"清朗"网络空间，但是网络谣言、网络暴力、网络安全问题仍然较为突出，这和我们忽视媒介素养教育有极大的关系。在新闻传播高度发达的社会中，公众的媒介素养盲和文盲一样，是社会发展和社会和谐中极大的不稳定因素。

(三) 新闻传播价值的实现需要充分尊重个体的差异性

个体差异性和整体一致性是辩证统一的关系，思想政治工作要破解入脑、入心的难题，新闻传播要破解贴近、服务、价值引领的难题，都需要充分尊重个体差异性。

个体差异性存在的原因如下：
- 因基因差异而造成的感官效能差异；
- 因环境差异而造成的知识经验差异；
- 因社会阶层差异而造成的利益差异；
- 因认知水平差异而造成的价值差异；
- 因媒介素养差异而造成的能力差异。

由此可见，个体差异是人的生物属性和社会属性共同作用的结果，是社会发展的矛盾性、阶段性、不平衡性所规定的、不以人的意志为转移的客观存在。人类社会的一切社会活动和社会实践，都必须充分尊重个体的差异性，这样才具有正义性、合理性、向善性。相较于资本主义社会"财产面前人人平等"的理念，社会主义的"共同富裕，先富带后富"理念就因为更加尊重个体差异性而成为更加正义和向善的政治主张和发展路径。

在大众传播阶段，由于传播成本的压制效应，充分尊重个体的差异性总让人感到"心有余而力不足"。尽管存在分众化和小众化的实践，但是由于市场经济条件下媒体的经营属性，资本增值对于传播成本的压制，导致分众化

和小众化媒体必然滑向精英化，从而走向大众的反面。大众传播附加媒体资本化的结果，导致了新闻传播的本质被遮蔽，新闻传播的规律被各种"占比市场化""分布概率化"的现象和效应所掩盖，新闻媒体的公益性、正义性受到摧残。

尊重个体的差异性并非要面面俱到，而是要把握辩证统一规律，在尊重个体差异性的前提下实现整体的一致性。同时，在价值对立、利益冲突的复杂局面中，解决好为谁说话、怎么说话的问题，把握好舆论的力度、强度、热度，从而实现良好的宣传、传播、引导的效果。

（四）新闻传播价值的实现需要尊重认知和价值观的规律

1. 认知的基本规律

（1）物质、社会、精神生活是认知丰富的源泉；

（2）关系互动、社会变动是认知提升的动力；

（3）社会进步是认知升级的结果；

（4）个体认知唯一性是人类社会化生存的前提。

2. 价值观的基本规律

（1）价值观是由认知属性决定的功能；

（2）环境的变动是价值观不断完善和进化的动力；

（3）价值观依照选择的反馈进行确认和更新是价值观完善的唯一途径；

（4）价值观对立统一的矛盾运动是一切社会运动的根本原因。

新闻传播是发现、解释、说明环境的变化，作用于认知，引发价值观完善，实现个体价值观从自我、本能的价值判断逐步上升到社会主流价值判断的价值观统一过程。如果这个过程能够完成，新闻的传播价值就能实现。如果这个过程不能完成，则新闻的传播价值就会贬值，甚至成为无效的和无价值的传播。因此，尊重认知和价值观的规律，是确保传播价值实现的重要前提。

（五）新闻传播价值的实现需要尊重工具的适用性

传播方法、手段、技术都是实现传播价值的工具。工具的属性和特征必须适用于目的和需求，而不是反过来用目的去适应工具。直白地说，就是用斧子去干活，而不是为斧子找活干。

在媒体融合的实践中，常常有"为了技术而技术"的趋势，使技术成为展示融合效果的展台，而不是实现传播价值的工具。究其原因，就是我们没有充分地了解和认识工具的属性和特点，而是被新技术的炫目色彩所迷惑。

更重要的是我们对新闻传播的规律认识不够，导致了技术至上和唯技术论的思维误区，以为只要使用了先进技术，就能够解决所面临的问题。我们过去建网站、建新媒体矩阵和新媒体平台，方向不能说错，但是，如果不能在价值传播中发现技术需求，不能从传播价值实现的出发点去研究技术的应用前景和应用方法，难免陷入缘木求鱼的窘境。

在价值实现的场景中发现效果不足，在效果不足的分析中探索工具的缺陷，在改进工具性能中寻找最佳的方式，在方式的创新中追求最好的效果，在效果优化中求得最大的价值，这才是新闻传播技术进步的正确路径。

三、舆论场力学模型的构建

为了实现新闻传播的最大价值，就要不断提升新闻媒体的传播力、引导力、影响力、公信力，要不断提高新闻生产者的眼力、脚力、笔力、脑力。这么多"力"，是怎么产生的？又如何测量、如何控制呢？对此，让我们借鉴一下基础物理学场和力的知识，深入了解一下新闻传播"四力"的规律。在物理学中，力是能量的一种表达，经典力学把力看作是质量、速度的乘积，即 $F=mv$。由此我们就可以得出一个结论，力是动能和势能作用于物质的结果。这一点对于我们理解舆论场力学非常重要。

我们先来定义几个辅助的概念。

第一，价值信条。格式化的价值观通常以格言或者警句这样一些简短的句式，传达价值选择的经验或规律。它是价值传播中最普遍和最常用的方式，也可以理解为达成预期的过程中风险最小与利益最大这两条边界之间，由既往的经验与教训铺就的路径。

第二，价值信条的赋值。价值信条相对于该个体的赋值即是个体对于价值信条的认同度（信任度、忠诚度）。相同的价值信条对于不同的个体而言，其认同度并不相同。图4-3为个体价值信条赋值情况，图中甲、乙、丙、丁指个体样本。不同的群体之间，对价值信条的认同度也不相同。当群体普遍接受或认同某一价值信条时，这种状态就是价值观的统一。价值观统一的极致就是所谓的"世界大同"。

以社会平均价值信条赋值为基准，群体的价值信条赋值即分化为正面和负面两种情况。图4-4为群体价值信条赋值情况，图中甲、乙、丙、丁指群体样本。

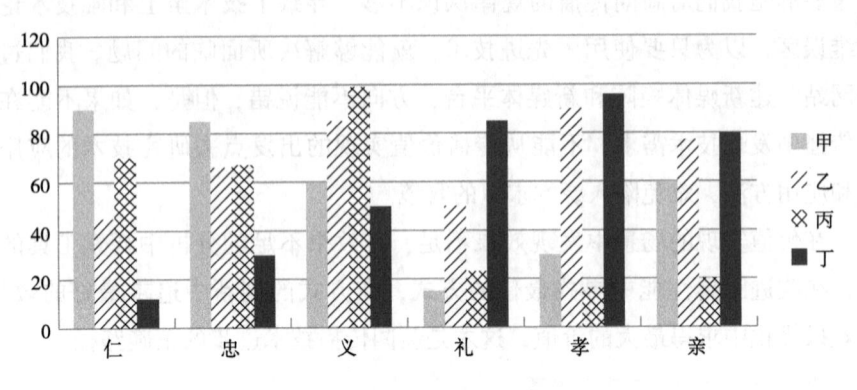

图 4-3　个体价值信条赋值情况

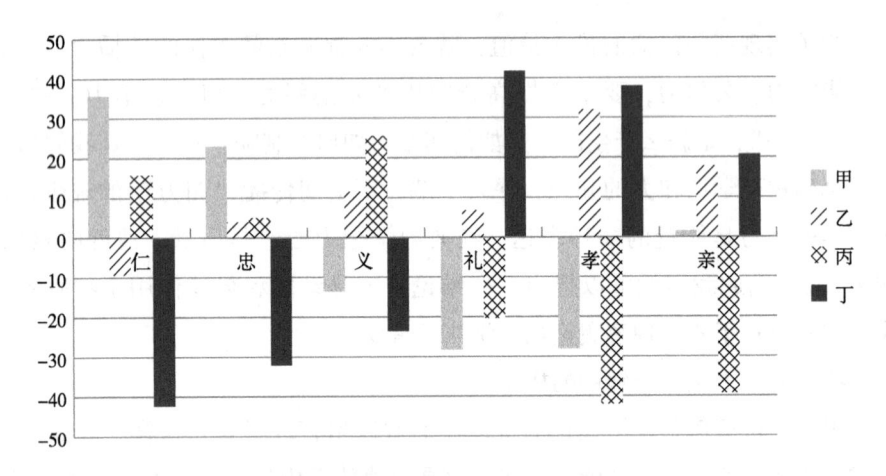

图 4-4　群体价值信条赋值情况

（一）新闻传播价值论的几个基本命题

第一，新闻传播是以变动信息传递为手段，以价值观对立为动力，以价值观统一为目标的一种社会活动。它是对已经发生的社会变化的描述与分析，试图作用于社会未来的发展变化之中。"作用于未来社会发展变化之中"是新闻传播的核心价值所在。它发挥作用的外在方式，在于满足个体对未来进行判断和预测的信息需求。它发挥作用的内在方式，是通过对变化的描述和分析帮助人们进行价值观的调整，即进行价值观的确认和更新。

第二，新闻传播是能动的传播，即传播者在传播过程中是主动性和目的性的统一。能动传播反映出当下社会价值观与理想社会认知的落差，这个落差越大，传播的势能和动能就越大。

第三，新闻传播的原料是事实，事实是事件的集合（单一事件不构成事实，一系列事件才构成某种程度的事实），新闻传播的产品是对事实或事件集合的价值挖掘——传播者基于自身价值观的判断而对事件或事件集合进行的选择与加工。

第四，传播者总是选择那些具有反常性和贴近性的事件进行加工。反常性即事件本身具有价值冲突属性，贴近性即事件本身具有价值相关属性。具有反常性和贴近性的事件更能满足传播者对于价值观调整的预期。

第五，新闻传播过程中对事件的选择和加工越接近事实的原貌，则新闻产品的真实性越高。真实性与事件集合的丰富性和传播者的价值判断相关。事件集合越丰富，越具有普遍意义，越接近事件的原貌。传播者的价值观赋值越接近社会（或群体）价值观赋值的平均值，越容易使受传者感觉真实。因此新闻传播只能接近真实，而不能达到真实。提高新闻真实性的途径，是丰富新闻原料，并使传播者的价值观赋值趋近社会（或群体）价值观赋值的平均值。

第六，社会价值观赋值的平均值反映的是群体选择的趋向，这个趋向代表了大多数个体选择的结果是接近还是偏离理想社会。评价新闻传播的效果，不能看新闻传播的广度（关注度和数量），而是要看价值互动的结果。

第七，社会永远处于变化之中，这决定了新闻传播永远处于发展之中。新闻传播的发展体现在对传播价值的共识度的统一、传播手段的改进、传播效率的提高等方面。

(二) 价值互动的基本逻辑

第一，未来可以预期，不可以预知。欲达到未来的目标，就需要确定当下的选择。选择有赖于价值判断，价值判断的"天平"通常就是价值信条构成的体系。个人的选择有赖于个人的价值观，群体的选择有赖于群体的价值观。价值观统一性寓于价值观差异性之中，价值观差异性决定价值观统一性。如下式所示：

$$选择 = F（价值信条赋值）$$

第二，社会永远处于发展变化之中，因此需要不断地确认和更新价值观。所谓确认，即对价值信条的再确认，以消弭不确定性，克服对未知的恐惧，树立对目标的信心。所谓更新，即对价值信条的调整，以适应变化的情景，协调新的关系，寻求新的价值信条。如下式所示：

$$价值落差 = F（环境需求 - 个体价值信条赋值）$$

第三，价值观的确认与完善，需要通过对变化的描述和对变化的分析来感知、理解，并确定价值观完善的方向和力度。新闻传播的过程就是传播者通过传播机构与受传者进行价值观互动的过程。通过新闻传播，社会中的人群对变化有了一定程度的感知和理解，进而对价值观进行确认和完善，帮助个体和群体完成价值观调整，从而做出更符合预期的选择。如下式所示：

$$选择变化 = F（个体价值信条赋值 - 群体价值平均赋值）$$

第四，个体的价值信条赋值差异度，决定了价值认同和价值冲突的情况。通常情况下，比较重要的价值信条有法律、道德、政治、宗教等内敛的和限制性、排他性的信条，以及科学、艺术、传播、欲望等发散的和鼓励性、兼容性的信条，每类信条都包括若干比较具体的信条。

第五，由于个体的地域特征、身份属性、社会地位、教育程度、个人经历、文化传统等存在差别，个体的信条数量存在差异，即每个信条域中的数量分布不均匀，因而跨阶层、跨地域、跨文化的信条赋值会存在较大的差异。相同情况下，个体的价值信条分布和信条赋值具有趋同化的趋势，即环境或族群相近，价值认同度比较高，价值冲突度比较低。

第六，不同个体因价值信条赋值的差异，使之在面对同样的信息时会做出不同甚至是截然相反的反应。个体的价值信条赋值相对稳定且可以测知，则个体选择的方向和趋向也相对稳定和可以预测。

（三）舆论与价值观传播的关系

第一，新闻传播必然引起不同个体或群体对事件的差异化的价值认同或价值冲突，即价值评判，从而形成对事件的褒贬，即形成舆论。

第二，舆论的态势取决于不同意见群体之间价值认同或价值冲突的强度，即新闻产品的价值赋值接近或背离社会平均价值赋值的程度。价值认同或价值冲突的强度越大，越能形成强大的舆论波动，反之亦然。

第三，随着社会结构越来越复杂和社会分工越来越精细，舆论的社会动员能力、共识凝聚力也越来越重要。随着新闻生产专业化和智能化水平越来越高，新闻作用于舆论的力度也随之变大。

第四，随着社会变化越来越快速，社会成员对新闻信息的需求程度和依赖程度也越来越高。

第五，随着新闻传播的社会化程度越来越高，利益群体也越来越依靠新闻传播来影响舆论。与之相应，社会对新闻传播的专业性要求也越来越迫切。

（四）舆论事件在舆论场中的势能、动能与价值观更新

第一，若一个空间中的 X 轴代表信条，Z 轴代表群体，Y 轴代表群体的价值信条赋值，这样就形成了一个三维的空间，这个三维空间就是舆论发生、发展的空间。新闻事件在舆论空间中与群体价值观的作用与反作用，就形成了舆论场（如图 4-5 所示）。

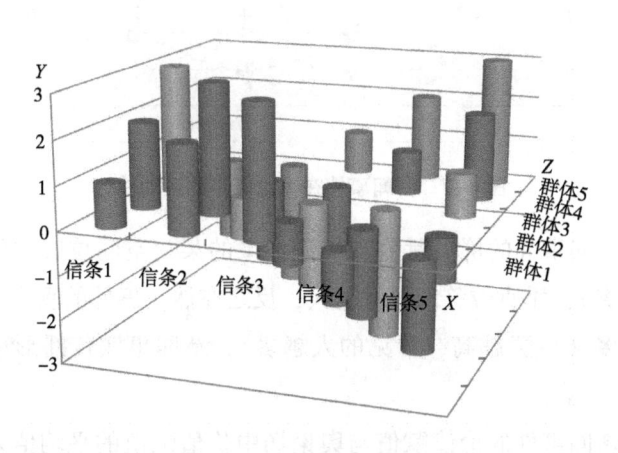

图 4-5　舆论场模型

第二，在舆论场中，将价值赋值的最大值相互连接，即形成价值高地与价值洼地（如图 4-6 所示）。

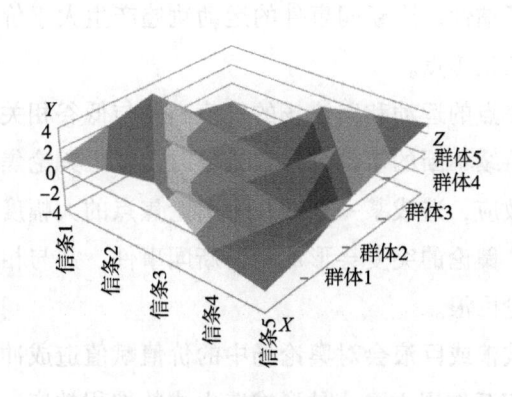

图 4-6　价值高地与价值洼地

第三，进入舆论场中并经过价值观选择和加工而赋值的新闻事实，随着

传播的过程依次流过价值高地与价值洼地，新闻事件的价值赋值与舆论场中的价值赋值发生作用，从而使事件在舆论场中水平位移的同时发生垂直位移，并形成事件在舆论场中的运动轨迹。如图4-7所示。

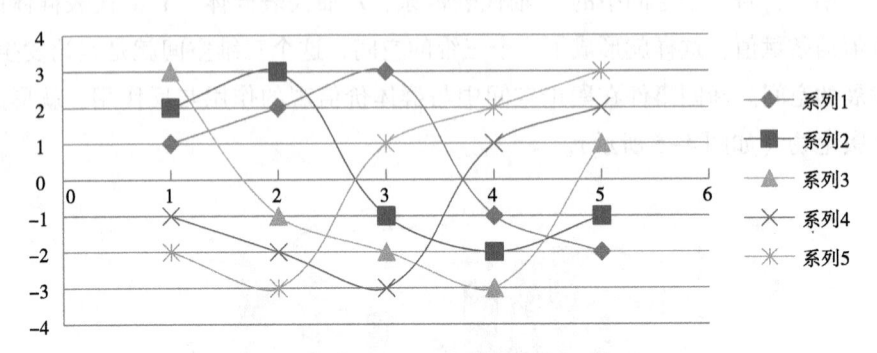

图 4-7 新闻事件在舆论场中的运动轨迹

第四，新闻事件的价值赋值与舆论场中的某一空间位置的价值赋值的差值越大（冲突），垂直位移的量就越大，反之亦然。事件的垂直位移越大，关注的人群越多（位置越高，看见的人越多），新闻事实传播形成的舆论势能越大。

第五，新闻事件的价值赋值与舆论场中价值赋值的平均值差值越大，被人群关注的程度就越高，新闻事实传播形成的舆论动能越大，事件在舆论场中的运动速度越快。

第六，新闻事件在舆论场中通过运动获得势能和动能的相互转化，从而使新闻传播获得了惯性。当新闻事件的运动轨迹产生大于价值赋值落差的超位移时，即形成舆论焦点。

第七，舆论焦点的运动和舆论场的价值高峰与低谷相关，即会产生跃升和跌落现象。当持续不断的事件进入舆论场时，多个舆论焦点会通过相互影响形成舆论波浪效应，造成某一个或几个舆论焦点的大幅度跃升或跌落，从而形成舆论突变。舆论的突变会形成新的新闻事件，并与相邻的事件发生涌动效应，形成舆论巨浪。

第八，舆论波浪或巨浪会对舆论场中的价值赋值造成冲击，形成舆论场中价值观之间的相互作用力：一是形成造山式的堆积效应，即某个个体或群体的价值赋值被调高，形成新的价值高地，从而达成价值观确认；二是形成山洪式的冲刷效应，即某个人或群体的价值赋值被压低，形成新的价值洼地，从而达成价值观的否定；三是堆积效应与冲刷效应反复作用，即使得一些价值观被否定，一些价值观被确认，两种力量经过一段时间的叠加，形成削峰填谷式的推平效应（即不同个体或群体的价值赋值平均进化），从而达成新的价值观统一。

第九，舆论波浪的正面作用是缩小价值观与理想社会的落差——社会趋向平稳，负面作用是扩大价值观与理想社会的落差——社会趋向变化。

第十，价值互动与社会变化的相互作用，一是使价值观发生改变，二是使理想目标发生调整。

（五）舆论场力学的应用，舆情的监测与控制

第一，新闻事件的价值判断。新闻事件具有多个价值观赋值，假设多个赋值的平均值为 AVERGE1，舆论场内价值观的平均赋值为 AVERGE0，通过测量 AVERGE1 与 AVERGE0 的差值，即可以估算出新闻事件的价值，即 AVERGE1 与 AVERGE0 的差值越大，该事件就越具备传播价值，反之亦然。

第二，新闻传播效果的预判。通过新闻事件价值的判断，并观察舆论场中某些群体的价值赋值，即可预测新闻事件的传播经过这个群体时的垂直位移量。进一步观察相邻群体的价值赋值，即可计算新闻事件在舆论场中的势能和动能，进而对新闻事件的运动轨迹做出预判。

第三，舆情的研判与预测。新闻事件的运动轨迹即舆情，对运动轨迹的观测和分析即舆情监测。根据对新闻事件价值、传播效果、运动趋势的观测和计算，即形成对新闻事件在舆论场中运动轨迹的预判，以及对可能形成舆论焦点的事件的预判，即预警。

第四，当预警信息触发时，应及时进行舆论的干预和引导，即舆情控制。舆情控制的途径有：

- 发布对事件的更多的描述，平均化事件的价值赋值（事件控制）；
- 投放相关的其他事件，抵消舆论波动的动能（焦点控制）；
- 通过长期的新闻传播把控并强化理想目标，引导价值观同化（社会治理）；
- 分散和平均群体的价值赋值（媒介素养干预）；
- 对传播者的价值观进行引导（传播伦理控制）。

第五章

新闻伦理是全社会关于新闻传播的必要认知

新闻传播伦理是关于新闻传播这种以价值观统一为最高价值追求的社会化认知活动的必要认知，即只要存在新闻传播，则一定存在与这种活动相匹配的新闻伦理，且随着新闻传播活动的演变，新闻伦理的规范也必定随之丰富和完善。

2015年5月1日，人民日报发表王石川的调查报道《魏则西之死，拷问企业责任伦理》。文中说："从青年魏则西之死，到广州陈仲伟医生被杀事件，从安徽男患者'万里寻肾'，到重庆医生被砍成重伤，一波未平一波又起，连续刺激人们的神经，医患关系问题仿佛打了一个'死结'，无论是亲历者还是旁观者，无论是医生方还是患者方，都感觉很受伤、很无力、很迷茫。在这一系列事件中，媒体报道又扮演了怎样的角色呢？魏则西事件和患者寻肾事件，可以视为两种不同媒体报道的典型。前者以准确的基本事实，揭示了莆田系、百度竞价排名等问题的严重性，也推进了问题的解决；后者则以偏执与偏见先导介入，引发群情激奋，结果却是剧情反转，某种程度上是人为制造了一次'狼来了'的故事。中国新闻工作者协会提出并要求新闻从业者遵守伦理规范，其中一个基本的规范是，真实、准确、全面、客观地报道新闻或传播信息。具体到医患问题的专业类报道，扎实的采访、深入的调查、公允的立场更是必不可少的。"

北京市记协与中国政法大学光明新闻传播学院合作课题《新闻职业"认同危机"研究》报告中提到：2015年前后，《成都商报》成功控股"成都儿童团"等三家公司。"成都儿童团"的创始人曾是《成都商报》教育记者团队和旅游工作室的两位负责人,他们利用曾经的记者经验和熟悉的人脉资源,与报社脱钩,卖房出钱,投资公司,报社也给予注资。但是这些年,《成都商报》在自己的版面上,多次报道、宣传"成都儿童团",有的文章还刊发在要闻版、社会版。这种为由报社和记者投资的企业做报道的情况,引发了社会的高度关注和热烈讨论。

2005 年至 2015 年的十年间,对于中国新闻传播事业发展而言是一个极其特殊的时期,报刊、广播、电视等传统媒体经历了从高速扩张到普遍严寒的断崖式跌落过程。与之同时,移动互联网技术开始飞跃发展,传统的网络媒体则受到剧烈的冲击。2014 年 8 月,中央深化改革领导小组出台《关于推进媒体融合发展的意见》,为传统媒体突破困境指明了方向。2015 年至 2022 年,在传统媒体奋力寻求突围的背景下,新闻伦理问题也日益显现。这与全球范围内新闻传播业发展、反思、再发展、再反思的发展逻辑是一致的,也符合人类认知发展的基本规律。

新闻伦理问题不仅是从业者应关注和讨论的问题,而且是社会大众应该关注和讨论的问题,事实上,新闻伦理建设是新闻传播事业所有参与者共同的责任。

第一节　什么是新闻传播伦理

新闻传播伦理是新闻行业从业者或从业者代表,以新闻传播的本质和基本规律的认知为基础,以促进新闻传播业的健康发展和全社会最大福祉为目标,提出的新闻传播从业者应该遵守且被大多数从业者认同的职业规范。这个规范必须符合社会大多数成员的期待,并在新闻传播实践中受到社会的监督与评判。

对于新闻传播法规与新闻传播道德和新闻传播伦理,一直存在各种各样的解释和定义。由于新闻传播学的实践性非常强,因此,在讨论与新闻传播现象相关的法律、道德、伦理问题时,常常将三者混用,如在新闻失实、新闻敲诈、新闻剽窃、新闻侵权等社会广为关注的问题上,常常混用职业道德、道德规范、伦理规范、法律法规这样的概念来寻找解决问题的途径。对于这

种把新闻传播的法规、道德、伦理三个概念加以混用的做法，我们看到的情况是，药方一大堆，毛病一大堆，公说公有理，婆说婆有理，问题不仅没有解决，而且令从业者和受众都感到困惑。

为了厘清新闻传播伦理的概念，有必要对新闻传播的法律、道德、伦理做一个简单的区分。

一、从认知与价值观关系的角度来观察

关于法律的认知，是认知空间的一个重要的结构单元，它是强力的、固化的、范围最广泛的统一价值观，在全体社会成员的价值观体系中具有最高的权重。

关于伦理的认知，是认知空间中法律结构单元与其他结构单元交叉、重合、过渡的部分。它是相对固化的、范围有限的统一价值观，在从业者群体的价值观体系中具有比较高的权重。具体到新闻传播伦理，就是关于法律的认知与关于传播的认知的交叉、重合、过渡的那一部分认知的集合。

所谓道德，是认知空间中所有结构单元与信仰结构单元的交叉、重合、过渡的部分，是基于共同文化传统的统一价值观。前文论述过，道德的本意是人依照本心进行的选择。道德本身因强调自身修养而具有浓重的个体化的色彩，但在人类社会化生存的背景下，道德通常是特指那些被多数人所推崇和乐于接受的价值信条集合，以及这些信条所代表的价值观。

道德问题是非常复杂的，对一些人而言，道德可以成为权重最高的价值选择，如为理想信念而牺牲一切乃至抛头颅洒热血的革命先烈或历史英雄人物，通常被树立为道德的标杆。在柏拉图的理想国里，有道德的治理者是通向理想社会的唯一路径。在有些人那里，道德有时又可以是权重最轻的价值选择，如拾金不昧、助人为乐、乐善好施、理性智慧等道德信条在某些人心目中就无足轻重，它的权重明显低于法律规定的权利和义务。并且，道德的砝码并不是一成不变的。比如，当"路有冻死骨"的时候，"朱门酒肉臭"就非常不道德；而当"民有饥色"的时候，"锦衣玉食"似乎就只是有些不道德。再比如，在2022年4月上海疫情防控压力最大的时候，某高档小区的物业为业主配发带有鲍鱼的大礼包，引发社会舆论热议，物业为业主竭诚服务，本来是应有的职业道德，但是在"老破旧"小区居民"一菜难求"的时候，该物业的"大礼包"似乎就显得不那么道德。

区别道德、法律、伦理是非常必要的。道德是高标，伦理是下线，法律是所有人不可以触碰的底线。道德是理想的目标，通常指导人们应该怎么做，最好怎么做。伦理是自愿的下线，通常限制人们不要做什么，至少应该做到怎样。法律是社会的底线，其目的是让违法的人受到惩罚并保护守法的人的正当权利。道德、法律、伦理在现代社会治理体系中，各有各的适用范围，各有各的作用、价值，不能混为一谈。

二、从社会生活常识的角度观察

在现代社会中，法律的制定权和解释权、裁判权属于立法机关和执法机关，其他个人或组织无权制定和修改、解释法律。在法律面前通常只有一个选择，即无条件地服从，否则就会受到法律的制裁。

伦理规范通常是在行业范围内由从业者或从业者代表共同制定、自愿遵守的。对于违背伦理的行为，通常会受到同业者和相关社会成员的排斥或批评。

道德通常是在具有相同的文化底蕴的范围内由文化领先者（如亚里士多德所说的"智者"）提出，并成为大多数人推崇和乐于接受的行为规范。它通常不具有强制的约束力，而是一种通过"心向往之"和被大多数人推崇、敬仰、褒扬的方式来发挥作用的。即使是所谓的"职业道德"，究其本意，仍然是职业范围内大多数人所推崇和接受的规范。道德的力量来源于为大多数人所推崇和接受这个特质。这意味着，如果某一个具体的选择更加符合大多数人的意愿，并且为大多数人所认同，那么这个选择就是道德的，反之就是不道德的。相应地，如果某个符合道德的选择为大多数人认同和乐于接受，那么这个选择更容易达成预期的目标，反之则更容易遭受挫折。

三、从社会实践的角度来观察

法律基本上是用来解决可以或不可以的问题的。在既定的法律框架内，法律条款不容讨论，也不能逾越。

伦理基本上是用来解决应该或不应该的问题的。伦理规范的具体条款是可以讨论和质疑的，逾越伦理规范的行为当然会受到他人或社会的谴责与批评甚至是处罚，但这不是必然的结果。

道德则基本上是用来解决"如何才能更好"的问题的。道德的力量来自

自我的修养和周围人群的褒贬，其通常是通过倡导榜样和理想化目标来约束个人行为的。

四、从认知空间结构的时间向度来观察

法律是偏向于过去时的认知结构，即法律是基于已经发生的行为和后果进行管理的系统。它既不会为尚未发生、尚不存在的行为立法，也不会对尚未发生、尚未造成后果的行为实施惩罚。这是法律界的一个公理。

伦理是偏向于现在时的认知结构，即伦理总是基于正在发生的行为，做出预防性管理的系统。比如师徒关系这种伦理规范，它通常基于真实存续的师徒关系而确立，在师徒关系消亡之时即可解除。至于新闻传播伦理，只不过是一种范围更大、范式更复杂的伦理体系而已，其仍然仅限于从业期间，如果退出新闻业，与之相关的伦理约束也就随之解除。

道德是偏向于将来时的认知结构，即道德总是基于理想目标而在当下的可选项中挑选出更接近理想目标的选项。比如中国传统文化中的道德信条"仁、义、礼、智、信"，就是我们的先辈为实现世界大同的理想而提出的优选项。同样，西方文化传统中的道德信条"谦逊、宽恕、仁慈、怜悯、理性、智慧"等，也是其为完美世界而提出的优选项。

总之，法律、伦理、道德，都是在欲求与预期之间以及各种选择之间的价值权衡工具。它们的适用范围不同，约束方式不同，价值权重也不同，法律的适用范围最广、约束力最强、权重最高，伦理次之，道德再次之。三者之间的区别并不是人为规定的，而是社会发展进化的自然结果。

必须了解的是，价值选择的工具不仅仅限于法律、伦理、道德，而是还有文化、信仰、知识、经验、风俗、习惯等。但是在日常生活中，人们往往不加区别地"病急乱投医"，或者把道德的作用强化到法律的层面，作为强制性的约束（道德绑架），或者把法律当作道德看待，要求法律具有教化的功能（使人向善）。之所以发生这样的情况，是因为价值观冲突普遍存在，当自身利益受到损失的时候，人们总是寄希望于简单、有效的价值观工具来捍卫自身的利益，而不管这个工具是否适用。生活中常见的道德绑架现象，就是一种弱者心态支配之下的简单化、低成本的价值观工具滥用。

总之，法律、伦理、道德之间，既有关联又有区别；在处理复杂社会关系的时候，其相互间有分工也有协作。不能用法律的手段去越界解决伦理和

道德范围内的问题，也不能用道德的手段企图一揽子解决法律和伦理范围的问题。任何把法律、伦理、道德的要求、方法、手段，不加区别、强行越界地加以使用的做法，只能使问题复杂化，从而失去三者各自的优势和力量，使解决问题的成本提高，难度增加。就本书所关注的新闻业而言，正确地区别法律、伦理和道德的界限，有助于明确新闻传播伦理的价值，发挥新闻传播伦理规范的作用。

第二节　新闻伦理规范的产生与发展及其原因分析

新闻传播伦理并不是天然存在或者智者创造的事物。它是随着新闻传播业的不断发展和新闻从业者对新闻传播的本质和基本规律的认识不断深化而逐步形成的。其本质是新闻生产者与传播者对于新闻传播这种社会活动的必要认知。

新闻伦理问题是伴随新闻传播活动出现而产生的，只不过它最初没有被上升到理论研究的层面。学理层面的新闻伦理问题的提出是在 20 世纪之初，彼时，新闻传播业（主要是报刊业）的发展已经进入"便士报"的阶段，它标志着新闻传播活动已经脱离了纯粹的商业信息和政治宣传媒介的阶段，从商人、贵族、政治家专享的领域进入了寻常百姓的生活，渗透到社会生活的各个方面。这就导致了追求猎奇、惊悚、艳俗的"黄色新闻"泛滥。新闻传播关注、解释、说明变动，从而进行价值观统一的社会价值被极大削弱，其经济价值、新闻价值则被大大强化。一方面，这使得市场经济价值观如洪水一样强力地冲刷和摧毁着旧的社会价值观体系，为市场经济的繁荣创造了条件，新闻甚至被调侃为"填充广告空白的文字"。另一方面，原有社会价值观体系的迅速瓦解，带来一系列严重的社会问题，其中就包括新闻传播的公信力、影响力遭受到巨大的破坏。在这样的情境下，规范新闻传播行为的问题，就自然而然地被新闻管理者和研究者提了出来。

在新闻传播伦理理论研究的最初阶段，新闻伦理被解释为："新闻记者不仅要被培养懂得如何写新闻，而且要能够理解由他们所报道的那些事件所生成的社会。"理解报道的事件所生成的社会，这是对新闻传播活动的社会价值的最初认知，也是价值观统一规律适用于新闻传播业的最初认知。从这一阶

段开始，新闻传播作为价值观统一工具的社会价值被确认，并被赋予了与法律体系、科学体系、政治体系、宗教体系同等的价值观统一工具的地位。

随着新闻传播活动的技术、理念、方式、方法、渠道、手段、效果、机制的演进，"如何理解报道的事件所生成的社会"这一问题逐渐复杂化。随着对新闻传播的本质和基本规律的认识不断深化、升级，新闻伦理问题也逐渐复杂化。

新闻伦理研究的发展，大都是关于新闻传播的必要认知之修正和完善的。关于新闻传播的必要认知，主要的有以下六个问题：

- 新闻的空间与边界问题；
- 真实的责任与豁免问题；
- 利益的冲突与规避问题；
- 互善与共善的价值问题；
- 批评与自律的义务问题；
- 新闻"向何处去"的问题。

这六个问题是每一个新闻从业者都不能回避，且必须知晓、认真对待、妥善处理的问题，也是每一个新闻传播的受众应该了解的问题。对于这六个问题的解释和针对这六个问题提出的伦理原则和行为规范，构成了新闻传播伦理的相对完整的体系，也构成了全社会关于新闻传播活动的必要认知。

一、"新闻自由"——新闻传播的空间与边界

"新闻自由"的主张，源自资本时代"自由、平等、民主、博爱"等所谓"普世"的价值观体系。资本无限制地自由流动，是资本价值观的基本和核心内容。"新闻自由"就是资本价值观试图穿透民族、国家、文化、宗教等价值观屏障，达成最广泛价值观统一，建立资本自由流动的市场的目的所决定的，也是新闻传播作为最广泛的社会活动登上历史舞台的最初动因。因此，新闻传播具有这样一种强大的内生动力：新闻传播的触角总是能够不断地突破旧观念所设置的藩篱，到达任何它愿意涉及的领域。

但是，任何自由都是被边界限定的自由，如法律的边界、公序良俗的边界、宗教禁忌的边界等。边界问题，本质上是认知问题。新闻传播的"自由"和边界的确立，是认知空间必须与物理时空相适应的规律作用的结果，即任何社会活动都必须与历史条件和文明环境相匹配。

第五章　新闻伦理是全社会关于新闻传播的必要认知

在新闻传播的发展过程中，新闻的"自由"与边界的矛盾始终存在，并阶段性地呈现出尖锐对立、激烈冲突的情况。在新闻业诞生的初期，这种对立、冲突主要表现为对封建专制主义的反抗。在冷战时期，对立的两大阵营对于非本阵营主流价值观体系的绝对排斥，表现为"新闻自由"与"政治正确"的尖锐对立。在后冷战时期，"新闻自由"主要表现为东西方、发达国家和发展中国家之价值观和意识形态的对立与冲突。

新闻传播是资本时代"最强力"的价值观统一的工具，但不是唯一的工具。那种主张新闻"绝对自由"，否认新闻传播的边界的观点，就是把新闻传播的价值和作用夸张到极致的错误认知，在实践中也是不可能真正得到践行的。

每一个新闻传播的从业者和参与者，都应该牢固树立新闻传播的边界意识，在限定的边界内行使自由传播的权力，并竭力避免传播行为挑战法律的权威、伦理的底线、信仰的禁忌、社会秩序的堤坝，尊重和保护公民依法享有的权益。

二、真实性问题——新闻传播的责任与豁免

新闻的真实性问题早在新闻伦理理论提出之前就存在，且在新闻伦理理论提出之时就被摆在了首要的位置。但是随着新闻传播实践的发展，对这个问题的认识已经发生了变化。要说清楚新闻的真实性问题，必须先确立两个概念，即新闻的信息载荷与失实豁免。这两个概念是一对矛盾体，一般而言，载荷量越大则豁免权越小，豁免权越大则载荷量越小。纵观新闻传播发展的历史，新闻的载荷量成几何级数增加，而豁免权却被极大地限制，因而导致新闻的真实性与社会对新闻真实性的需求之间的落差越来越大。这就是在理论和实践层面对新闻真实性的表述逐渐动摇的根本原因。

在报纸出现之初，新闻的信息载荷较低，豁免权较大。比如记者在码头的公告栏抄录船舶到达信息然后印刷出售，只要记者小心仔细地抄录，信息的真实性就得到了保证，且一旦船舶误期，如遇到台风或其他突发变故，记者的责任是被豁免的（即记者只需要做到发表的信息与码头的公告一致就尽到了真实性的责任）。随着新闻的形式（体裁）从消息到通讯、深度报道，再到调查性报道、连续报道、系列组合报道等的变化，新闻的信息载荷量极大地增加了。同时，媒体和编辑记者的"经验的传播和传播的经验"在新闻作

品中的分量，即媒体的"立场"和记者的"经验"（基于其自身认知水平对报道对象的观察、思考、判断）在新闻的信息载荷中所占的比例也大幅度地增加了。通常的情况是，一个事件或因某一信息源的只言片语，加上记者、编辑的经验和判断（有时还有大数据分析结果），直接影响了之后的信息收集、整理、归纳、组织直到最终呈现的每一个过程。这就极大地增加了保证新闻真实性的难度，不可避免地减少了失实豁免的机会。所以关于新闻真实性的伦理范式从"绝对真实"演变到"追求真实""维护真实性""追求真相""尽力揭示和还原真相"。新闻的真实性问题已经成为一个充满争议和模糊不清的问题。这就好比"超载"和"治理超载"的猫鼠大战，超载导致危险，治理超载危及生存。超载和治理超载永远是解不开的结，是永远没有终点的博弈。

其实，从认知的角度来看待新闻真实性的问题，就会看得比较清楚。首先，构成认知空间的基本元素记忆是对物理时空的编码，它既不是物理时空的一比一映射，也不与物理时空存在——对应的关系，因此认知空间与物理时空的错位是绝对的，即对事实认识的偏差是绝对的，对事实描述的真实是相对的。其次，新闻传播是社会化的认知活动，它遵循的是认知规律，而不是物理的、数学的或其他自然科学的规律，所有的认知活动，只能是一个逐步地修正错误、接近真实的渐进过程，新闻传播也不能例外。再次，新闻传播的本质是价值观统一的工具，它的最终目的是实现价值观统一，而不是实现新闻真实的最大化。或者说，无限接近真实，尽可能揭示真相仅仅是新闻传播完成价值观统一任务的方法或手段，而不是目的。最后，新闻传播是关于社会变动的信息，面对变动的事物，新闻传播也仅是一个因变动而变动的过程，没有永恒的真实，只有序时的、尽可能接近的真实。因此，新闻的真实性，是一个变动的、不断发现并接近真实的过程。

追求和维护新闻真实性，是新闻从业人员共识度比较高的伦理原则。但是在实际的新闻传播实践中，存在对新闻真实性的两种极端化的错误认识。

其一，把对新闻真实性的追求绝对化，认为"真实是新闻的生命"，"没有真实就没有新闻"，"假新闻不是新闻"。或者把新闻作品的真实等同于伦理层面对新闻真实性的追求。对于虚假新闻造成的伤害，每一个社会成员都会深恶痛绝，但是，对新闻失实"零容忍"，苛求每一件新闻作品的绝对真实，既是根本不可能完成的任务，也是对新闻传播的一种扼杀。追求真实与新闻打假是一个博弈过程，正因为这个博弈的存在，新闻伦理才具有了存在的必要性和合理性。只有对新闻真实性的认知尽量接近新闻传播的本质和基本规律，才能产生具有生命力和约束力的新闻传播伦理规范。

其二，对于新闻真实性的漠视，如"社会不确定性决定论"、"读者兴趣决定论"等否定新闻真实性的观点。正确的行为基于正确的选择，正确的选择基于正确的价值观，正确的价值观基于认知趋近于"客观真实"的程度。新闻传播这种价值观统一的工具，如果不追求和维护新闻的真实性，将使社会价值观体系远离社会发展的真实，给社会带来不可想象的灾难。历史上这方面已经有过极其惨痛的教训。

每一个新闻传播的从业者和参与者，都应该自觉追求和维护新闻的真实性，在新闻信息采集、制作、传播的各个环节，保持客观、理性、公正，减少主观和感情因素的影响，使新闻传播的信息尽量还原事实的原貌，尽量接近社会变动的真实和真相。

三、客观性问题——利益冲突与规避

新闻传播是资本时代的产物，其从诞生之初就打上了资本价值观的烙印。资本价值观对资本增值的冲动与资本竞争的本能，是新闻的客观性问题之所以存在的根本原因。在世界新闻传播史学研究和新闻伦理研究中，始终在有意无意地回避新闻传播的资本价值观这个强大的基因，从而造成许多问题的讨论落入似是而非的困境。

"竞争"这一资本运动规律在新闻传播实践中的反映，就是新闻客观性问题的实质。它既是资本价值观的题中应有之意，也是资本价值观对于新闻传播的内生要求。竞争有两个层次的含义，一是狭义的竞争，即新闻传播行业内的竞争；二是广义的竞争，即社会层面资本所有者之间的竞争。由于新闻传播是在特定社会环境中对社会生活现实的能动反映，因此这两种竞争都不可避免地反映在新闻传播的实践中。竞争必然导致利益冲突，既包括同行业之间的利益冲突，也包括新闻传播内容所涉及的各行业之间的利益冲突。新闻客观性之伦理原则，就是基于规避利益冲突、维护市场运行秩序的实际需求而提出的。

从新闻传播业的发展史来观察，当"二次售卖"和"注意力经济"成为新闻传播活动的普遍的价值实现路径的时候，新闻客观性的问题就显得比较

重要了。也就是说，当业内竞争和普遍竞争的烈度在新闻传播领域得到充分展示的时候，新闻客观性的问题，即对于利益冲突的规避这个问题也就不能回避了。

首先，新闻传播的客观性，是市场规则和经济规律对新闻传播活动的基本要求，所谓的"市场规则"和"经济规律"，在这里特指"公平交易""自由竞争"的原则。尽管垄断与竞争的矛盾斗争始终存在，但在规则的层面上讲，"公平"和"自由"竞争是资本市场运转的基本规律，也是资本运动的基本规律。其次，新闻的客观性是资本时代社会政治规则和社会运动规律对新闻传播活动的基本要求。所谓的"政治规则"，这里特指"公权民授""协商民主"等原则，这是所有以市场经济为主要特征的政治实体都倡导和坚守的，是资本时代区别于"君权神授"等封建社会形态的基本特征，也是资本时代社会运动的基本规则和规律。最后，新闻传播的客观性是人类认知和价值观发展规律的基本要求，由人的社会化生存属性所决定的群体价值观的发展规律，必然要求个体价值观统一和服从于群体价值观，群体价值统一和服从于社会价值观，新闻传播活动当然受到人类认知和价值观发展规律的制约，即新闻传播的对象必然是最广泛的社会群体，这就要求新闻传播必须站在最广泛的大众立场上，尽量规避不同群体的利益冲突。

新闻的客观性不是绝对的，绝对的客观既不现实也不可能。因此，对于利益冲突的规避，也是有限和适度的。有限和适度的新闻客观性，是伦理约束力的保证，也是这一伦理规范活力的源泉。

新闻伦理学对新闻客观性的争议不大，但在规避利益冲突的范围和限度上，存在各种各样的解释和讨论。这些解释和讨论都有其合理性，但是在新闻伦理原则和媒体行为守则两个层面上，对于客观性的把握存在较大的落差。把对新闻媒体的伦理规范同编辑、记者的个体行为规范割裂开来，这是对新闻客观性的本质和基本规律明显错误的认知。新闻传播活动是一个整体，对于新闻传播客观性的要求必须一以贯之，那种把编辑、记者与媒体做区别，把媒体行为与从业者行为割裂开来的观点，在学术上（至少在对新闻客观性这一伦理原则问题的讨论上）是错误的，是不合乎逻辑的。

记者和编辑在新闻作品生产过程中的一切活动都是职业行为，哪怕他们是在社交场合、私人场所开展这些活动的。其中的界限就在于在这些场景中获得的信息是否直接或间接地用在了传播产品之中。一个比较典型的事例就是央视某主持人被辞退事件。这是一个因私密社交场景的影像资料被公之于众，从而引发社会舆论关注和相关部门的高度重视并采取断然措施。虽然视频制作者的拍摄和发布是非职业行为，但是，传播平台和媒体的关注和解读，是这一事件发酵的重要原因。

另一个典型就是被称之为"媒体蝗灾"的狗仔队现象。特别是随着手机拍摄功能的普及和滥用，各种"偷拍"狗仔队规模越来越大，行事越来越招摇，甚至所谓"隐蔽拍摄""暗访"等手段也被一些媒体用到了极致。这些都是对于新闻客观性的"度"的把握存在很大偏差所导致的。

在移动互联网成为绝对主流传播渠道的今天，新闻的客观性原则正在受到极大挑战。传播主体多元化、传播过程多样化、传播受体群落化的趋势日益明显。在这个趋势之下，新闻客观性的伦理原则受到网络情绪的左右和冲击，正在对新闻传播造成严重戕害。比如，在新冠疫情反复肆虐的艰难时期，很多有识之士呼吁网民"理性""公正"地看待舆论热点事件，就是这一时期对新闻客观性回归的呼声。情绪化传播是社会价值观处于非正常失序状态的一种表征，是对新闻传播手段的疯狂滥用，是新闻传播价值观的极度扭曲，这将导致社会价值观断裂、社会群体撕裂的严重后果，应该引起新闻传播学和新闻传播伦理学研究的高度重视。

每一个新闻传播从业人员和参与者，都要秉承新闻客观性的伦理原则，在各种社会矛盾和冲突中，把握好新闻作品的立场、态度、感情，审慎和适度地规避利益冲突，促进社会公平、正义、和谐，使新闻传播更好地服务社会，推动社会健康发展。

四、人文主义问题——新闻传播的公益性和正义性

新闻传播的人文主义伦理原则，是指基于理性和以人为本的传播理念而对新闻传播的宗旨和目标的认知。

新闻真实性是关于事实的认知发生冲突时如何选择的伦理原则，新闻客观性是面对利益冲突时如何规避的伦理规范，人文主义的伦理规范则是面对不可避免的冲突时的价值排序。人文主义的新闻伦理原则与真实性、客观性原则一起构成了新闻媒体影响力、传播力和公信力的来源，且比真实性、客观性更有价值。因为人文主义的新闻传播具有更加显著的公益性和正义性，因此也就能够更加彰显和提升新闻媒体的影响力、传播力和公信力。

人文主义的伦理精神是对功利主义和实用主义的新闻传播价值观的否定和修正。在新闻传播的萌芽阶段，新闻传播活动基本上是功利的和实用的，它是为部分人的直接需求提供服务的一种商业行为。但是随着新闻传播活动的专业化和大众化发展趋势，那种基于商业价值的新闻传播行为和理念，自然而然受到了广泛的质疑，新闻传播也由此从单纯的商业经营活动中分离出来，具有了社会公益的属性。

随着新闻传播活动日益广泛深入地介入社会生活的各个方面，媒体的公益属性、价值观属性日益凸显，新闻传播"为了谁""服务谁""代表谁"和如何达到"互善与共善"的价值观越来越受到重视。新闻传播无一例外地追求以更容易、更便捷的方式为更多数人所接受，即在更大范围内实现价值观统一。但是由于社会发展的不平衡，在当前和今后的一个很长时期内，既不可能实现世界范围内全体成员的价值观统一，也不可实现国家、地区之间，甚至是地域之间价值观的绝对和全面统一。价值观只能实现相对统一的现实，这就决定了具体的新闻传播活动必然是为一部分人、某个社会阶层、某个社会群体，或者某个社会组织所代表的特殊群体代言并为之谋取利益。在国际上，维护国家利益成为媒体普遍和最高的行为准则，在国家内部，媒体为某个社会群体发声，也是通行的行为准则，那么这个为部分人群代言并为之谋取利益的活动，与全体社会成员的利益和期待，必然存在一个落差。这个落差不可避免，所造成的结果就是：当且仅当新闻传播把谋求最大多数社会成员的利益当作目标或行为准则的时候，才能通过实现价值观的统一，谋求并获取来自部分群体的现实利益。或者说，当媒体把全体社会成员的福祉作为宗旨和目标的时候，才使得媒体的传播获得了公益性、正义性和正当性，才会得到社会道义上的赋权和担保，从而取得为部分群体代言和谋取利益的资格和权利。于是，新闻传播谋求全体社会成员的最大福祉，被认为是新闻传播活动具有公益性、正义性和正当性所必须具备的原则。这就是新闻传播的社会价值基于社会需求而得以实现的现实路径。

在一些媒体的行为守则中，常常把新闻传播的人文主义伦理原则描述为"人文关怀"，通常理解成对弱势群体的关照。在中国记协发布的《媒体履行责任报告》中，把"履行人文关怀的责任"作为报告重要内容之一。但仔细读报告内容，其也是把对弱势群体的关怀、关照作为履行这一媒体社会责任的主要内容。这种把"理性和以人为本"的人文主义弱化为"仁慈、悲悯"

的人文主义，显然极大地弱化了人文主义新闻伦理原则的价值。笔者认为，比较准确的人文主义的新闻伦理原则应该表述为：媒体获得信息的方式、方法和在处理新闻报道的内容时，应本着理性和以人为本的原则，通过责任心和同情心、同理心，力求为全社会谋福祉。

关于新闻传播的人文主义伦理原则，正反两个方面的例子都很多，在具体的新闻实践中的讨论和争论也很多。但是，这一伦理原则的底线是：不能为了完成新闻报道而侵害公众和个人的利益，也不能放任侵害的发生而表现得漠视。

对此国际上最著名且争议最大的案例之一是南非摄影记者凯文·卡特。1993 年，他拍摄的《饥饿的苏丹》发表在《纽约时报》头版，并获得了 1994 年的普利策新闻奖。但是自此以后，他受到了来自社会各界源源不断的指责。佛罗里达的一个记者在专栏文章中写道："他是一个自私的记者，踩在小女孩的尸体上得了普利策奖。"1994 年 7 月 7 日，卡特自杀，他的遗言是："对不起。"

在国内，也有许多因新闻报道所引发的新闻伦理问题的讨论，如报道中对事实的描述与法院认定的事实不一致，将刑事案件推到道德层面进行媒介审判，等等。诸如此类报道，表面上都是为维护社会正义，揭露社会问题，满足公众知情权，但是，仔细深究的话就不难发现，有些报道或多或少地存在缺乏理性和以人为本的人文主义情怀，甚至有些记者、网红、平台为了追求轰动效应，不惜夸大事实，放任对当事人的伤害，或在采访报道中表现得十分冷漠。层出不穷的"网络暴力"事件，客观上造成了社会公众对报道动机的质疑，消解了媒体的公信力，并在某种程度造成了对全体社会成员的福祉的侵害，其中的教训不可谓不深刻。

秉承人文主义的伦理原则，就是在新闻传播的各个环节中，在各种选择的价值排序中，寻求利益最大化和伤害最小化的解决方案。在新闻伦理理论研究中，经常提到一个两难困境，即在救援现场，是伸手救人还是抬手拍照？其实这个问题很好解决，当现场没有救援人员的时候，尽其所能地施以援手，施救优先于采访任务。当现场已经有救援人员时，各自做好分内之事就是最好的选择。人文主义的伦理原则，就是面对冲突的价值排序问题：生命权大于财产权、名誉权和隐私权，人类生存权大于个体生命权；公众知情权大于个体和利益群体的其他权利，但小于个体和群体的正当和受法律保护的权利。

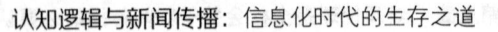

遵循人文主义的伦理原则，不能把某一价值固定化和绝对化。在社会伦理学的研究和实践中，"事急从权"的例外和豁免条款都是伦理原则必须具备的组成部分。例如，在中国古代，人伦的一个重要原则是"男女授受不亲"和"女子湿衣回避"，但孟子也说"嫂溺不援，是豺狼也。男女授受不亲，礼也，嫂溺，援之以手者，权也"。再如，在现代交通法规体系中，存在路权优先的原则，即当路权受到侵犯而危及驾驶员和乘客的安全时，驾驶员出于避险的动机，在避让过程中造成的对现场其他非侵权人员的伤害，由侵犯路权的一方负责，而无须讨论驾驶员的避让行为造成的伤害是否遵循了伤害最小化原则。

每一个新闻从业人员和参与者，都应该具备一定的人文素养和人文情怀，对新闻传播的影响力、传播力、公信力怀有敬畏之心，杜绝把新闻传播当作谋取私利和小利的工具，在面对复杂的社会矛盾和观念冲突的时候，要理性地看待问题，要人性地处理问题，要平等地面对受众。

五、媒介批评与道德自律

道德自律是新闻媒介所共有的伦理原则，但是，"没有道德的批判就没有道德的自律"。媒介批评与媒体道德自律是事物的一体两面。在媒介伦理规范中，只有更正与道歉的表述，而媒介批评与道德自律的相互关系还没有得到足够的重视。更正与道歉是对道德自律的重视，同时也是对媒介批评的回避，是对媒介批评和媒体道德自律认识上的逻辑错误。

媒体监督和舆论监督，是一个带有模糊色彩的说法。在新闻传播伦理的范畴里，媒介批评是指媒体对于自身和其他媒体的违背职业伦理行为的反思和批评。舆论监督是指媒体针对社会舆论从议题设置、报道手段、社会效果等方面对媒体违背职业伦理的行为以及对职业伦理本身进行的反思和批评，而不是在一般意义上，含糊地表达为媒体对于社会上违背社会公德和违法的行为的监督。这里必须厘清的一个问题是：媒体是舆论的参与者之一，并非舆论的制造者，也不是天然的舆论操控者和监督者。这是因为没有大众的褒贬，就不会形成舆论，没有社会成员的广泛参与和舆论共识，也不会形成舆论的力量。把舆论监督与社会舆论对社会问题的监督不加区别，显然是偷换概念。确实，媒体因议题设置能力、舆论动员能力、舆论传播优势而具有社会舆论的强大的干预力和引导力，但这并不是说"舆论监督"就是唯独媒体才有的特权，反而是媒体的行为要接受所有舆论构建者和参与者的监督。把"舆论监督"当做媒体对社会问题的批评和揭露，显然是对舆论监督这一概念的内涵和外延混乱和模糊的错误认知，不利于维护新闻传播伦理的严肃性和权威性。

媒介批评是维护新闻传播公益性、正义性的必要的手段。人类文明的发展史告诉我们，一切认知活动都是对错误认知的否定，没有否定就没有发展。迄今为止的一切学说和一切结论都建立在怀疑、批判和否定既有认知的基础之上。同时，一切学说和一切结论也都要面对被怀疑、被证伪、被否定的可能，这是认知发展的基本规律。新闻传播作为社会化的认知活动，也必然遵从和符合认知活动的基本规律。媒介批评既包含对新闻传播行为的否定，也含有对新闻伦理范式的否定。离开了反思和批评，新闻传播就失去了发展的机会和可能，也就意味着新闻传播的灭亡。

从新闻传播和新闻传播伦理的发展可以清楚地看到，对新闻传播活动的反思和批评始终伴随着新闻传播发生、发展的过程。这些反思和批评既来自新闻传播的从业者和新闻传播学的研究者，也来自最广泛的新闻传播活动的参与者和受益者。甚至可以说，对新闻传播伦理的研究和讨论本身就是对新闻传播的反思与批评。

在资产阶级刚刚登上历史舞台的阶段，报刊当然地承担起反封建、反专制的舆论工具任务，随之而来的就是新闻传播的政治工具属性被过度夸大，新闻传播也由此进入"政党报刊"时期。在19世纪，欧洲资本主义经济和政治发展得最为充分，就报刊和政治的关系而言，也表现得最为充分。恩格斯就此写道，"每一个英国人都有自己的报纸"。他还指出，"在资产阶级和从现在起提出自己的利益和要求的无产阶级之间，形成许多带有激进色彩的政治流派和社会主义流派，如果详细考察一下英国……各种期刊，便可对这些流派有详细的了解"。随着时代的进步，媒体开始了多样化和大众化的发展，特别是广播媒体的快速发展，新闻传播进入了大众化时期，这个时期典型的特点就是"便士报"的兴起与"黄色新闻"的泛滥。当电视进入大众生活的时候，严肃的、负责任的和有深度的新闻报道，成为新闻传播的"颜值担当"。进入互联网时代，分享式和社交化成为新闻传播最强力的传播方式。在人工智能技术于新闻传播领域得到广泛应用的今天，算法推荐和"热搜"成为新闻传播不可缺少的手段。由此可见，从政党报刊到大众媒体到智能传播，新

认知逻辑与新闻传播：信息化时代的生存之道

闻传播的每一次进步，都是建立在对新闻传播技术、理念、方式、方法、渠道、手段、效果、机制的创新与否定之上的。其中当然地和不可缺少地蕴含着对新闻传播活动的反思和批判。

媒介批评"既是批判的武器也是武器的批判"。它是新闻传播内在基本规律的要求，也是新闻传播永续发展的必要条件。因此，它理应成为新闻传伦理的重要的和基础的内容。但是，在新闻传播伦理的范式与框架中，媒介批评显然没有得到应有的重视并被摆在应有的位置上。在业界，媒体行为规范中同业批评往往被列为应该禁止的行为，这非常令人不解。

每一个新闻从业人员和新闻传播的参与者，都有权利也有义务拿起批判的武器，对违背新闻传播伦理的行为和观念行使"武器的批判"的权力，这是应有的责任和担当。任何拒绝批评和拒绝反思的媒体和从业者，必将被社会所淘汰。在互联网智能传播的环境下，大量没有经过职业训练和伦理熏陶的人，成为新闻传播链条中的重要力量，媒介批评的任务就显得更加紧迫，意义也显得更加重要。麦克风可以有，话语权要慎用，媒介批评就是在人人都有麦克风的传播格局中，维护话语权严肃性、公益性的最有利的"批判的武器"。

六、技术进步的挑战——新闻业"向何处去"

笔者有一个观点：一切科学都是工具理性的思想表达，一切思想都是重要性感受的语言表达，一切语言都是认知的价值表达。以上三个命题反过来也一样成立，用价值表达的认知是语言，用语言表达的重要性感受是思想，用思想表达的工具理性是科学。

技术进步和工具理性是认知跃升的表现，也是认知进化的动力。新闻传播技术的进步，不可避免地引发新闻传播伦理的困惑和争论。关于新媒体对新闻传播伦理范式的冲击，是最近新闻传播伦理研究的焦点。

平台传播、自媒体传播的出现使得传播主体的边界、新闻行业的边界、职业行为的边界变得非常模糊。比如，字节跳动公司（今日头条）明确将自己定位为互联网技术公司，只不过是在做媒体的事。新闻报道在这个平台上，似乎变成了无关新闻价值的"信息生产"。并且，其"生产"的内在逻辑默认使用"需求决定供给"的市场逻辑，受众变成了信息消费者。

当技术企业以市场主体的面目出现，以"消费需求"调适信息的"供给标准"时，网络新闻更多的是提供给公众想要的，而非公众需要的。比如，"赚头条"通过与媒体、专业生产内容（PGC）者的合作获得原创内容，将用户喜欢的文章推荐给用户，以满足资讯的个性化、社交化、本地化需求。这在中国新闻的史上第一次出现了"刷新闻赚现金"的"给付模式"。

肩负价值观引领使命的传媒行业正处于技术的深度"内卷"之中，许多人认为技术应成为传媒提升报道效益的工具性目的，这与"传媒作为社会价值引领者"的职业目标背道而驰。

在"技术膜拜"趋势和氛围中，"全媒体"与"专家型"的职业取向，突出强调了"懂技术，用技术"的能力，具有"技术能力"的职业媒体人集自媒体人甚至舆论领袖于一身，多种身份的叠加冲淡了传统的新闻职业归属感。"技术能力"稍弱的媒体人则自我放逐，自信降低，心态消极，失去了心气。

其实，这些焦虑并无必要。手拿鹅毛笔的记者，手执麦克风的记者，肩扛摄像机的记者，在网络上流连的记者，全身捆绑信息采集终端的记者，有区别吗？如果说有，也仅仅是现实场景和道具的不同而已。作为变动的信息的发现者、解释者、传播者，不论他们手里拿的是什么，也不论他们书法好不好，打字快不快，用什么终端，都没有本质的区别。坐马车的贵族和坐劳斯莱斯幻影的贵族，甚至是坐太空舱眺望星空的贵族，他们也仅仅是生活的场景不同而已。

新闻传播是"变动信息"的生产者。生活场景变了，变动的速度和规模变了，新闻传播的方式也一定要随之改变。当然，新闻传播伦理范式也要与时俱进，这是无可置疑和天经地义的事情。不存在永恒不变的生活，也不存在永恒不变的真理。对于技术进步的焦虑，实际上是对"新闻业向何处去"的担忧。

从新闻传播史的发展历程中可以看出，新闻传播业的每一步发展，都是技术进步推动的。比如，无线电技术让新闻媒体从印刷文字向音、声、画制作转变；互联网技术的发展，使新闻开始了随时随地接收、自由自在传播的时期。人工智能技术的发展，让新闻传播插上了智能传播的翅膀。但是技术进步的背后，是社会对信息传播实用性、便捷性、选择性、广泛性、针对性、具身性的强烈需求。也就是说，社会发展对信息的渴求是新闻传播业发展的真正动力。正是新闻传播业对这种社会渴求的满足，推动了新闻传播业的

认知逻辑与新闻传播：信息化时代的生存之道

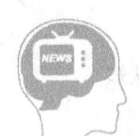

发展。

技术进步当然会对新闻传播业造成冲击和破坏效应，也不可避免地会对新闻传播伦理造成一定程度的"崩坏"效应。这是极其正常的事情。是固守还是创新？新闻传播业已经用行动做出了回答，新闻传播伦理学的研究也必须跟上，除此之外没有其他的选择。新闻传播伦理研究是对新闻传播本质和基本规律的必要认知，因此，面对变化的新闻传播和新闻传播的变化，新闻传播伦理研究需要了解、熟悉、掌握这些变化，才能做到伦理研究与新闻实践相适应、相匹配、相契合，才能发挥新闻伦理的活力，激发新闻伦理的生命力。

新闻传播是"常干常新"的事业，新闻传播从个别人独具慧眼而发现商机的行为，发展到全社会的广泛需要，成为全社会广泛参与、全社会广泛获益的社会化的认知活动，充分体现了它"常干常新，常新常干"的特点，这是新闻传播发展的自然规律。把新闻的工具理性体现在新闻伦理规范之中，既是新闻伦理研究进步的体现，也是新闻伦理研究进步的动力。

第三节　新闻传播伦理是社会福祉的专业表达

宋代名将岳飞说过，文官不爱钱，武将不怕死，何患天下不平。在现代社会，各行各业都秉承正确的价值观，守法治，讲规矩，有道德，便是社会最大的福祉。作为横跨经济基础和上层建筑，覆盖各行各业，关乎人人利益的新闻传播活动的伦理建设，显得尤为重要。

一、人生的选择有赖于媒体的操守

人类文明发展的历史告诉我们，人类的命运是由特定时间和空间之中人类选择的数量多寡决定的，选择的多寡则是由认知边界和认知系统性能所确定之价值观决定的。作为具备智能认知系统的生物体，其认知系统能力所及、所能获取和处理的信息总和，就是决定人类命运的关键因素。

作为总体的人类是如此，作为个体的人生亦是如此。前文说过，人生的命运决定于特定的物理时空中所有选择的空间和边界，而所有选择的空间和边界决定于价值观系统的完善和丰富程度，价值观系统的完善和丰富程度，归根结底是认知系统获得信息和处理信息的能力。

信息传播不仅是维系社会关系的纽带，而且是社会化条件下构建认知空间和价值观的唯一途径。在现代社会，新闻传播是获取信息的重要渠道，或可称之为每一个人构建其认知空间的重要资源。在现代社会以前，口传心授，耳提面命是获取间接经验的重要渠道。在现代社会中，间接经验在构建认知空间的所有资源中占有绝对的优势，且在获得间接经验的渠道中，新闻传播占有绝对的优势。因此，人生的选择与新闻传播的关系不仅密不可分，而且前者甚至是极度依赖后者的。在这样的环境与条件下，媒体的操守对于每一个现代社会成员来说，都具有十分重要的意义。

有操守的媒体所生产的信息，一定是在比较正确的价值观支配之下，接近真实，相对客观，尽量平衡，且是为了社会福祉而生产的，最有用和最实用的信息的。如果不是这样，则很可能会生产出扭曲、虚假、伪善、被利益绑架的，无用而有害的信息。被无用且有害的信息产品包围的受众，就如同每天食用含有大量激素、毒素且营养成分不足的食品，其结果当然是健康受到损害，生命受到威胁，人生饱受迫害。

二、社会的稳定与发展有赖于媒体的操守

关于媒体的作用，有很多的说法，如媒体是社会的守望者和看门人、社会公益的捍卫者等。但是从新闻传播的本质和规律来说，在我国媒体是社会主义核心价值观的捍卫者，是社会关系的维护者，是社会秩序的建设者，是社会变动的嗅探器，是社会稳定的压舱石，是社会发展的鼓动者。

媒体的社会责任，或者说新闻传播在现代社会中应该发挥的作用，就是用社会变动的信息实现价值观的确认和更新，达到价值观统一的目的。新闻媒体不是到了媒体高度发达的时代才具有了"宗教一样的作用"，而是在它登上人类文明进步的舞台的那一刻起，就具有了这样的作用。人们依靠新闻传播构建起对外部世界的认知，获得了解和理解世界的知识；构建起现代文明关于法律、教育、科学、艺术、信仰和传播的认知，获得适应社会生活的必要经验，并由此构建起基于社会关系的归属感和位置感。这些认知构成了社会成员和社会群体的共有认知空间和价值观体系，对于维护社会结构、规则和秩序的稳定具有重要意义，并为人类社会的有序、平衡、持久发展提供了足够的和充分的可能。

认知逻辑与新闻传播：信息化时代的生存之道

有操守、负责任的媒体，对于建设一个"和平、发展、公平、正义、和谐、有序"的世界具有积极、正面的意义。反之，则会"产生"和"造就"出大量具有伪认知、假认知、错误认知的社会成员，造成社会价值观体系基础的破坏，导致社会价值观体系的瓦解和崩塌，从而造成社会关系的分解和社会群体的分裂，威胁社会的稳定，丧失社会发展的基础。

从人类文明社会的发展历程可以看出，人际关系的发展呈现出两个反向的运动趋势。一是人类生活的社会化程度越来越高，使得人际关系越来越复杂和广泛，相互间的依赖度呈现出被不断抬升的趋势。比如在远古时代，人的劳动产品主要是自己消耗或在小范围内流通的，而在现代社会，义乌的一个小加工厂生产的产品已在全世界范围内流通，并成为全球供应链中必不可少的一环。二是随着认知空间越来越复杂，人与人之间的关系越来越网格化，呈现相互间强制疏离的趋势。比如在远古时代，人类只是被地理区隔；随着不同民族文化、宗教信仰的出现，人类又被文化区隔；随着阶级的出现，人类再被阶级区隔。在现代社会里，人们不仅生活在钢筋混凝土构建的小格子里，而且被知识、阶层、价值观、生活习惯等文化的、法律的、政治的、风俗的、信仰的、教育的、传播的等诸多材料制成的"蜂巢"固化在巨大的社会关系网格中，像蜂蛹一样动弹不得。人际关系的广泛化和网格化的矛盾表现为：社会成员之间"看不见"的依存关系越来越紧密，而具体的社会成员之间"看得见"的区格效应也越来越明显，从而使得新闻传播在构建和维系人际关系这一人类社会基本结构中的重要性越来越大，社会成员对新闻传播的依赖程度越来越高，这就对新闻媒体（包括自媒体和社交媒体）的职业操守和伦理规范提出了更高的要求。媒体的职业操守越严格，伦理规范越成熟，则社会关系越和谐，社会发展越稳健；反之，就会导致社会关系的紧张和社会发展的动荡。

三、新闻传播的发展有赖于新闻伦理的进步

能力越强，责任越大。现代社会中，社会变动的频率和幅度不断增加，社会对新闻传播的需求不断增强，新闻传播的发展不断提速。但是任何人类活动的发展一定是有节制、有序的发展，新闻传播活动也一样，无序的野蛮发展会像洪水猛兽一样对人类社会造成巨大的危害。

限制新闻传播发展的因素很多，如技术的限制，社会法律体系、政治体

系、文化体系、信仰体系的限制，等等。但是新闻传播作为社会化的认知活动，对新闻传播活动的正确认知是新闻传播有序健康发展的底层逻辑，对于新闻传播发展起到决定性的限制作用。新闻传播伦理则是关于新闻传播活动的必要认知，因此，新闻传播伦理对新闻传播发展的限制作用也是新闻传播伦理的重要组成部分。

所谓限制，并不仅仅表现为阻碍和限定，更多的时候是引领和规划。这就好比完善的水利系统，需要有堤坝、主灌渠、分灌渠，这样才能发挥出应有的作用。法律和政治的约束就相当于水利系统的堤坝，伦理规范就相当于水利系统的主灌渠，受众的媒介素养就相当于水利系统的分灌渠，社会认知系统和社会关系网络就相当于需要灌溉的土地。

只有堤坝而没有灌渠的系统，结果就只有两种可能，一是堤坝的崩溃，二是祸水横流。因此，新闻传播伦理对于新闻传播的发展具有极其重要的意义。这是新闻传播伦理的生命力所在。在新闻伦理研究中有一种观点，就是认为新闻传播伦理规范中必须要有惩罚性的条款，否则伦理规范就成为"没有牙的老虎"而失去了活力。这种强约束思维，是一种对新闻传播活动片面的和偏颇的认知。新闻传播伦理的生命力和作用力，是以对新闻传播活动的认知水平为依据的。只要对新闻传播活动具备了深刻、准确的认知，对新闻传播的本质和基本规律有了充分的掌握，就会了解到，只要新闻传播活动存在，就必然存在与之相适应的伦理规范，这不仅是人类一切认知活动的基本规律，而且是人类一切社会活动的基本规律。

水利系统的效能主要取决于灌渠的效能，新闻事业的发展也取决于新闻伦理的进步和完善。在现代社会，人工智能、物联网等先进技术强力地推动着新闻传播体系的进步，新闻伦理在新媒体急速发展、跨越式发展的历史条件下，只有坚持与时俱进，与新闻传播活动同步发展，才能维持、支持、促进新闻传播活动的进步。在新媒体快速发展的条件下，旧的新闻传播伦理体系受到了前所未有的冲击和挑战，因此也对新闻传播伦理的研究和实践提出新的更高的要求。但必须明确的是，无论新闻传播的技术、机制、方式方法、渠道、手段、理念、思维怎么变化，新闻传播作为价值观统一工具的性质不会变，新闻传播作为社会化认知活动的本质不会变。只有对此有清晰的认识，才能对新闻传播伦理的发展抱有充分的信心，才能激发出创新新闻传播伦理的强大动力，才能对新闻传播的发展做出应有的贡献。

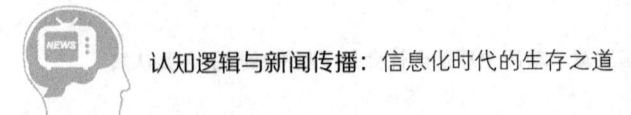

对应于人类关于新闻传播的认知体系，法律和政治制度对于新闻传播的限制就是关于新闻传播的基本认知，伦理规范就是关于新闻传播的必要认知，媒介素养就是关于新闻传播的充分认知，而新闻传播的基础设施（媒体和渠道）和传播体系（参与者间的关系）的综合水平就构成了关于新闻传播的充分必要认知。基本认知和必要认知、充分认知、充分必要认知的综合就构成了保证新闻传播活动有序健康发展的充分必要条件。

第四节 新闻传播伦理的发展趋势和方向

现代社会新闻传播实践的快速发展，不仅对传统新闻传播学提出了挑战，而且对新闻传播伦理学提出了挑战。新闻传播伦理学研究必须在方法、手段、工具等各个方面跟上技术进步的节奏，跟上新闻传播活动发展的脚步，才能焕发出强大的生命力，为新闻传播业的健康发展发挥应有的作用。

一、新闻传播伦理必然随着认知学的进步而产生质的飞跃

从人类文明发展进化的历史中可以得出这样的结论：①人类社会中的一切信息传播活动，都以群体的共同行动（包括分工和协作）为目的；②共同行动的前提是群体达成一致的价值共识，即形成统一的价值观；③价值观贯穿一切信息传播活动的全过程，并以实现价值观统一为目的；④作为认知空间基本功能和认知活动必要前提的价值观，规定认知活动的规律，决定认知活动的意义。换言之，不以价值观统一为目的，信息传播就是无意义的传播；没有价值观的参与，也不可能有任何形式的信息传播。

价值观统一的过程经过两个不断循环的过程：①物理时空的信号经过感觉器官的编码，在认知空间形成记忆，记忆的累积构建出认知空间的结构和系统，认知空间的结构和系统自然而然地形成价值判断机制，进而构建出价值观系统；②后续的编码通过价值观系统的价值权衡，形成附加价值观的信息，并经过运动系统的反编译，通过信息媒介传达给另一个认知空间，形成两个或多个认知空间的价值互动，达到价值观的统一（排斥也是一种统一）。两个过程不断反复循环，在价值观统一的基础上构建出人类群体的价值共识，因这些价值共识而引发的共同的行动就规定了人类生活的基本面貌。这两个

过程的螺旋式上升,即人类群体的认知和价值观系统的不断升级(认知革命),就形成了(描绘出)人类文明发展进化的过程(场景)。

随着人工智能技术的发展,相信认知学将在不久的将来实现一次新的质的飞跃。可以预见的是,关于认知的定义和对认知活动的基本规律的进一步揭示,将推动认知学产生颠覆性的跃升。作为社会化认知活动的新闻传播学,目前阶段,其和新闻传播伦理学的研究大多仍然处于用现有认知学成果对新闻传播现象进行理解和解释的阶段,尚未达到用认知科学的最新成果来认识和研究新闻传播和新闻传播伦理的高度。很多学者现在开始关注"重构"新闻传播学,而对于新闻传播伦理研究,"重构"的概念尚未提上议程。这与新闻传播伦理研究仍然和七八十年前没有重大突破的现象直接相关。

未来的新闻传播学和新闻传播伦理学的进步将更加有赖于认知学的研究成果。前面说过,新闻传播的法律和政治体系是关于新闻传播的基本认知,新闻传播伦理是关于新闻传播的必要认知,新闻传播素养是关于新闻传播的充分认知,全社会新闻传播体系建设是关于新闻传播的充分必要认知。只有基本认知、必要认知、充分认知和充分必要认知都无限接近新闻传播的本质,与新闻传播的基本规律相契合,新闻传播学和新闻传播伦理学才能焕发出生机和活力,才能够起到促进(规范)新闻传播发展的作用。同样,新闻传播伦理规范也会随着认知科学研究的进步,不断深化和完善对新闻传播本质和基本规律的认识,构建出与新闻传播基本认知相适应的、顺应新闻传播活动发展变化的、对新闻传播活动发挥重要作用的、更加丰富和具体的、更加富有生命力的、全新的伦理原则和规范体系。

二、新闻传播伦理必将在达成共识的途径和方法上取得质的飞跃

没有共识的伦理是徒有其表的"纸老虎"。新闻传播伦理要想取得广泛的共识,有赖于新闻传播学对新闻传播活动的深刻理解和对新闻传播规律的正确认识。但是在目前看,新闻传播学至少在达成共识的层面上,包括达成共识的途径、方法、机制方面少有建树。这当然与社会上各个阶层对新闻传播活动的认知、对新闻传播的本质和规律的认识存在较大偏差,各个利益群体对新闻传播的诉求也有较大差异,社会成员关于新闻传播的素养参差不齐等因素有关。但是,其中一个非常重要的原因就是,庞杂和臃肿的新闻传播学理论体系在社会层面上对新闻传播本质和基本规律的揭示,并没有达成广泛

共识。新闻传播作为最广泛的社会化的认知活动，新闻传播学作为一个独立的学科，学术研究与社会认知之间的巨大落差，严重阻碍了全社会（包括同业者之间）对新闻传播的本质和基本规律达成共识。

从新闻传播学的角度看，关于新闻到底是什么的问题就有多种多样的回答。最普遍的定义是：新闻是关于新近发生的事实的报道。这个定义，至少在新闻传播学界就没有达成共识，它也没有解释清楚为什么要报道新近发生的事实，为什么要用媒体来报道新近发生的事实，新近发生的事实对社会和社会成员发生了怎样的影响以及如何发生了这样的影响，即对新闻传播的必要性和合理性没有解释清楚。至于新闻传播学关于新闻传播的基本规律，在学界也没有形成共识。此外，新闻传播与价值观的关系，目前有价值传播、传播价值、价值观传播等各种各样的观点和表述，这些表达对于新闻传播与价值观到底有怎样的关系？新闻传播如何影响价值观？价值观又基于什么原理影响和左右新闻传播的价值和价值观？都没有清晰的结论。由此可见，关于新闻传播的本质和基本规律之共识的达成，其难度有多大。

从新闻传播伦理学的角度看，学界对于新闻传播伦理规范的研究，基本上是基于20世纪70年代为学界所公认的伦理原则，说明人们对伦理这件事本身的研究尚不够深入。其中对新闻传播伦理的表述，就有传播伦理、职业精神、职业道德、职业规范、行为规范与法律规范等说法。到底新闻传播伦理是什么？为什么？各种解释自说自话：有意识说、主观说、客观说、反映说、能动说、认识说等，莫衷一是。这样的学理研究结果，如何达成共识？东西方之间，不同意识形态体系中，对新闻伦理原则的解释更是五花八门。这就导致了达成共识的途径不畅通，体系不完备，理论不统一，价值观各异。

未来的新闻传播伦理学的研究，必然要在达成共识的途径、方法、机制上取得突破性进展，这当然需要新闻传播伦理学研究的视野、手段、方法的创新，更加需要新闻传播的参与者、受益者的共同参与，形成全社会对新闻传播活动的正确认知，把关于"价值观统一的工具"的传播价值观先统一起来。如果能形成价值观统一之下的关于规范新闻传播活动的共识，则必将使新闻传播伦理焕发出更强大的生命力。

三、新闻传播伦理学必将在研究工具上实现质的飞跃

新闻传播伦理是关于新闻传播活动的必要认知，即新闻传播活动对于新

闻传播伦理具有符合逻辑的规定性。新闻传播工具的变化，一定会强力促进新闻传播伦理学研究工具的变化，只有顺应新闻传播工具的变化，才能使新闻传播伦理通过掌握最新、最强有力的工具，避免成为"没有牙的老虎"。

新媒体的发展已经形成了这样的一种趋势，即传播效果预测能力不断增强，传播路径的跟踪能力不断增强，传播渠道的估值能力不断增强，传播的能动性（议题设置与推送）不断增强，受众的参与能力不断增强。这些都使得传播行为方式变动的频率加快，变动的方向多元，这也必然促进新闻传播伦理学研究工具的迭代和创新。

一个明显的例子是，过去一个传播学理论的提出，必定经过长时间的观察，提出一个解释新闻传播现象的假说，然后通过设计模型、收集样本、试验和数据分析，方能形成关于这个新闻传播现象的解释的理论。这个过程少则一两年，多则十几年。在大数据和智能传播平台上，对于新闻传播现象的观察，则理论上可以实现以周为时间跨度的短观察周期。事实上，在眼下的社交网络平台上，一个舆论热点从产生到爆发再到消失，通常也就三天左右，最长的也就7天。对于一个假说的验证结果，一个平台加上一个算法，与千万数量级的用户实时、自觉不自觉地合作，理论上可实现分钟级（甚至是秒级）完成对海量样本和海量数据的处理，从而直接呈现出实验结果。这是过去新闻传播学研究中从未有过的，也是无法想象的现象。更为显著的变化是，过去的传播学研究，长时间跟踪样本的研究成本极其昂贵，而在智能传播平台上，对样本跟踪的时间可以无限延长，且成本极其低廉，甚至可以轻松地、不受时空限制地延展至样本的传播关系网络。这样的研究手段的变化，必将对新闻传播学和新闻传播伦理学的理论框架、研究方法起到颠覆性的影响，从而深刻影响新闻传播和新闻传播伦理的发展和进化。

新闻传播伦理学研究的重点必然从范式研究转向实践研究，从最新的新闻传播实践中获得丰富的养分，滋养新闻传播伦理学，使之获得更强大的生命力。新的技术催生出新的行为，新的行为构成新的活动，新的活动蕴含新的规律，这些都需要新的规范。从新闻传播的行为出发，循着技术进步的路径发展，将成为新闻传播伦理学研究的不二法门，也必将推动新闻传播伦理随着新闻传播活动的演变而日新月异。循着技术进步的路径发展，就需要新闻传播伦理研究的工具不断创新，不断跟上技术进步的节奏。

新闻传播伦理归根到底需要建立在确实和有效发挥"工具使用指南"作

用的基础之上，其中必然包括工具的性质、工具的效能、使用的方法、使用的禁忌、安全操作的制度等内容。那么，要搞清楚这些问题以及对错误使用造成的危害的总结，适用的测量和试验的工具必不可少。以人工智能+大数据技术构建的新媒体平台，将为新闻传播伦理学研究提供最直接和高效的测量、试验工具。基于最新传播技术的新闻传播伦理学的研究成果，将有助于促进学界和业界的高度融合，为深化关于新闻传播活动的必要认知，促进新闻传播活动参与者达成共识，提供翔实和可靠的理论依据。

第六章

媒介素养是全社会关于新闻传播的充分认知

新闻传播伦理和新闻传播素养，都是关于新闻传播活动的认知。新闻传播伦理是关于新闻传播的必要认知，即新闻传播只要存在，则一定存在与这种活动相匹配的新闻伦理。新闻传播素养则是关于新闻传播的充分认知，即当了解、需要、使用新闻传播的参与者占社会成员的绝大多数的时候，则新闻传播素养一定广泛地存在于社会成员之中。

第一节 信息传播素养是人类社会化生活的基础

一、素养与修养的区别

《汉书·李寻传》云："马不伏枥，不可以趋道；士不素养，不可以重国。"陆游《上殿扎子》云："气不素养，临事惶遽。"这里的素养都是动词，是修养、养成的意思。现代社会中的许多人把多知多闻或具有某种能力当成素养，如英文的 accomplishment，即指由训练和实践而获得的技巧或能力。这些说法都有其一定的道理，但是从严格意义上来说，特别是从认知的角度来说，它们都把认知空间和物理时空混杂在一起来讨论，从而常常使事情陷入逻辑死循环，制造出许多的困惑和麻烦。

从认知的角度来观察，素养是已经存在的认知水平。可以把素养看成是

温度计上的刻度，它标示出认知水平的高低。素养的高低由认知的水平决定，且素养的提升有赖于认知水平的提升。修养（素养养成的过程）则是认知水平从低向高，认知能力从小到大的主动或被动的变化过程。做一个比较形象的比喻，37摄氏度，这是素养，而从37摄氏度到38摄氏度的过程叫修养。

素养作为对某一事物的认知，虽然受到物理时空的限制，但它独立于物理时空且仅存在于认知空间之中。修养则是认知空间作用于物理时空并不断反馈、再作用的循环。素养既是修养的起点，也是修养的终点。素养决定修养的方向和速度，修养反过来影响素养的高度和水平。因此，对于素养和修养加以区别非常重要。

素养和修养当然都很重要，没有素养这个起点，修养就不会发生；没有修养的过程，素养就不会提升。但是，二者相比较而言，素养更加重要。认知为因，行为为果，修养当然是认知选择的结果。当对某一事物缺乏足够的认知，或者认知的水平不够时，则无法对相应的行为做出正确的选择。所谓"经过训练和实践获得的能力或技巧"，修养也就无从谈起，修养是过程，能力是表象，能力和技巧都是价值观多次选择的结果在价值观系统中的印记。素养好比交通信号灯，当认知亮起红灯时，修养就会停下来等待，只有当认知亮起绿灯时，修养才可以前行。认知红绿灯的适时改变，就会使修养的过程通畅、顺利；红绿灯一旦出故障，修养的过程就会堵塞和陷于混乱。

二、什么是新闻传播素养

现代社会中，所有的社会活动都需要参与者具备相应的素养。例如，法律素养是关于人身和财产安全的认知，法律素养不够，就不可能在社会生活中把握哪些事可以做，哪些事情不可以做，一旦逾越了法律的边界造成对他人人身和财产权益的侵害，就会受到法律的制裁。教育素养是关于文化和传承的认知，教育素养不够，不知道为什么要学习和怎么更好地学习，就会产生各种的学习障碍和困难，导致教与学的对立和悖反，文化和传承就会面临难以为继的困境。科学素养是关于区别与联系的认知，科学素养不够，对事物的关系和边界产生混淆，容易偏听偏信，造成形形色色的迷信思想和行为，严重阻碍科学技术的进步。艺术素养是关于创造与创新的认知，艺术素养不够，缺乏发散性思维和想象力，故步自封、亦步亦趋，就会严重阻碍创新能力的发展。政治素养是关于人际关系的认知，政治素养不够，无法正确处理人与人、人群与人群之间的复杂关系，就会面临各种社会交往的困难和困境，从而无法和谐地融入社会生活。理想信念素养是关于未来和规划的认知，理想信念素养不够，则难以建立远大的目标，难免蝇营狗苟，得过且过。修养则是这些社会活动的参与者不断提高相应的素养的途径和过程。新闻传播素养是所有新闻传播的参与者（包括生产者和使用者、受益者）都需要具备的认知。新闻传播的参与者了解、需要、使用新闻传播的前提和条件，就是新闻传播的参与者对于新闻传播活动具有足够的认知能力和认知水平。这个认知能力和认知水平的集合，就是新闻传播素养，或称媒介和信息素养。

正如一个人具备了股票投资知识，能够熟练运用股票投资技巧，依靠股市投资的收益获取生活资源，则说明这个人具备了比较高的股票投资素养。现代社会生活中，在新闻传播已经深入社会生活的各个方面、各个角落，成为大众适应现代生活的节奏和方式之必不可少的途径后，新闻传播素养是每一个社会成员都应该具备的素养。普遍的和较高水平的新闻传播素养则是新闻传播实现其最高价值目标的必不可少的重要条件。

2017年2月，联合国教科文组织发布了《媒介与信息素养五律》。该文件期望通过信息素养与媒体素养的结合，将这五条内化为人们在21世纪生活与工作所必备的知识、技能与态度。

第一条："信息、传播、图书馆、媒介、科技、互联网以及其他形式的信息提供者应用于批判性的公民参与和可持续发展。它们享有同样的地位，而且没有一个比其他更与媒介信息素养相关或应被视为如此。"

第二条："每个人都是信息或知识的创造者，并携带自己的消息。他们必须被授予获取新的信息或知识和表达自己的权利，男性与女性应共同享有媒介与信息素养。媒介与信息素养亦是人权的纽带。"

第三条："信息、知识与消息并不总是价值中立或始终免受偏见影响的。任何对媒介与信息素养的概念化、使用与应用都应保证上述事实对于所有人都是透明可懂的。"这一条要求人们深知一个基本事实——信息本身会有偏见，因而信息透明和全面获取信息就成为人们防止受到偏见影响的前提。

第四条："每一个人都想知晓和理解新的信息、知识与消息，并与外界进行交流，即使他/她并没有意识到、承认或表达过，然而他/她的权益绝不应受到侵害。"

第五条："媒介与信息素养并不能即刻习得。它是一个动态的具有生命力

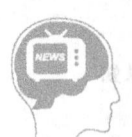

的经历与过程。只有当这个学习过程包括知识、技能与态度，并涵盖人权、评估、使用、生产、信息的传播、媒体和技术内容时，才能称之为完整。"

将这五条翻译过来的文字简单梳理一下，即媒介素养的内容可以简单理解为：通过对新闻传播（媒介+信息）的正确认知而具备的使用媒介观察世界、认识世界、解读和鉴别信息的能力，以及驾驭和使用媒介的技巧。这样的知识、能力和技巧对于每一个人都十分重要，因此，每一个人都具有获得这样的知识、能力和技巧的不容侵犯的平等权利。

不得不说，即使是联合国的文件，在素养与修养的关系上仍然存在一些错误的认知，比如把媒介和信息素养定义为知识、能力和技巧，又说"它是一个动态的具有生命力的经历与过程"。

三、信息传播素养的展开过程就是社会关系体系的构建过程

从人类文明的发展史中可以清晰地看到，信息传播对于人类生存和发展具有重要意义：没有信息传播就无法维系人类的社会化生存，也就没有任何文明成果的产生。试想一下，没有语言和文字，何谈人类文明。即使在语言和文字产生之前的远古时代，没有信息的传播，就不能形成最初级的社会结构，不会存在集体狩猎行为和食物分配的规则，也就不可能有智人的大迁徙，那么人类进化的历程就会在冰河纪终止。因此，信息传播素养是与人类信息传播活动同时出现的，是人类认知系统在原初状态时就具有的关于社会属性的认知的重要组成部分。对家长的服从、对法律的敬畏、对师长的尊重、对伙伴的信任等，这些对信息真实度、可信度、服从度的甄别和选择的认知行为，既是信息传播素养的内核，也是信息传播素养的延展。

在人类文明进化过程中，为了适应环境的变化，人们不断丰富和发展信息传播素养，依靠信息传播技能的进步，构建起更加复杂的社会结构，如氏族、部落、部落联盟、民族、国家等。这些复杂的社会结构能够稳定存在并不断发展，其根本原因就社会成员之间的信息传播，并经由信息传播构成社会成员之间血缘关系之上的诸多社会关系，如亲情关系、情感关系、契约关系、法律关系、民族关系、信仰关系、国家关系等。因此，信息传播素养是伴随人际关系的演化而不断发展的，也是维系广义的人际关系的基础性认知。

（一）亲情关系是一切人际关系的基础

抚育幼崽是高等级生命形式的普遍本能，但只有人类在这种行为之上发展出了亲情关系。与其他哺乳动物不同，亲情关系持续的时间非常长，基本上会从哺乳期延续到成年，甚至伴随终生。这种亲情关系是一切社会关系的发端。长久地维持亲情关系的基础就在于父母和子女之间的信息传播，或者说是借由信息传播的亲情互动。倘若没有彼此信任的亲情互动，人类的亲情关系就无法维持足够长的时间，并在此基础上发展出更加复杂的人际关系。如果那样，人就会和猴子一样，幼崽一旦成年，亲情关系随即消失，乱伦和近亲繁殖这样事情就不可避免，人类就无法克服自然选择的限制，也不可能成为食物链顶端的强大社会群体。

（二）情感关系是一切社会关系的基础

亲情关系所能维系的群体规模非常弱小，尚不足以让人类在残酷的自然环境中生存和发展。那么经由亲情关系而演化出情感关系，就需要更加复杂的信息传播系统来建立和维系。与现代社会不同，在远古时代，情感关系即所谓的近亲关系，这是氏族和部落成员间结成社会关系的纽带。在氏族和部落阶段，狩猎和采集成为获取食物的主要方式，狩猎和采集都是集体行为，即需要服从统一指挥的分工协作和公平而有效率的利益分配。集体行动必须以充分的信息传播为基础，没有足够的、权威的信息传播，就不可能维持长久和协调一致的行动。有研究表明，熟人关系可以维系的群体不会超过100人，据说这也是军队最基本的作战团队（以100人的连为单位）的由来。在现代管理学看来，100人以下的企业和100人以上的企业，所需要的管理模式完全不同。这就是情感关系的局限性。

（三）契约关系是复杂社会结构的基础

随着制造和工具的出现，人类活动的范围和规模逐步扩大，相对固定地居住下来。这时候，信息传播的系统已经比较发达，部落内部和部落之间，人际关系的复杂性也逐步增加，为了共同生存，语言和文字顺理成章地成为信息传播的主要形式，契约这种借由语言和文字等概念、符号进行的信息传播，造就了超越亲情和情感关系的更复杂的社会关系。没有契约，就没有部落内部的地位差别的固化，也就没有部落联盟这种稳定的社会结构的出现。这一历史时期，战争这种更大规模的集体行动也促进了信息传播的发展。所以，契约关系这种固定权利（或利益）的关系，就成为支撑复杂社会结构的基础。

（四）国家关系是高级社会结构的基础

当农业和畜牧业成为获取食物的主要方式的时候，物质资料的生产已经成为人类社会活动的主要形式。农业和畜牧业都需要对土地边界进行确认，于是国家关系就出现了。国家关系的出现，对信息传播的范围和效率要求更高，社会分工使生产者和管理者、工具生产者和工具使用者出现了明确的分化，交换劳动产品化成为社会生产过程的重要环节。于是契约关系也就随着国家的产生演变为法律关系。政令、律法、税收和市场，都需要高度发达的信息传播体系才能发挥作用。至此，信息传播已经成为维系国家关系和法律关系的基础。法律化的契约关系这种固定社会政治结构的国家关系，成为构建高级社会结构基础。

（五）贸易关系是现代世界关系的基础

当生产力极大提高，社会分工日益精细，社会产品极大丰富，如果仅有生产但没有贸易则生存和发展都不可持续的时候，贸易成为人类社会活动的主要形式。全球贸易的时代来临，使社会结构变得非常复杂：跨家庭的情感关系、跨地域的民族关系、跨民族的宗教关系、跨宗教的国家关系、跨国家的贸易关系纷纷出现。与之相应，信息传播所承担的责任也更加重大，使信息传播从其他生产活动中分离出来，发展成为以媒体传播为主、专业的和社会化的信息传播业。贸易关系这种高度抽象的人际关系成为构建现代化、世界级人际关系的基础。

在经济全球化的时代，个体与社会的关系更加紧密，任何人都无法离开社会而独立生存，家庭、民族、国家也是一样，如果脱离了完整的社会关系体系，也无法生存和发展，那种桃花源式的生活情境已经不可能存在。新闻传播作为价值观统一的强力工具，成为构建和维护地球村中复杂社会关系不可或缺的基础。

综上，从维系一个家庭，到维系人类文明的生存和发展，不但信息传播绝对不可或缺，信息传播素养同样绝对不可或缺。它是维系以人际关系为基础的社会文明体系的重要组成部分。在现代社会，每一个个体的新闻传播素养是决定其在现代生活环境中生存和发展能力的重要和不可或缺的重要认知。

第二节　新闻传播素养是信息化时代的生存之道

在现代社会中，教育体系和新闻传播体系共同构成了现代人获得信息的基础和完备的渠道。随着社会的演化，新闻传播体系所构建的信息传播体系，渠道更丰富、使用更便捷、接触更持久、影响更显著，在其担负的信息传播责任、实现的信息传播价值和意义方面，都远远超过教育业、出版业、互联网业等其他信息传播行业。

一、现代社会的显著特征：教育和新闻传播地位的确立

20世纪以后出生的人，与之前的人类在发育和成长历程上存在着明显的差异。在20世纪之前，方便地获得资讯、接受系统的教育是少数贵族阶层才能享有的特权。从20世纪开始，两个普遍而重要的变化发生了。

第一，学校教育的崛起和初等义务教育的普及。到21世纪，世界上已有60%以上的人口接受了正规的初等教育，在市场经济较发达地区，教育普及率大幅度提高和文盲率大幅度降低成为市场经济存在和发展的必要条件。

第二，新闻传播逐步介入社会生活的一切领域。传播媒介的形式日益丰富，媒介数量极大增加，且由于广告业的高速发展，媒介产品的价格急剧下降，新闻传播开始走进千家万户，深度介入每一个人的生活，并陪伴其终生。

20世纪之初，一些睁开眼睛看世界的先觉者开始将西方文化和科技引进中国，他们至少做成了两件事，一是办学，二是办报。由此可见，教育普及和传播大众化是当时引领世界潮流和助推世界进步的两项基础性的工作。

20世纪信息传播体系的特征之一是：义务教育普及和大众媒体的深度发展使信息传播变得大众化和日常化，为社会成员认知空间的构建提供了大量的、廉价的、系统的间接经验，这使得越来越多社会成员的认知空间极大、快速地丰富起来，这直接推动了科技和信息的爆炸式发展，并成为20世纪以来世界格局急速演变的重要原因之一。

20世纪信息传播体系的特征之二是：义务教育普及和大众媒体的发展使得大众的认知空间结构发生了质的飞跃，以直接经验为主要材料演变为以间接经验为主要材料，以个体体验为记忆主体演变为以社交体验为记忆主体，以律法和宗教为主要结构演变为以教育、科学、艺术、传播、信仰为主要结构，这就使得人性得到了极大解放，人掌控自己命运的能力极大地增强，人际关系也变得空前复杂和丰富，这成为20世纪以来人类生活内容极大丰富且日新月异的重要原因。

20世纪信息传播体系的特征之三是：义务教育普及和大众媒体的发展使

得价值观分化的趋势愈加明显，价值观统一的难度不断提升。个体认知空间的拓展方向、结构重心、系统特征等趋向个性化和多样化，价值观也由此变得更加多样化和复杂化。从个体价值观的角度观察，丰富的资讯和剧烈的环境变化，使得价值观确认和更新的速度越来越快，难度越来越高，价值观与现实之间的错位成为常态。从群体价值观的角度观察，个体价值观和群体价值观的差异性呈现出不断扩大的趋势。社会关系既复杂又紧密的趋势，又在不断地强调价值观统一的重要性，使得群体价值观协调的难度不断增加。价值观分化的趋势，使20世纪以来精神和心理问题呈现出普遍化、低龄化的趋势。

20世纪信息传播体系的变化，使得新闻传播素养成为人们了解世界、认识社会、参与社会的重要的认知能力。从广播一代、电视一代到低头一族，新闻传播几乎伴随认知空间构建的全过程。在信息爆炸的时代里，伴随新闻传播活动成长起来的"新新人类"，对他们而言获得资讯和使用资讯已经成为像吃饭喝水一样自然的事情。资讯已经成为像碳水化合物一样对生存和发展起到决定性作用的基础性资源。这是认知空间与物理时空相互关系的一次质的飞跃，是人类文明进化史的一个重要的转折。

因此，关于新闻传播活动的认知，已经上升到一切认知的最高层级和最重要的位置，即新闻传播素养对人生命运发挥的作用越来越重要，甚至是左右人生命运的决定性因素。

二、新闻传播素养不足的现状

新闻传播素养的重要性在现阶段尚未引起新闻传播学界足够的重视。在西方，新闻传播素养教育虽然起步较早，也有一些国家把媒介素养作为中小学选修课程，但是，在全民媒介素养的专业教育、科学教育、全民教育、终身教育方面还不成体系。在中国，媒介素养教育还没有列入义务教育的范围，仅有一些地方开始试验社区媒介素养宣教。公民的新闻传播素养教育尚不成体系，也缺乏制度的刚性保障。可以看出，政府和学界、业界对新闻传播素养的重要性认识还不充分，亟待提高。

由于对新闻传播素养的重要性认识不足，导致社会上一些长期存在的问题不仅得不到解决，而且越来越复杂。

第六章 媒介素养是全社会关于新闻传播的充分认知

（一）教育界对媒体的抗拒

从20世纪60年代开始的"清洁电视"运动，到2022年某些学校的公开砸手机事件。在一些教育专家的眼中，媒体是敌非友。在一些家长群体中，把青少年成长遇到的各种问题归咎于媒体，并极力制造青少年与媒体的"隔离墙""防火墙"。那种试图营造远离媒体的真空环境、培养单一认知的行为，与教育体系"为社会服务、为未来服务、为现代化服务"的宗旨大相径庭。在中国，某些政府部门和公益组织也对媒体如临大敌，"防火防盗防记者"的情况甚至成为一道屡见不鲜、令人咋舌的"风景线"，甚至发生过的执证记者被非法拘禁的案例和一些媒体人被跨省抓捕的事件。这些极不正常的现象，显示出全民新闻传播素养水平与新闻传播日益深入社会生活的现状极度不相适应。

（二）对媒体权的滥用

媒体和社会组织竭尽全力地利用媒体达成部分群体的利益诉求，这种以"意见领袖"和非政府组织利用媒体来改造社会的所谓"媒体行动主义"，导致媒体议题设置权被部分人所操纵：对这部分群体有利的便是媒体应该关注的话题，其他事情则是错误的或不存在的。互联网技术又在不断降低参与集体在线活动（点赞、评论和转发）的门槛，并诱发各种更为激进的线下行动，网上网下各种形式的暴力事件不断上演。比如2019年前后，多名"网络教父"被依法处理后揭露出来的与之相关各种触目惊心的案例。自媒体歇斯底里的互撕，意见领袖针锋相对地对骂，传统媒体的集体静默，以及民间各种断交、决裂、退群的风潮，这种新闻传播的情景，不令人心惊胆寒吗？

（三）媒介素养低下的伤害触目惊心

大量存在的"媒介素养盲"正肆无忌惮地损害社会成员的精神和身体，并引发"中毒效应"。比如，互联网传销以及网贷、网络催债和网络诈骗等恶性事件层出不穷。一些网红因不堪网络暴力而自杀的事情也时有发生。大量媒介素养较低的人群在接触和使用新媒体时处于主观表达薄弱的被动状态，其缺乏媒体表达的能力，对媒体的影响理解十分肤浅，对互联网信息的鉴别力、承受力和批评能力也很低。社交媒体和自媒体在健康养生、食品安全、金融理财、投资贷款、道德绑架、网络暴力等问题上生产了大量"有毒有害"的内容产品，受众往往不辨黑白，经常在不经意间造成有毒有害信息的反复传播。现实中许多案例表明，新闻传播素养与新闻传播高度发达的巨大鸿沟

已经严重损害了民众的精神和财产，甚至威胁到人身安全。

（四）对媒介素养的漠视正在制造普遍的认知困惑

社会发展不可避免地会造成价值观分化，为此世界上许多政府都在加强对新闻传播的掌控，把新闻传播作为统一舆论的工具。新闻传播的功能正在从发现、解释、说明变动的事实滑向掌控、引导、强化舆论的方向。这也在相当程度上造成了公众从媒体获得的信息与自我体验的鸿沟。

（五）病毒式的情绪传播正在制造巨大的认知黑洞

在社交媒体上，事实的传播正在被越来越多的情绪传播所取代。贩卖焦虑、营造恐慌、渲染对立，是某些自媒体和公众号在社交媒体上吸引流量的超级大杀器。各种流言、精心制作的虚假信息、各种打着知识传播旗号的"伪科学"信息，通过传播焦虑、恐惧、极端的情绪，裹挟了众多媒介素养不高的群体，在移动互联网社交媒体平台上进行病毒式的传播。手机屏幕中的被夸张扭曲的世界，正在制造出越来越多和越来越大的认知黑洞，越来越多诚实、客观、理性的观点和声音被认知黑洞所吞噬。

综上，新闻传播素养不是可有可无，新闻传播素养水平也不是可高可低的。这一素养是现代社会生活中，每一个社会成员都必须具备的重要认知内容和认知能力。它是帮助人们更准确地了解世界，更精确地规划人生，更娴熟地适应社会，更有效地获得欲求满足的基础能力。在信息海洋中生存，新闻传播素养就像游泳的技能，绝不可以没有，也不可以太低。

三、新闻传播素养对于现代和未来社会生活的意义

进入 21 世纪，世界格局的演变更加迅捷和剧烈，主要有以下几个特点。

（一）经济全球化进入深度调整阶段

在 20 世纪 90 年代后期，随着冷战的结束，经济全球化挣脱了意识形态阵营对立的束缚，进入了高速发展期，这个高速发展期的显著特征就是全球制造业从欧美向以亚洲为主的发展中国家转移，而金融业和服务业汇聚欧美，占据欧美经济总量的 70% 以上，逐渐形成全球产业链高端掌握在欧美，低端遍布全球的格局。以中国为代表的新兴经济体发展迅速，并开始向全球高端产业链升级，少数发达国家转而对中国的发展采取了打压和扼制的战略，一股逆全球化的风潮开始出现。这种逆全球化的做法主要表现在：一是制造业回流欧美；二是西方利用北约对新兴经济体国家进行分割、围堵；三是试图

重构全球产业链，维持欧美在产业链中的支配地位。世界产业格局和经济运行由此进入急剧动荡的周期。

（二）互联网+人工智能进入高速发展期

21世纪以来，区块链、大数据、虚拟现实等互联网新技术和智能机器人、自动驾驶、算法深度学习、脑机接口、大数据模型等人工智能新应用的发展，给人类社会的生产模式和就业方式带来了前所未有的冲击。十几年中，一些新兴的行业快速地产生并迅速发展，而一些行业正在快速地消失和灭亡。比如，2019年人力资源和社会保障部、市场监督管理总局、国家统计局正式向社会发布了人工智能工程技术人员、大数据工程技术人员、物联网工程技术人员等13个新职业信息；《中华人民共和国职业分类大典2022版》净增158个新职位，职业总数达到1 369个；与2017版相比较，2021版《国家职业资格目录》中的专业技术人员和技能人员职业资格总量减少了68项，压减比例达49%；《2019年生活服务业新职业人群报告》显示，七成新职业从业者为大专及以下学历，高学历人才喜爱从事的TOP3新职业是心理咨询师、整形医生、STEM（由科学、技术、工程、数学等学科结合而成的一种跨学科综合教育）创客指导师。在新职业从业者中，"80后"和"90后"成为主力军，占比超过90%。其中，1990年以后出生的新职业从业者占据半壁江山。互联网+人工智能的发展必将造成三个剧烈的变化：一是全球范围内的产业和产品的升级；二是全球范围内商业和市场的升级；三是全球范围内消费和需求的升级。总之，世界经济格局已经进入剧烈变化周期。

（三）世界政治格局进入震荡期

随着经济全球化和新技术进步带来的世界经济格局的剧烈变化，西方一些国家的保守政治势力，在世界政治格局演变中发挥着越来越重要的影响。这导致了新的东西方之间的对抗，给世界地缘政治格局的变化带来了更多不确定的因素。未来，世界发展的不稳定性和不确定性增加，世界政治格局正在进入一个大变革、大动荡的周期。

面对"百年未有之大变局"，在新闻舆论范围内，围绕两种价值观所展开的艰难复杂的长期斗争，将成为中国与西方保守势力斗争的主战场之一，捍卫中国特色社会主义核心价值观和中国人民的发展权将成为全党和全国人民面临的长期而艰巨的任务。

"做强主流舆论，放大主流声音，讲好中国故事"是捍卫中国特色的社会

主义核心价值观的基本方法和根本路径。究其实质就是做好党的新闻舆论工作，充分发挥新闻传播"价值观统一工具"的巨大作用，打赢捍卫核心价值观的舆论战、信息战、认知战。

总之，世界发展、变化的周期越来越短，频率越来越快。人类生活的模式正在从"火车"模式全面转向"赛车"模式，甚至有时还会是"过山车"模式。人们对于新闻传播的需求更加迫切和现实。因此，了解变动、认识变动、把握趋势，获取、鉴别、使用新闻信息的能力，已经成为无可替代、不可或缺的基本生存技能。与此同时，大众新闻传播素养的提高也就显得比以往任何时候更加急迫和重要。

第三节　提高新闻传播素养的途径和方法

世界各个国家和地区中流行着诸多促进媒体素养教育的策略方针，有学者认为，对此大致可以概括为五种媒体素养教育方向：防疫模式、批评模式、社会参与模式、媒体艺术模式和反思性媒体生产模式。

一、基础的新闻传播素养教育需要从娃娃抓起

进入21世纪社会，人从婴幼儿开始，就无法摆脱媒体信息的包围。从有声故事书到婴幼儿早教App，基本上成了"人之初"认识世界的基本仪式和道具。既然每天都得接触和使用媒体，那么对于新闻传播素养的教育就必须从娃娃抓起，对孩子因接触媒体信息而取得的直接经验加以引导和干预。现在好多家长把画册和手机作为陪伴孩子的主要方式，造成了亲子互动经验不足。这是因为在认知构建过程中，人的因素过度地让渡给物的因素，从而造成孩子在人际关系认知方面的严重缺失，长此以往，他们会更加倾向于借助工具来创建和维系人际关系，对于屏幕背后的"虚拟人"的依赖超过面对面的真实人。在青少年时期，新闻传播素养教育应该列入初等教育的教材，通过对新闻传播史、新闻传播媒体、新闻传播事件的了解，构建起青少年对新闻传播的正确认知。至少要把新闻传播史列入世界历史和国家历史的教材。另外还应在学校创办学生广泛参与、以学生为中心的校园媒体，把校园生活与新闻传播活动进行有效衔接，帮助孩子获得使用新闻传播工具的直接经验。

二、新闻传播素养教育需要全社会的参与

现代教育的理念是使教育具备生产性、公共性、科学性、未来性、革命性、国际性和终身性的特点。新闻传播素养教育也应该遵循这样的理念。特别是新闻传播素养教育的公共性、未来性和终身性应该得到充分的重视。新闻传播素养教育应该成为社会的公共服务产品,帮助社会成员建立正确的新闻传播认知体系。新闻传播素养教育的未来性,要靠新闻传播学、心理学、认知学、社会学等诸多社会科学的理论来支撑,特别是基于人工智能技术对新闻传播的影响、人工智能科学的普及和产业进步等的讨论,应该成为大众理性讨论的常态化议题,对此本书第八章将做必要展开。新闻传播素养的终身性,则需要靠社区提供充足的资源,来满足大众的需求。媒体也应该把媒介批评作为普及新闻传播素养的重要手段,来帮助公众在使用媒体信息的同时,接受新闻传播素养的熏陶。

三、新闻传播素养的提高应该成为全人类的自觉

新闻传播业诞生至今已经200多年了,200多年中,使用和依赖媒体的人越来越多,而研究和传习新闻传播素养的人仍然局限于一些学者、社会活动家和志愿服务者。那些每天使用新闻传播的人,仿佛更寄希望于媒体的道德水准和良心,甚至希望政府干预和约束媒体,以确保媒体提供的信息都是真正对自己有用和有益的。须知,每一个浸泡在媒体资讯海洋中的人,学会"游泳"才能生存,具备了足够的新闻传播素养才能更好地发展。公众(包括媒体人)的媒介素养是确保媒体履行好新闻传播职责的压力和动力。正如公众法治素养的全面提升才能使整个社会真正进入法治社会那样,公众科学素养的全面提升才能创造持续发展的美好生活,公众新闻传播素养的全面提升才是创造一个更好世界的前提。

第七章

新闻传播体系建设是全社会的充要认知

新闻传播作为价值传播和价值观统一的社会化认知活动，对于人类社会的生存和发展具有决定性的作用。它是维持社会秩序、维护社会关系、优化社会结构、促进社会均衡发展的重要基础。因此新闻传播的体系建设，是基于对新闻传播的充分必要认知而展开的社会治理认知和实践，是现代化国家治理体系建设中不可缺少的重要环节之一。正如习近平总书记指出的，"新闻舆论工作是事关治国理政、定国安邦的大事"。

第一节 社会传播体系建设是现代社会发展的刚性需求

人类社会发展到今天，形成了以市场经济和社会化大生产为主要社会生活内容，以国家间发展不平衡为主要特征，以科技和信息技术为主要发展方向，以信息化生存为主要认知能力，以剧烈、快速、不稳定为主要发展模式的文明发展阶段。

这个文明发展阶段具有如下三个显著的基本特征。

一、认知进化造成生物系统的弱化与社会系统的强化

人类的智能认知系统经过长期的积累和沉淀，在以工业革命为代表的社

会变革浪潮中实现了爆炸式的飞速发展。这个飞速发展表现为科学技术的巨大进步和社会生产力的大幅度提升。同时，也带来了人类生物属性的弱化和社会组织结构的强化这两个趋势。

（一）人类生物属性的弱化

大机器生产极大地延展了人类运动系统的能力。笔者曾经参观过首钢在曹妃甸的新厂区，从铁矿石投入高炉到镀锌钢板成品出厂，中间炼铁、炼钢、轧钢、镀锌、打包等几十道工序，只需要十几个工程师在中控操作台前通过键盘和屏幕就可以完成。在湖北十堰东风汽车的现代化的汽车生产线上，工业机器人有条不紊地高效率作业，只需要二十几分钟，一堆原件就可以装配成整车下线。在这样的企业里，生产能力远远高于销售能力。一个企业能否生存，越来越依赖企业在市场的销售能力和产品的创新能力。也就是说，智能和智力在社会生产和社会生活中成为越来越重要的"生产资料"，而对于体力的要求反而越来越退居次要的位置。人们不得不需要通过体育运动来维持智能和智力的再生产过程，甚至已经将体育产业发展成为一个社会生产体系中越来越重要的环节。现代奥林匹克运动会上"更高、更快、更强"的奥林匹克精神，对于体力和体能极限的突破，已经成为一种概念，或者说是一种激发人们抵抗体力和体能衰减的一个隐喻。甚而言之，这个隐喻已经成为体育产业的形象广告。体能与体力已经不得不在曾经人类生存所必备的重要条件中逐步地"淡出"。

不仅仅是运动系统，能量转化系统也在退化。种植业和养殖业的规模化和自动化生产，使人类已经进入了营养过度、食品结构标准化的阶段。加上医疗产业的发展，人类已经从消化器官主动适应食物的过程，转变为让食物适应消化器官的过程。与之相应，在用进废退的法则作用下，围绕消化器官的内分泌系统的适应性特征也在慢慢衰退。例如，胃肠道疾病的发病年龄呈现出低龄化的趋势，胃肠道健康的人群在社会群体中的比例在不断降低。很多人把这种现象归结为饮食结构、添加剂、抗生素或者是精神压力等问题，为了改善这种状况，人们把健康饮食做成了庞大的产业，但是，我们不得不面对的悖论是：健康饮食产业越发达，健康问题越普遍。因此可以说，饮食结构和添加剂、抗生素等只是问题的表象，人类能量转化系统的退化，才是问题的本质。2023年9月，随着开学季的到来，预制菜进校园成为舆论热议的焦点。人们对预制菜的激烈讨论，正是人们对传统食品的怀念和对食品工

业化的隐忧。

作为能量转化系统的一个特殊结构，生殖系统所发生的退化过程更加明显。在经济发达地区，无一例外地跌入了人口增长停滞和人口负增长的陷阱。以日本为典型代表，人口老龄化正在成为人类社会发展的一个越来越令人担忧和无可奈何的问题。在人口学领域，对于这种现象的分析很多，如环境说、文化说、生活成本说等，不一而足。笔者以为，问题的关键在于运动系统和能量转化系统的弱化导致人的繁衍动力的降低和生殖能力的退化。2022 年，中国人口调查的统计数字说明，中国也已经进入了人口负增长的阶段。一方面国家废止了计划生育政策，鼓励生二孩和三孩。另一方面，育龄人群越来越多地选择"不相亲、不结婚、不生育"的"三不"主义。

社会生产能力的增长，对人类运动能力和能量转化能力的需求持续降低，导致人类运动系统和能量转化系统的进化过程正在陷入不断衰减和弱化的趋势之中。

（二）社会结构与关系的强化

与社会化大生产相对应的是社会分工越来越精细，由此对社会结构复杂程度和结构强度的要求越来越高，即要求社会结构足够复杂、足够有效率、足够精细化和足够稳定且强大。所谓经济全球化，既是社会化大生产对社会组织结构适应性的刚需，也是现代社会主流价值观体系对社会实践的规律性需求。当今世界的逆全球化和反全球化的趋势，是社会认知和社会实践活动之曲折发展规律的一种表现，是价值观统一规律中价值确认和价值更新两个过程相互作用的结果。

例如，第一次世界大战之后的国际联盟和第二次世界大战之后的联合国，都是基于世界新秩序而发展出来的新型社会结构。观察联合国的发展历史就可以发现，当世界经济发展良好时，世界秩序相对稳定，联合国的地位比较高，作用就比较大。反之，当世界经济发生危机时，世界秩序就相对不稳定，联合国的地位就会下降，作用就会减小。这其实是一个再正常不过的规律，即经济的发展需要复杂的社会结构，复杂的社会结构则带来结构性的不稳定趋势，从而制造更加复杂的社会结构，如此往复循环。联合国诞生之后，国际社会结构不是简单了，而是更加复杂了，如不结盟运动、南南对话机制、欧盟、东盟、阿盟、非盟，以及七国集团（G7）与二十国集团（G20）、泛太平洋战略经济伙伴关系协定（TPP）成员、金砖国家、上合组织等纷纷出现。

就国家内部而言，西方国家的社会结构也进入了复杂化的进程，从两院一府，到三权分立，再到现在的各种非政府组织，在社会结构中占据越来越重要的位置。各种基金会、智库、研究机构在重大议题的决策过程中，逐步取代了过去工会组织、妇女组织、特殊群体利益代言人组织，成为影响政治决策的重要力量。现在的社会非政府组织越来越庞杂，在社会政治体系中的作用越来越大。不仅如此，社交网络平台也出现了社会组织化的趋势。社会成员越来越依赖社交平台来主张自己的诉求，维护自己的权利，甚至连政治选举也越来越依赖于这种扁平化的社会组织结构。基于信息科技的社交网络平台，在社会动员方面也越来越具有更强大的能力。在社交网络平台上，甚至出现了新型的社群结构，它们是更多地基于价值观而不是社会阶层所形成的新社群。

在中国，中央深化改革领导小组公布的《关于加强和改进群众团体工作的意见》，以及近年来国家有关部门对事业单位和社会团体的一系列重大改革措施，彰显了非政府组织的意义和价值，以及国家在建立现代化国家治理体系的过程中对非政府组织在社会结构中的重要性的关注。在人民代表大会和中央政府的基本结构之下，人民团体、群众团体、社会团体、社会公益组织（单位）的层次更加分明，结构更加复杂，作用更加突出。

总之，人类智能认知系统爆炸式的飞跃发展，造成了人类生物属性弱化和社会属性强化的趋势，这一趋势必然引起对价值观统一需求的增加。

二、价值观统一的广泛性和对抗性的矛盾不断加深

从氏族社会到庞大帝国时代，再到资本时代复杂的国际社会体系，价值观统一的广泛性在不断地强化，而价值观统一的对抗性也在不断地彰显。

从氏族社会到帝国时代，价值观过程是通过价值观消灭来实现的。那种价值观对抗的烈度虽然比较高，但是，价值观对抗形式单一，范围也比较小。一个国家被征服了，颁布一道法律，杀掉一些激烈反抗分子，价值观统一的过程就告完结了。历史上雅典与斯巴达的伯罗奔尼撒战争、罗马帝国与波斯帝国的战争、蒙古西征与欧洲蛮族的南下、罗马帝国与阿拉伯帝国的战争，一直到第一次世界大战，世界范围的价值观统一过程，基本上都遵循这样的规律。

当人类文明发展到大规模杀伤性武器成为战争的终极手段的时候，价值

观的消灭因为其危及人类整体生存，就成为一个难以完成的任务。价值观统一的工具，也越来显示出柔性特征。这种柔性且范围宽泛的价值观统一过程，使得价值观统一的对抗性凸显出来。

当新闻传播取代宗教成为价值观统一的强有力的工具的时候，它的广泛性超过了宗教，没有一个宗教会拒绝新闻传播机构的存在，也没有一个国家会禁止新闻传播机构的存在。与此同时，新闻传播又受到比宗教传播更多因素的制约，如文化特征、政治制度、经济水平和生产力水平等的制约。这些因素导致的结果是：一方面在国家内部极力借由新闻传播实现价值观统一，另一方面国家之间又在极力地借由新闻传播对抗价值观的统一。

价值观统一的广泛性与对抗性的矛盾，在国家之间或国际组织间，虽然有的时候并不会上升到武力对抗和战争的程度，但有的时候又确实不得不以战争的形式进行，如巴以冲突、两伊战争、阿富汗战争、印巴冲突、叙利亚战争、利比亚战争、伊拉克战争等。对抗与战争的理由千奇百怪，结果大相径庭，但是究其根本，无一例外都是价值观统一的广泛性与对抗性矛盾的体现。放眼全球，这种矛盾越来越尖锐，越来越复杂，越来越成为世界范围内价值观统一的巨大障碍。

表面上看，一个国家，一个组织，其权力争夺是利益的冲突和关于"生存与发展"的理念、道路的冲突。但是，如果我们放眼人类文明发展与人类智能认知系统发展的历程来看，就会发现，人类认知越发达，认知的结构和系统就越复杂，对价值观统一的需求就越强烈，价值观统一的难度也就越大。与之相应，人类文明的结构与样貌随着人类认知的发展，也会越来越丰富，越来越复杂，越来越不稳定。所以，归根结底，智能认知系统的进化是一切问题的根源。价值观统一的广泛性与对抗性的矛盾也是认知系统高度发达乃至爆炸式发展的结果。

三、认知丰富与认知困难的矛盾成为人类智能认知系统发展的巨大障碍

教育的普及极大地拓展了人类的认知空间，没有教育的普及就没有科学和技术的飞跃式发展，也就不会有新闻传播的社会化。教育的普及、科技的进步叠加新闻传播的大众化、日常化、消费化、科技化、智能化，在不到100年的时间里形成了"信息爆炸"这样的人类智能认知系统的"裂变"式反应。

第七章 新闻传播体系建设是全社会的充要认知

不论在物理学还是在社会学领域，爆炸都不是一个稳态和常态的情形。并且，时空容量决定了所能承受的爆炸烈度。例如，火柴的燃烧和手榴弹的爆炸基本上是相同原理和相同作用的化学现象。但是由于时空容量不同，效果也大不相同。同理，人类智能认知系统的空间容量也是有极限值的。

观察人类智能认知系统的进化史就可以看出，人类智能认知系统存在两种状态交替的情况，一是认知空间容量的极值基本恒定的稳态，二是认知空间的极值被突破的失稳态。在稳态之下，认知空间的扩张速度相对稳定，人类社会的发展历程也处于匀速或匀加速的状态。在失稳态之下，认知空间的扩张速度极不稳定，人类社会的发展历程也处于激烈动荡的状态。

在人类智能认知系统的进化史上，大致有三个失稳态时期，一是石质工具普遍被发明和使用的时期，二是金属工具被普遍发明和使用的时期，三是化学和原子工具被普遍发明和使用的时期。第一个时期没有文字可考的历史，第二个时期就是人类文明的轴心时代所处的那个阶段，其中中国处在春秋战国时期，欧洲处在伯罗奔尼撒战争时期。第三个就是第二次世界大战结束至今近80年的时期。在这三个时期以外，人类智能认知系统的历史大致处于相对的稳态。

熟悉春秋战国那段历史的人都知道，社会动荡与百家争鸣是相辅相成的。直到秦汉帝国建立，百家争鸣也相应结束。这就充分说明，认知空间的极度扩张，是引发社会变革的根本原因。当认知空间的极度扩张过程结束，社会也就进入了相对稳定的阶段。在欧洲，思想和文化发展曾一度引发了动荡，天主教统一欧洲后，欧洲也就进入了漫长的稳定的发展阶段。直到文艺复兴和启蒙运动，开启了又一次认知空间极度扩张的序幕。

仔细观察百家争鸣的过程可以看到，随着认知空间的剧烈扩张，认知赋能与认知无力同时在认知稳定之中发挥着不可替代的作用。也就是说，认知丰富的趋势和认知困难的趋势同时存在，这两种趋势的矛盾作用，最终达成了认知空间扩展的稳定。著名的白马非马的争论，就是认知丰富与认知困难这对矛盾体的一个表现。白马非马之争，背后是"名不正、言不顺、行不果"与"何为名，何以名"的认知纠结。作为道家祖师爷的老子，既是一个认知高度发达的智慧体，又是一个认知极端反动的智慧体，这种矛盾的现象，也是认知丰富与认知困难的表现。

现代社会，是认知空间极度扩张的第三个失稳态时期。认知丰富与认知

困难的矛盾更加突出。主要表现在以下几个方面。

第一，科技的发展速度超过了认知反应速度。科学的发展，从来都是对已经存在的科学结论进行否定的过程。新的知识不断涌现，旧的知识不断被否定；科学研究越来越脱离普通大众的生活，成为实验室和研究所里的"私密"活动；科技成果更多地转化成生产力（技术的发明远远地超过产品的发明），而不再是触手可及的生活产品，科技成果与现实生活的距离越来越大；科学研究的理论化色彩越来越浓厚，并构建起越来越高的知识壁垒。这些科技发展的特征，造成了社会层面中新知识和旧知识交织在一起的局面，让人们感到无所适从。

第二，文化的繁荣抬高了认知的门槛。文化的繁荣一定带来思想的碰撞。一般而言，文化的繁荣会促进经济的繁荣和生活的丰富。但是生活质量与文化繁荣之间是有门槛的，并不是每一个人都可以随心所欲地把文化繁荣的成果转化为生活质量的提高。要享受文化繁荣的成果需要具备一定的认知能力和水平。在现代社会，文化繁荣催生了两个现象，一是思想多元化，二是文化产业化。

思想多元化，导致不同的思想在认知系统里产生冲突，进而导致价值排序的复杂程度成倍地增加，自然增加了价值判断和价值选择的难度。在人生规划和生存之道这个领域内，佛系文化、道系文化、儒系文化、仙系文化、"二"系文化、狼性文化，各行其道，各种人生导师、鸡汤大师、段子手，你方唱罢我登场。有人说这是乌烟瘴气，有人说这是百家争鸣，有人说这是智慧拼盘。

文化产业化使许多文化成果演变为"快消品"，爽文体和偶像剧的大行其道就是文化产业化带来的弊端。从满足生存和发展的基本需求出发的文化发展方向，异化为从利润和消费的需求出发的发展方向，从遵从认知发展规律异化为市场发展规律，从个体化的灵感创作异化为流水线的生产模式。这些异化都导致了大众认知能力和水平的降低。与之相对，就是抬高了享受文化繁荣成果的认知门槛。

第三，生活空间的网格化导致认知空间窄化。现代社会中，阶层、财富、职业、教育程度、价值观，正在形成越来越牢固和细分的网格。社会成员的生活空间越来越局限于这个网格之中，这就使适应这种网格的认知被强化，不适应这种网格的认知被边缘化，从而形成了个体认知日趋窄化的趋势。在网络媒体平台上,看似认知连接更加方便、广泛,实际上,圈层文化正在限制认知个体的平等和无障碍的连接和交流。所谓有关"信息茧房"效应的争论,其实并没有触及问题的核心。在互联网平台上,各种信息充分涌流,似乎无法建立"信息茧房"。但是,生活空间的网格化,信息平台的圈层化,正在制造出无数的"认知茧房",以及认知茧房之间的认知黑洞。现实的人际关系中,三观对人际关系构建的成本,远远低于通过互联网平台建立起来的人际关系的成本,加之由于网络化生存,人际关系向网络迁移所引发的关系虚拟化趋势更加降低了打破"三观圈层"所需的现实成本,从而使网格化空间更加牢固,认知窄化的趋势更加明显。

总之,在现代社会这个认知发展快速、剧烈且不稳定的时期,对价值观统一的需求更加强烈,价值观统一的难度则不断增加,社会对于价值观统一的体系性建设的要求也就越来越高。价值观统一的基础性建设,或者说新闻传播体系的基础性建设的重要性也就明显地提高了。

第二节　新闻传播的社会体系建设

人类文明发展的历史经验表明,人类的活动有利于人类生存和发展,这个活动就积极且顺利,反之则消极且曲折。人类活动通常在两个维度展开,一是基础性的活动,二是系统性的活动。基础性的活动重点在于结构的建设,系统性的活动重点在于结构之间的联系。新闻传播作为人类社会化的认知活动,当然也要符合这个基本规律。所谓新闻传播的社会体系建设,体现在现代社会治理体系中新闻传播系统的结构特征和与其他社会结构的关系之中。由于新闻传播的本质和基本属性,新闻传播的社会组织结构在所有社会组织结构中是最庞杂的社会结构之一。

一、系统的优化必须建立在结构合理的基础之上

作为社会化认知活动的新闻传播,事实上是人类社会维持系统的重要组成部分,且其自身也必须是一个功能完善的子系统。这个子系统能够正常运转,发挥应有的作用,其本身所具有的结构必须合理且完备。

一般而言,除非涉及专门的话题,如新闻传播的伦理规制和法律法规等,

人们观察新闻传播的视域仅限于新闻传播媒体,而不是新闻传播体系。一些专家、学者会把讨论的范围延伸到媒体与受众的联系,这其实远远不够。作为系统存在的新闻传播活动,其结构不仅仅局限于媒体和受众,至少应该具备下面几个比较专门和专业的结构来支撑专业化、大众化、社会化和系统化的新闻传播活动。

其一,立法机构和执法机构。它们专门针对新闻传播活动所涉及的责任、权利、义务来制定相应的法律和规章,并对违法侵权行为进行裁判和制裁。在现代化国家的社会生活中,全面依法治国,依法开展社会活动,依法划定行为的边界,依法主张权利、维护利益、履行义务,是人类文明发展到法治文明阶段合理且可行的基本社会规范。因此,新闻传播体系本质上是社会依法赋权或授权,所以它必须被纳入法治化的轨道。

目前世界上通行的关于新闻传播的法律、法规,基本上都是民事法层面的,少有上升到宪法层面的。即使在民法领域,有专门的婚姻类法庭、知识产权类法庭、遗产继承类法庭,专门的新闻侵权类法庭则非常罕见。现实生活中,因新闻传播引发的诉讼也非常罕见。比如,美国前总统特朗普曾在多种场合控诉美国主流媒体对其进行歪曲和丑化报道,骂它们是"假媒体"和"残废媒体",甚至"推特"还关闭了他的社交账号,但即便如此,仍然没有一家媒体被告上法庭。

新闻传播的法律、法规层级低,甚至缺位的现象非常普遍。人们似乎更在乎婚姻、遗产、税收、名誉、就业这样的法定权利,并通过律师和法庭来维护自己的权益,而对塑造和构建这个法律体系发挥重要影响的新闻传播中的法律问题并不太关心。人们似乎更关心新闻媒体报道的耸人听闻案件的法庭审判结果,而对新闻报道对审判结果的影响力比较无感。即便是在那些法治比较健全的国度,那些被称作"第四权力"的媒体和"无冕之王"的记者,既较少受到法律的约束,也较少享有法律的保护。因新闻采访和新闻报道造成的法律纠纷,更少有运用法律来解决争端的。应该说,在新闻传播系统中,与法律相关的结构是一个薄弱的短板,而这与新闻传播在现代社会文明体系中的地位和作用是极不相称的。

其二,学术和科研机构。学术和科研应该成为新闻传播业发展的两个翅膀,它们一个致力于发现新闻传播的规律,探索新闻传播的意义;另一个致力于为新闻传播提供技术和工具。这两个翅膀如果比较协调,无疑会有力地

第七章 新闻传播体系建设是全社会的充要认知

助推新闻传播事业的发展；反之，则会影响新闻事业的发展方向和发展速度。

新闻学术机构与新闻教学机构不是完全等同的概念，新闻科研机构和新闻教研机构同样也不是一个概念。尽管在现实生活中，它们经常被人们混用。世界上任何一个国家，都会至少有一个新闻传播学的院系。但是，这样的院系，是不是一个纯粹的新闻学术机构，或者是一个新闻科研机构呢？对比一下其他学科，有院系，有研究所，有具有一定规模的研究基地，新闻传播学与之相比，显然要薄弱许多。

当今社会，新闻院校更多的是一个新闻教学或者说是一个培训结构，而与新闻相关的科研机构则大量散落于与信息技术相关的商业公司之中。这就造成了一个显著的现象，即新闻传播产学研联系的紧密度显然低于其他应用科学领域。新闻传播作为一个实践性、系统性、理论性都非常强的社会学专门学科，其产学研严重脱节的情况是世界范围内的普遍现象，而这与新闻传播在现代社会文明体系中的地位和作用是极不相称的。

其三，政府和非政府组织机构。世界范围内，有专门管理新闻传播的政府组织，它们负责发牌照和制定行业规则，并调控新闻媒体的新闻报道方向。世界范围内，也有行业协会、记者联盟等多种形式的非政府机构，它们负责代表从业人员，联系和协调与行业相关的其他组织，做一些辅助性和服务性的工作。它们有些在做类似于工会那样的工作，有些则基本上是俱乐部或者沙龙的性质。

与新闻相关的政府组织和非政府组织的存在之最重大的意义在于，它们以自己的存在宣示了新闻传播作为社会整体结构的重要部分而存在，是彰显新闻传播专业性和重要性的一种标志。但是，不得不遗憾地说，相较于律师、会计师、设计师等专门行业而言，新闻传播的重要性就显得要弱小不少，因为只要在需要的时候，媒体（而不是记者、编辑），才会被重视起来。只有在意识形态领域的"作战"行动变得紧急和迫切的时候，媒体才会被奉为有效的工具被大力使用。只有在商战的硝烟中，或政府进行"危机公关"的时候，媒体才会被认真对待。因此，在新闻界，很多人认为"有事"才是好消息，有"大事"才是令人振奋消息。这很不正常，仿佛媒体是为了找事而存在，闹事或者息事才显得媒体具有存在的意义。

其四，媒体机构。这一点之前已有详述，此处不必多言。

其五，新闻评议机构和素养宣教机构。通常的评议机构，就是那些新闻

奖的评选机构和法律纷争中的仲裁机构,这显然还不能算是专业的评议机构。公民媒介素养的宣教机构,目前看,更类似于志愿服务或者社会实践意义上的慈善机构。

在笔者看来,这两个机构与立法机构和执法机构同样重要,应该承担起监督机制这样的责任。新闻传播作为社会化的公益性的社会活动,天然地需要社会的监督。从比较宽泛的意义上来说,任何人都有监督新闻传播的权力,因为新闻传播的结果与每个人的生活息息相关。但是,自由和无组织的监督,会消解监督的公正性、合法性、合理性和公信力。每个人按照自己的喜好,依据自己的得失,随意地评议新闻事件,如在社交媒体平台和资讯平台上的点赞和评论,往往会形成极端对立和情绪化的结果,这样的监督和评议,对于新闻传播业的健康发展,并没有益处。

新闻传播业的发展,急需专业的新闻评议结构和可持续、有能力的媒介素养宣教机构,依靠它们专业的眼光,严谨的方法,公正的判断,来对新闻传播活动进行有益的监督,并通过全民新闻传播素养的提升,来为新闻传播的健康发展提供合适和肥沃的土壤。

其六,经营及辅助机构。新闻传播业的经营通常是与采、编、制、播业务相分离的,这是国际通行的惯例。这是因为,如果媒体的经营与媒体的传播业务合二为一,就会造成媒体为了逐利而放弃新闻传播的公益性和公正性,成为资本控制的侵犯社会利益的集团。因此,媒体经营机构与外围的辅助机构,如广告代理、技术支持、品牌推广等上下游产业链,也是新闻传播系统内不可或缺的结构。

无论如何,新闻传播是有成本的,因此,产业经营对于新闻传播业的存续具有非常重要的意义。在国内,2005年开始的报业寒冬,到2018年的媒体融合发展,其间的起伏和波折,凸显出媒介经营对新闻传播活动的影响。从打造传媒航母到组建三级融媒体平台,也彰显出媒介经营对新闻传播的传播力、引导力、影响力、公信力的重要作用。由此可见,经营及辅助机构对于新闻传播的重要意义不言自明。

总之,根据"木桶理论",系统中最为薄弱的构件,往往是制约系统性能的短板。作为社会文明体系中的子系统,新闻传播能否担负起责任,完成其使命,新闻传播系统内部的每一个具有支撑作用的基础结构是否稳固、是否完善、是否匹配,是新闻传播整体效能充分实现的前提和保障,也是新闻传播基础性建设的重要指标。

二、结构的优势有赖于系统的协调性

作为人类文明社会总系统的子系统，新闻传播系统的协调性，一般意义上表现为两个向度上的指标，一是新闻传播子系统内部各个结构的协调性，二是新闻传播子系统与总体系统中其他子系统之间的协调性。新闻传播活动能否发挥其应有的作用，能否实现其自身的价值，能否完成其自身的使命，上述两个协调性是十分重要的指标。它们可以被看作是新闻传播体系建设效果的检验指标。

根据常识，我们知道，两个协调性指标存在以下四种可能的情况：

其一，内外协调性都很差；

其二，内部协调性很强，外部协调性很差；

其三，内部协调性很差，外部协调性很强；

其四，内外部协调性都很强。

上述四种情况分别代表了新闻传播与社会生活配合和适应的程度。

（一）内外部协调性都很差导致新闻传播与社会生活脱节

一个内外部协调性都很差的子系统，就像是上了公路的老爷车，看似拉风，但它一定是一个故障频发甚至随时会散架的系统。新闻传播子系统的弱协调状态，严重影响到新闻传播活动正常开展，严重影响到新闻传播活动与社会生活的互动，最终会造成新闻传播的边缘化，从而使新闻传播脱离社会主流生活，成为少数发烧友的藏品或者奢侈品。

这样的情况，其实一直伴随新闻传播发展历程的始终。在新闻传播事业发展的初期，新闻纸就是少数商人或政客专享的奢侈品。在新闻传播大众化、社会化高速发展时期，仍然有少数的媒体拒绝与社会主流同步，固执于小圈子，固守精英化、娱乐化、休闲化、商品化的理念。这些媒体最终都先后淡出了公众的视野，消失于历史发展的洪流之中。

在20个世纪30年代，中国的报纸分为两个对立的阵营，一个是以林语堂、梁实秋、周作人、张恨水等为代表的风月派知识分子创办的"以自我为中心、以闲适为笔调"的报系，一个是以邵飘萍、鲁迅、范长江、邹韬奋、林白水、史量才等为代表的进步的、革命的知识分子创办的"以时政新闻、社会新闻"来唤醒民众、改进社会、推动发展的报系。前者对社会变革毫不

认知逻辑与新闻传播：信息化时代的生存之道

关心，后者则投身社会变革，做"英勇而理性的斗士"。这是近现代中国新闻发展史上极具特色的时期。当抗日战争爆发，民族矛盾空前尖锐，社会生活剧烈动荡的时期，几乎所有的报纸都义无反顾地投身于抗日救亡的宣传报道中，为抗日民族统一战线的形成发挥了重要作用。那些顽固坚持闲适美文自娱自乐的报纸，则很快被广大的读者抛弃了。

即使是在当今媒体融合发展的大潮之中，也还有媒体试图成为少数绅士、精神贵族的奢侈品，成为一种小众的、闲适而优雅的生活的点缀或者象征。有些报纸，基本上没有人看，只作为一种象征意义坚持出版；有的平台或者公众号，活跃用户只有两三位数，但它们却仍然乐此不疲。笔者在这里并不是要否定探索者的坚守和坚持，但是，这样的媒体至少在内部协调性和外部协调性这两个指标上，肯定是不及格的，因此它们也就无法避免被边缘化和与社会整体脱节的命运。

每一个个体的认知当然是自由的，它可以没有边界，不受约束，但是新闻传播不行。作为社会化的认知活动，它必须与社会生活相适应、相协调，甚至其自身也有一个协调性的问题，即内容与形式、传播与经营、方法和手段、机制与体制、技术与理念等，都要与新闻传播的目的、宗旨、价值、使命相适应、相协调。

（二）内部协调很强、外部协调性很差导致新闻传播与社会的对立和冲突

一个拥有强大动力系统的交通工具，完全不顾忌交通的法规和大众的交通习惯，会发生什么情况？一定是小青年开着豪车上街道，一路漂移甩尾，自嗨得不行，却被其他交通参与者所痛恨。

有些媒体就如上述横冲直撞的汽车一样。这些媒体汇聚了大量的业界精英和一大批热血青年。它们的内部组织结构经过优化，效率很高，新闻生产能力很强，也靠着一些作品创造了新闻史的高峰，包括发行量、广告经营收入、媒体影响力等指标都非常亮眼。但是就是这些标榜"新闻专业主义"的媒体，不加节制、不负责任的报道，给社会造成了巨大的负面影响。比如，一些关于食品安全的不实报道，让数百万农民失去收入，让数万家企业破产倒闭，让无法计数的劳动者失去工作岗位。又如，一些关于司法案件的不当报道，让公众陷入愤怒，让司法机关不再被信任，让一些法治进程刹车甚至是倒退。这些报道中的一些道听途说、主观臆测、似是而非的"爆料"、"猛料"，让整个社会付出了巨大的成本。

当然，我无意污名化这些媒体，我只是想说明，内部协调性很高和外部协调性很低的媒体，一定会与社会形成对立和冲突。而且，一旦资本的力量介入这样的媒体，一定会造成类似于内部生产力极高但与社会需求极不适应的情况。换句话说，与资本社会生产过剩的矛盾导致经济危机一样，媒体内部协调性很高而外部协调性很低的矛盾，也会导致一种危机，甚至是比经济危机更为严重的危机。

（三）内部协调性很差、外部协调性很强导致新闻传播自身发展的困境

"三蹦子"上高速，走危险，不走更危险。这就是这种内部协调性很差外部协调性很强的媒体面临的困境。

考察世界上的媒体，在那些新闻法规不健全、新闻学术不发达、新闻媒体不完善、新闻监督有效性差，产业经营不善的地方，媒体普遍是"若亡若存"的状态，这也是一种媒体困境。

即使是世界知名的媒体，当前也经常陷入生存的困境。特别是在媒体技术高速发展的今天，新闻传播子系统内部协调性与外部环境的变化相对脱节，造成了大量的媒体在新技术、新场景、新趋势面前内部协调性失效，在面对新媒体的挤压时陷入生存困境。

新技术、新场景、新趋势导致的协调性失效，具体表现为数字化、网络化、移动化的传播技术更多为新媒体所掌握，造成传统媒体对新技术的反应迟缓；平台化、社交化、社群化的传播场景更多为新媒体所创造，造成传统媒体对新场景的陌生和疏离；智能化、数据化、区块化的新趋势更多为互联网技术公司所引领，造成传统媒体对新趋势的无能为力。

作为新闻传播子系统的基本结构，如法律法规、社会组织、监督评议机制、经营管理结构等，在新技术、新场景、新趋势面前，都显现出了这样那样的迟滞性，也引发了以传统媒体为主流的媒体格局向以新媒体为主流的媒体格局的转变。这明显地显示出传统的新闻传播子系统内部协调性的低下和新媒体的新闻传播子系统内部协调性与外部协调性的高企。

（四）内外部协调都强导致媒体发展进入快车道

对于这一点，新媒体的发展已经完美地进行了验证。这里就不再展开讨论。

通过上面的讨论，可以清晰地看出新闻传播子系统的协调性对于新闻传播活动的重要意义。也就是说，如果新闻传播子系统的协调性适度，则新闻

事业发展顺利；如果新闻传播与社会生活的适配性强，则新闻传播作为价值观统一工具的作用就强大，整个社会也会因此而受益。反之，社会的发展就会必然受到阻碍。

三、传播价值的实现有赖于全社会的共识

新闻传播子系统的结构完整性和系统协调性非常重要。但是，要构建完整的子系统结构和完善子系统的协调性，需要社会组织结构的各个子系统在新闻传播的必要认知和充分认知的基础上达成充分必要认知的共识。这个达成共识的过程，必然是伴随着新闻传播业充分、有序、健康的发展的，是随着人们对新闻传播社会活动的本质和基本规律的充分认识，随着社会整体文明演进和社会治理体系的完善而逐步达成的。共识的达成需要一个漫长而曲折的过程，这是一切社会系统和结构发展演进的普遍规律。但是，由于新闻传播越来越深入地渗透到社会生活的各个方面和领域，新闻传播对社会发展的影响越来越强大，新闻传播在建设一个美好世界中的使命越来越艰巨，达成共识的任务也越来越迫切。

考察人类文明发展史，作为价值观统一工具的社会结构中的子系统，如法律、教育、宗教等，在达成共识的过程使用过的渠道大致有以下几种。

（一）颁布遵行

在这之中，最典型的法典之一是《汉穆拉比法典》。《汉穆拉比法典》原文镌刻在一段高2.25米、上周长1.65米、底部周长1.90米的黑色玄武岩石柱上，现存于法国巴黎卢浮宫博物馆。该法典共3 500行，282条，是古巴比伦王国汉谟拉比颁布的法律汇编，也是迄今为止世界上最早的一部成文法典。

该法典的上端是汉穆拉比王站在太阳和正义之神沙玛士面前接受象征王权的权标的浮雕，以象征君权神授，王权不可侵犯。在法典的序言和结语中，充满神化、美化汉谟拉比的言辞。

君权神授就是国王以神的名义传达神的旨意，通过某种仪式和特征物颁行天下，天下臣民谨慎遵行，不得违反。《汉穆拉比法典》的石柱和中国皇帝颁布法律的圣旨，颇有相似之处：有图腾、浮雕或龙形的图案，有天神授权的权标或"奉天承运，皇帝诏曰"宣示，有惩处的具体条款。这些就构成了一种强制的、不容置疑的共识达成的渠道。

在现代社会，一般以宪法的形式对新闻出版和言论自由等公民权利进行

确认，以达到一种强制的和不可置疑的共识。

（二）教育启迪

智者或者思想者，是第二次社会分工的产物，即脑力劳动从普遍的劳动之中分化出来。知识分子中的一部分成为专以研究为主的学者，另一部分成为专以教授为主的教育者。当这个分工完成以后，教育作为价值观统一的工具，就登上了历史舞台。

教育是通过启迪智慧的方式，使人们的认知无限接近"真理"，使人们的价值观无限接近"美德"，使人们的行为无限接近"至善"。接受教育的过程，就是对认知空间进行填充、整理、加工的过程。它通过知识的传授，用间接经验充实和丰富受教育者的认知空间，用逻辑和语法约束受教育者的认知空间，用理想目标或者知识信仰来规范受教育者的认知空间。通过教育的过程，让受教育者的认知空间建立起结构化（理性、逻辑、律条、信仰）和系统化（演算、推导、规划）的标准系统，从而使受教育者的价值观输出无限地接近理想和标准的价值观。

现代教育似乎更加倡导"充分和自由的思考"，更加尊重个性的塑造和培养，似乎是导向"价值观自由"而不是价值观统一。其实，这只是一个假象。当教育的材料（教材和讲授）一定的时候，那么这个教育的结果原本也一定是大致符合社会全体预期的，也就是教育的结果一定是符合价值观统一的趋势和需求的。即使我们不要求死记硬背，也不要求标准答案，其结果都是一样的。更何况，教育的过程原本就是一个不断重复的过程，这个类似于价值观装配和改造的不断重复的过程，对认知空间的结构和系统具有强大的塑造能力。根据认知规律，认知空间结构和系统"标准化"的结果，一定会促进价值观趋同和行为选择的一致，即价值观的统一。

（三）信仰教化

信仰包括宗教信仰和理想信仰。信仰是通过对未来世界的场景以及到达未来世界的路径进行规划，以排除与统一价值观相背离的价值观，从而达成共识的方法和手段。在信仰体系中对于非主流价值观，或者叫"反统一价值观"的排除的过程，就是教化的过程。

信仰教化的过程，是通过信仰膜拜和异端消灭来实现的。"教"就是描绘美好未来，引起对美好未来的向往而产生崇拜、坚信、服从的价值观取向。"化"就是通过行为规范，实现价值观同化，即把不同的价值观同化成统一的

价值观。同时，通过对异端的消灭，以震慑、吓阻、减少不同的价值观，达到价值观纯化的结果。

（四）新闻宣传

如同大多数人刻意回避信仰的暴力面一样，大多数人都会有意无意地回避宣传这个词。但实际上，从祭司传达的神谕，到行吟诗人演唱的史诗，到皇帝颁行的圣旨，到教皇和神职人员的布道演说，再到新闻传播的信息，其实都是价值观的宣传。如果有人对此抱有怀疑，那么他一定不知道价值观为何物。

告诉你这个是好的，那个是不好的，这就是宣传。祭司说，贪婪会受到神的责罚，隐忍会得到神的庇护，这是宣传。教会说，凡信上帝的，上帝会宽恕他的罪恶，这是宣传。荷马说，奥林匹亚山上的众神在狂欢，伟大的宙斯受到众神的礼拜，这是宣传。约翰·弥尔顿发表他的《论出版自由》这是宣传。新闻里说，那个连环杀人案的凶手终于伏法，所有的市民都松了一口气，这也是宣传。

有的人刻意地把不实的、编造的新闻说成是宣传。人们总是天真地认为，新闻是真实的，宣传是虚伪的。这恰恰说明关于新闻传播的共识是多么迫切，多么重要，多么艰难。总之，不能把新闻和宣传对立起来。

新闻传播，是一切有关价值观统一的工具中，符合时代特征的，满足社会价值观统一需求的，所有适用、可用、能用的部分。正像从越王剑、唐陌刀、宋朴刀到明雁翎刀，它们长短宽窄不同，弯曲程度各异，但其基本的功能和作用实在讲并没有太大的差别。

前文关于价值传播简史的部分曾经分析过，资本价值观是比宗教价值观更加抽象和理性的价值观，与之相应的新闻传播相较于传教布道而言，也更加普遍，更加贴近，更加便捷，更加便宜，也更加抽象和理性。但这一切都不能否定新闻传播作为价值观统一工具的本质。人们之所以感到迷惑，主要是因为对于认知的了解还是太肤浅了。认知就在你的大脑里，你对它了解多少？又如对自己的身体，除了饥饿、痛楚、疲倦、兴奋，你还知道多少？

不论是用"楔子"（如《汉穆拉比法典》的楔形文字书写工具）把统一价值观刻进认知空间，还是用标准化工具（如义务教育）对认知空间进行加工和改造；不论是用粗暴的方式，还是用温情脉脉的方式；不论是启迪也好，感化也好，总之，必须达成共识。所以不论通过什么路径，如果抛开过程，其结果大都是一样的。想从 A 点到 B 点，是走直线、折线、抛物线还是螺旋线？其实路径并不重要，结果才重要。至于采用什么样的路径，取决于统一价值观所面临的危险是不是那么紧急，是不是那么刻不容缓。就像《三体》中描绘的，当外星文明的入侵迫在眉睫的时候，像"思想钢印"这样的方式也是可以接受并且合理的。所以达成共识的路径没有高下之分，只有效率的差别，以及与共识的紧迫性和重要性有关。

下篇

认知进化与人工智能的未来

第八章

关于人工智能时代的思考

如果问未来十年或二十年，新闻传播会是什么样的情形？笔者的回答是：那将是用人工智能技术武装起来的媒体所开创的智能化信息时代。

2012年和2022年，笔者先后和中国传媒大学的卜彦芳教授和中国社会科学院新闻与传播研究所的殷乐研究员做了《智媒视阈下的新闻传播研究》等课题。尽管这些课题在当时算是比较前沿，但现在看起来仍显得有些粗疏和保守了。其主要原因，就在于我们对人工智能技术仍缺乏全面了解和深刻理解，因而仅仅依据当时比较热门的区块链、大数据、虚拟现实等人工智能技术，对未来新闻传播的影响做了预测和前瞻。

2023年，ChatGPT横空出世，自然语言大模型技术为人工智能的应用前景披上了神秘而华丽的外衣，人工智能在短时间内迅速迎来了前所未有的发展机遇。一时间，生成式人工智能如雨后春笋般出现，Meta公司发布的大语言模型Llama 2是基于Transformer的人工神经网络，能够帮助研究人员推进工作；Open AI推出的DALL·E3文生图大模型，能够通过文本提示生成相应的图像；2024年2月，Open AI发布的Sora人工智能文生视频大模型，能够完成"视频生成"、"视频合成"和"图片生成"。这些都引起了关于人工智能技术的空前追捧和巨大争议。

在这样的背景下，笔者有缘来到百度公司和腾讯公司调研，与他们的大模型技术团队进行了比较深入的交流，并成为百度"文心一言"的第一批内测用户。同时，由笔者牵头的团队也做了《智媒视阈下新闻传播价值实现》的专题调研。在撰写调研报告的同时，笔者才真正尝试去思考关于人工智能的深层问题。

通过思考，笔者相信，未来的媒体，一定是人工智能技术武装起来的媒体；未来的传播，一定是智能化的信息传播；未来的世界，一定是智能化的信息时代。站在这个时代的前沿展望未来的时候，很有必要回顾一下人工智能的发展历程，理解人工智能发展的内在逻辑，这样才能真正理解人工智能，也才能站在理性的高度来预测人工智能的发展前景，并找到向智能化的信息传播前进的路径。

第一节　什么是人工智能

2023年8月，笔者参加了百度100℃ TALK沙龙，并针对怎么看待大模型人工智能，作了题为《认知、智能、智慧——智能化跃迁的路径》的发言。

笔者在发言中说：

当前ChatGPT、OpenAI和Prompt所引发的关于人工智能技术和社会智能化跃迁的空前热烈的讨论，让我想起了当年大卫·科波菲尔飞跃大峡谷和穿越长城的表演所引起的轰动。时至今日，那仍然是热议的话题。网络上许多所谓揭秘的说法，在顶级的魔术师圈子里恐怕就是一个笑话。那些因为大卫·科波菲尔的表演而兴奋地谈论高维宇宙空间的人，纯粹就是外行。

如果要严肃而认真地探讨社会智能化跃迁的问题，则必须先回答以下三个问题。

问题一：如果我们承认当今存在的人工智能技术所创造的一切"神迹"都是人类智能的产物，而不是客观世界自然发生的或者上帝的"金手指"的话，那么我们都应该确信人类智能的真实存在。问题是，我们对这个人类智能是否有准确的理解和把握？我们是否已经确知了我们人类智能是怎样构成的？它是如何工作的？倘若我们对此没有一个确证的答案，那么我们对人工智能技术的一切猜想和规划都存在巨大的不确定性，这个不确定性可能是灾难性的，也可能就是上帝眼中的一个笑话而已。

问题二：既然人类智能系统确实存在，那么什么是智能？智能与智慧之间的差距有多大？《黄帝内经》中说，"心有所忆谓之意，意之所存谓之志，因志而存变谓之思，因思而慕远谓之虑，因虑而处物谓之智"。上面这段话的意思可以大致理解成：认知是智能的基础，智能是智慧的基础。从认知到智能是一个层次的跃升，从智能到智慧是另一个层次的跃升。在此本人特别想提请大家注意的一点是，"因思而慕远"的"远"在哪里，是在我们的经验范围之内还是在经验范围之外？这是我们理解和认识人工智能技术的一个非常关键的问题。比如，现在最火爆的大数据模型，能不能"慕远"？如果不能"慕远"，那就没有到达智能的阶段。因为认知是昆虫都具有的能力，比如蜜蜂和蚂蚁，没有认知就不会有分工与协作，也不会存在族群里的阶级差异。只有"无中生有"的创造，即在已知之外发现新知，才是"慕远"的真正意思。人工智能技术能"慕远"吗？Prompt 似乎创造了一些前所未有的画面，那是不是存在于经验以外的新知呢？对此，本人持非常谨慎的态度。

问题三：如果人类智能是一个不断进化（跃升）的过程，那么推动和维持这个过程的力量是什么？如果不能回答这个问题，则我们无法讨论人工智能技术跃升的问题。现在有很多人都在关注人工智能技术对于人类生存的威胁，一些乐观派的观点甚至已经在描绘未来"智能共产主义社会"的美好生活情境；悲观派则在预测未来五年人工智能将全面超越人类智能。我认为乐观派是"夜郎自大"，而悲观派则是"杞人忧天"，"夜郎"和"杞人"都是人类智能的低能者，也是人工智能的门外汉。我敢肯定，今天在座的都是务实派，你们所关注的点是如何把技术变为机会，把投资变为利润。资本价值观的智慧之处就在于它善于激发每一个人的欲望，并把欲望变成机会，把机会变成收益。就是这样的价值观创造了现代文明，当然也包括人工智能技术和人工智能产业。这本身就是人类智能最大的一次跃升。

回到本书，笔者的一个重要的观点就是：人是由认知系统、运动系统、能量转化系统所构成的一个自洽的体系。所谓自洽，即三个系统的协同可以维持生命的延续、繁衍和发展，人类的生存和发展，通过人自身不断适应环境、改造环境、创造环境的能动行为即可达成。

人类的进化就是这三个系统的演化过程。在这一过程中的初始阶段，运动系统的进化发生了重要的作用；其后，就是认知系统的进化越来越占据重要的主导地位；而随着认知系统的进化，运动系统和能量转化系统开始了逐步退化的过程。当人的认知系统的进化与运动和能量系统退化达到一个临界点的时候，人工智能就开始出现在人类进化的舞台上，参与和影响人本身的演化过程，并最终决定人类进化过程的终点。

考察人类进化的历史，有两个因素是始终绕不开的，即食物和气候，或

者说是能量和环境。目前比较流行的说法是：冰河期是人类加速进化的开端，而踏下这个加速板的就是食物和气候的变化。最新的研究表明，地球表面温度的周期性变化，在原始人类迁徙过程中发挥了重要的作用，而在人类最初的文明发展演化中，大迁徙无疑具有决定性的意义。在此请每一位读者牢牢记住并深刻理解能量和环境的重要意义，因为当我们在构想和预测未来人工智能技术对人类生存发展所起到的作用时，它们仍然是决定性的、重要的关键因素。

要深刻理解什么是人工智能，我们不妨回顾一下人工智能发展的历史。

众所周知，工具是人类运动系统的延伸，当工具发展到大机器工业的阶段时，这个延伸的过程遇到了瓶颈，机器的控制越来越精细且复杂，人的运动系统已经无法适应这样精细和复杂的过程。比如，在设计和制造射程更远、精度更高的火炮时，就需要大量的计算。那个时候，通常需要上百个工程师，使用计算尺或机械计算器来辅助海量的计算工作，在这样的情形下，发明一台能够进行复杂、高效运算的机器，成为人类非常迫切的任务。

1946年2月14日，世界第一台可编程通用电子计算机 ENIAC（electronic numerical integrator and computer）正式宣布诞生。ENIAC 是个庞然大物，重27吨，占地150平方米，内装18 800枚真空电子管、7 000只电阻、10 000只电容、6 000个开关 和50万条电线，耗电140千瓦·时。这个巨无霸可进行每秒5 000次加法运算，当年在全球首屈一指。ENIAC 诞生的这一天，就是人工智能登上人类进化舞台的起点。80多年来，人类进化的速度，几乎像是坐上了火箭，人类的生存面貌所发生的变化几乎超过了过去十多万年的总和。在这期间，人类的脚步第一次踏上了地球以外的星球（月球）表面，人类制造出了千奇百怪的机器人来代替那些人类无法胜任的繁重工作，人类制造出"千里眼"来仔细观测数亿光年之外的天体运动，人类制造出"顺风耳"实现了地球表面任意两点之间无障碍的即时通信，粮食产量和人口数量也实现了双翻番。这样的剧烈变化，没有人工智能的参与，是完全无法想象的。

人工智能体系的发展演化过程大致经历了以下三个阶段。

一、仿生意义上的人工智能

在人工智能的仿生发展阶段，计算机技术的发展以模仿人类智能处理数据的模式为主要标志，主要解决数据的输入、运算和输出问题，它部分地替代了人脑的工作。比如，那些复杂和繁复的数学计算问题可以由计算机来做。在这一阶段，每一台计算机都由输入设备、存储设备、运算设备、输出设备构成，这与人类的认知系统的感觉器官、记忆器官和处理器官、运动器官的结构大体相似。这个时候的计算机尚不能称为智能系统，因为它能够完成的工作都是预制在程序之中的，它只能处理程序所能识别的数据，完成程序规定的运算，并输出程序规定的结果。因此它仍然类似于一个机械系统，虽然它异常复杂、精细、高效，但其工作原理与水车、蒸汽机、内燃机、电动机并无本质的区别。尽管如此，它仍然是人工智能发展的一小步和人类智能发展的一大步。其实，仿生意义上的准人工智能最大的贡献是为互联网发展的神话奠定了基础。

仿生意义上的人工智能技术和设备即使在人工智能技术高度发展的今天，仍然普遍地存在和广泛的使用。例如，搭载了超大规模集成电路的电脑、超大型服务器、超级计算机、通信网络基站、卫星通信设备，甚至被我们称为智能终端的手机等。这些技术和设备，遵循摩尔定律，在性能和速度上实现了十几次甚至几十次的迭代，但其仍然是仿生意义上的准人工智能。

仿生意义上的准人工智能的代表作是超级计算机"深蓝"。1989年，IBM启动了一项让世人着迷的科学项目，这个项目的目标是：制造一台会下国际象棋的计算机，它将战胜地球上最好的人类棋手。8年之后的1997年5月11日，深蓝计算机程序击败了国际象棋世界冠军卡斯帕罗夫。事后接受媒体采访时，发明了深蓝的坎贝尔说，他和他的团队"相信1997年的深蓝比1996年版的深蓝优秀得多"，但他们没想到它能够赢得比赛。IBM表示，深蓝的开发鼓舞了研究人员创造能够应对其他复杂问题的超级计算机，如评估市场趋势和金融风险分析、挖掘数据和分析分子动力学、帮助医学研究人员开发新药物等。尽管深蓝让全世界着迷，但它仍然与人工智能还有着一段不小的距离。

二、类智能的人工智能

从1956年人类第一次提出人工智能的概念，到1997年深蓝战胜国际象棋世界冠军，其间关于人工智能的理论和研究不断深入，产生了许多令人鼓舞的成果。2017年5月27日，谷歌旗下的研究团队研发的阿尔法狗战胜了世界围棋第一人柯洁。标志着这个时期的人工智能已进入类智能阶段。

所谓类智能，就是基于自主深度学习的算法，具备了一定的学习功能的

计算机网络系统。这是一个非常巨大的进步，其意义大致相当于人类进化史上制造使用工具那样的进步。从认知学的意义上来说，这时候的计算机系统对数据已具有了抽象、关联、推演这样的处理能力。虽然相对于人类智能认知系统而言，这仍然不过是极其简单的认知功能，它距离抽象、概念、命题、推理、想象和创造这样的高级认知功能还有天壤之别，但仍然无法否认类智能人工智能取得的巨大成就。

（一）类智能的人工智能催化了人类对自身认知系统的深刻认识

在人工智能理论研究的道路上，为了制造出具有智能的机器，大量的科学家深入研究人类智能系统，并产生了大量具有划时代意义的成果，如关联的意义被发现，识别的技术被发明，这些都为人类了解大脑是如何工作的做出了巨大贡献。

（二）类智能的人工智能催生了机器人技术

从对外部信息产生反应到对外部事物进行干涉和影响，机器人技术的发展有赖于类智能人工智能技术的进步。包括自动驾驶技术在内的机器人技术，极大地解放了人类的生产力，也极大地改变了人类的生产方式和生活方式。尽管这些略显笨拙的机器人仍然不时地闹出一些笑话，但是它们却极大地拓展了人类关于人工智能发展前景的想象力。

（三）类智能的人工智能为智能互联网的发展注入了强劲的发展动力

深度学习、自主学习功能的出现，为大数据、区块链、云计算、移动互联网乃至未来物联网的发展提供了技术和理论层面的支持，极大地促进了这些技术的高速发展和广泛应用。万物皆可连，连接皆有智，这样的应用场景越来越具体、越来越清晰。

三、初级智能和高级智能的人工智能

初级智能的人工智能是基于经验而产生主动行为的系统。这类似于灵长类动物和低幼儿童所具有的智能。惩罚和奖励机制在阿尔法狗的研发中就已经被应用，但类似于被火烫过之后而产生对火的畏惧的情绪和小心翼翼地接近这样的行为，是初级智能才具备的能力。目前的人工智能尚未达到这样的水平。

高级的人工智能是基于理性而产生主动行为的系统。这在本书之前的章节中已经提到过，这是人类智能认知系统所独有的能力，也是人类与动物相区别的唯一标志。火虽然会烫伤身体，但是，人依然不断努力去控制火，并让它驯服地做出符合人类预期的服务。这是高级人工智能才能具有的水平。

综上，从人工智能发展应用的历程可以看出，人工智能是一种以计算机技术为基础，以算法和数据为核心，模拟人类思维方式和行为模式，通过自我学习、自我迭代等方式发展进化，延伸和拓展人类智能的新技术。人工智能技术一般都包含算力、模型、应用三个层次的技术。比如最近比较火的ChatGPT，其在算力层面基于英伟达 GPU 的超大型 AI 服务器，在模型层面基于"自然语言大数据模型"，在应用层面基于自然语言交互生成式算法。从准人工智能到类人工智能、初级人工智能、高级人工智能的发展，既是对人类智能机制和原理的发现，也是人类智能认知系统的发展和演进。

第二节　人工智能与人类智能的区别

人工智能作为以人类智能为模板的一项科学技术，在理论体系和技术路径等诸多方面与人类智能还存在巨大的鸿沟。主要体现在以下几个方面。

一、人类智能与人工智能的维度差别

人的思维器官对信息的处理机制是赋予信息以意义。意义是复合记忆的抽象。比如人看到一幅画面时，并非像电子设备那样将每个像素转化为代码而存入存储器。通常人的感觉器官不会关注到像素级别的细节，而是将画面的构图、线条、色块等作为一个整体与头脑中已有的相关经验进行比较，并将比较的结果赋予意义。然后，根据意义储存画面的有关细节。例如蒙娜丽莎神秘的微笑，那种神秘的感觉并不是像素层面的编码，而是画面整体暗示给观者的记忆复合，即作者将自己的经验以构图和线条、色块等形式表达给观者，而观者也接受了作者精心预置的信息，并与自己认知空间的记忆进行复合，从而达到一种共鸣的效果。这种共鸣带给观者以强烈的刺激，从而将图画与观看时的感受一起存储在记忆中，成为认知空间中新的组成部分。需要强调的是，关于蒙娜丽莎的微笑的记忆，并不是一段独立的记忆代码，而是与认知空间中其他的部分建立了复杂联系的复合记忆。这种联系在创作画

作的时候建立，并在日后遇到类似信息时被反复调用，不断被赋予新的意义。通过这样感受信息、调用记忆、感受新的信息、赋予记忆新的意义之反复多次的过程，那种抽象的意义就被固定下来，并且不断强化认知空间的结构与联系，从而形成独一无二的、专属于个体的对于蒙娜丽莎的认知。正如莎士比亚说的，一千个读者心中就有一千个哈姆雷特。

人工智能目前尚不能做到表意的层次，而只能做到"表码"的层次，即其要将外部信号转换为二进制代码才能进行处理。二进制代码之间则还无法通过自然的、随机的或任意的连接而产生意义，而是需要通过算法构建的模型对代码进行连接才能对代码赋予数据意义。这是由二进制代码的维度限制而存在的天然缺陷。虽然复杂的算法可以建立起复杂的数据结构和大数据模型，但是这些数据除了数据意义，即通过算法的释读而还原它的赋值，尚无法产生数据之外的意义。就目前看，由硅基物质构成的系统所能处理的代码，其基础元素（二进制数据）是一维的；而由碳基物质构成的系统所能处理的代码，其基础元素（记忆）是六维的。这是人工智能与人类智能之间最本质的区别。

二、记忆存储与代码存储方式的差别

人的记忆系统比电子存储器复杂得多。记忆是多个感官编制的代码集合。比如与温暖有关的记忆，可能有听觉、视觉、触觉，还包括内分泌系统、循环消化系统的各种感觉，甚至牵扯到某个场景、某种情绪。某个人的关于温暖的记忆是无数个相关的代码集合的复合体，所有直接或间接关联的记忆共同复合成记忆的记忆，即抽象，众多的抽象形成意义。意义被赋予后续进入存储空间的那些相关的记忆，使得这些关于温暖的记忆又与愉悦、安全、满足、光明、希望这些意义或者情绪相关联，形成超级复杂的、关于温暖记忆的联想。这些记忆、意义、联想共同构成关于温暖的意义，再于物理时空的交互过程中不断地被调用和重新复合，形成了专属于个体的关于温暖的认知。这样一个精密而复杂的系统，是二进制代码的存储系统（芯片）无法模拟和复制的，也是目前计算机技术和计算机算法无法逾越的鸿沟。

存储器的结构决定了数据处理的方式和效率的差别。在人类智能体系中，记忆的加工和存储是由认知结构决定的。后续信息的存储依赖并受限于前序信息所建立的结构，以及由这些结构所连接起来的系统，且后续的信息一旦存储成功，则其就对既有的结构和系统完成了或多或少的改造和重构。这就是人类学习的过程。人的一生，不论是主动的还是被动的，只要其每天与周围的环境发生关系，则就在不断接受和处理新的信息，不断学习新的知识和技能，在不断解构的同时重构着自己的智能认知系统。

存储芯片则是为后续的数据开辟一块新的存储空间，且其有赖于算法建立与前序数据的关联关系。新数据对于计算机硬件和算法构建的系统完全无法形成具有建设性的哪怕是微乎其微的贡献。脱离开硬件和算法，一段二进制代码就没有任何意义，哪怕是它进入系统时本身被算法赋予的数据意义也会消失。

这种对数据存储方式上的差别，对于系统本身而言具有十分重要的意义。当人脑结构受到破坏时，原有的结构和联系被打乱，那些记忆的碎片仍然对人类智能系统具有重要的意义，尽管这样的意义可能是破坏性的。比如精神失常者、失忆者、脑损伤患者，尽管其认知系统发生了严重的损坏，但仍然能够保留部分的功能，哪怕是这部分功能是错乱、混乱的。甚至在一定条件下，人类智能系统还可以修复或者建立起新的结构和联系，从而恢复部分或全部的功能。但存储芯片一旦受到破坏，数据或许还存在，但其对于系统的作用已无法恢复。当然，经过备份的数据可以恢复系统的原貌，但对于智能系统而言，其意义已经完全不同了。

现代心理学研究证明，由于婴幼儿时期智能系统使用的符号与成年以后大不相同，因此一般人很少能够完整地保存儿时的记忆。但是这些记忆仍然是构成成年人认知结构的重要元素，且在成年人认知能力和认知水平的发展过程中发挥着非常重要的作用。以原生家庭为例，心理学研究中所关注的诸多认知缺陷和性格、人格缺陷问题，都或多或少与婴幼儿时期的经历和记忆有关。反观人工智能系统，不能说其早期的操作系统对现在的算法毫无影响，但这种影响程度与人类早期记忆相比，就显得微不足道了。

三、人工智能与人类智能的效率差别

像阿尔法狗那样，目前的人工智能只能适用于有明确的边界、明晰的规则那样的领域。并且，人工智能的"基本粒子"数据所具备的意义还只能是由算法赋予的。即使再复杂的运算系统也不能通过二进制代码"自然和偶然地组合"而形成意义。比如，阿尔法狗系统中输和赢的意义，就是因为棋盘

有明确的边界和明晰的规则，并且这种规则可以用"数数"（点目）的方法来计算。只有在这个前提下，这个算法才能运行，并进行所谓的深度学习。人类的关于围棋的认知则远比棋盘本身复杂得多。试想，如果在阿尔法狗的算法中加入棋品和人品的意义，系统还能正常运行吗？人类对这个问题的判断则显得简单和迅速得多：宁可输棋不能丢人，这其中包括了对裁判和规则的尊重；遵守对弈的礼节，不能嘲笑、羞辱和干扰对手，不能悔棋；等等。然而，在一些特定的场合中，即使是有教养的棋手也会做出相反的选择。有一部电影叫《一盘没有下完的棋》，就是讲的这样一个故事：江南棋圣宁可将自己的手指砍断，也拒绝下完那盘棋。一盘棋局竟然与生命、国家荣辱、民族气节这些复杂的意义交织在一起，这样复杂而激烈的棋局，阿尔法狗该怎么计算输赢呢？

即便将来有一天，机器和算法具有了进行这些复杂判断的能力，其系统的复杂和庞大的程度也是难以想象的。目前仅仅是某个中型的互联网平台获取的数据，即使采用超级计算机，也要运算几十年甚至上百年，何况对于建立精确的、即时的、全景式的规划任务，那简直就是无法完成的任务。人脑大概要消耗25瓦特的能量能够完成的计算，用计算机则可能要消耗掉一个几十万人口的小镇所需的全部电能。这就是人类智能与人工智能在效率上的巨大差异。

以目前热门的自动驾驶技术为例，如果所有道路上都是自动驾驶的汽车，那么这个系统早就可以投入实际应用了。如果道路上哪怕只有30%的人类驾驶的汽车，那么这个系统的复杂程度就会翻几番。安全几乎是自动驾驶系统首要考虑的问题，尽管世界上有非常繁杂的交通规则和交通法规，但95%以上的交通事故仍然都是因违反规则和法规所造成的。同样，95%以上的司机对于别人违反规则和法规行为的合理反应，避免了大量的交通事故。因此，突然的、不可预测的交通行为，以及如何发现、辨识、理解、判断这些行为，是自动驾驶技术应用的瓶颈。但对于人类智能而言，这似乎却是一个并不太费力的事情。

与上述效率上存在的巨大差异相对应，人工智能对于人类的影响确实显而易见，计算的结果影响甚至控制人的行为并不需要特别复杂的系统和特别高明的智慧。以股票操作辅助算法为例，假设存在这样一种算法，对于若干年股市的数据进行统计分析并给出某只股票涨跌的概率，而使用这个算法的人又根据算法的结果给自己设定一个门限：涨的概率超过70%就买进，跌的概率超过60%就卖出。那么，根据概率学理论，100个使用这个系统的人至少会有一个人会由于这个算法而获益（这就是幸存者偏差），并且有可能重复多次获益。由此这个获益者很可能就会对这个算法产生依赖或迷信，从而影响其对股市的价值判断和选择。这样的情形一旦发生，算法就完成了对其价值体系的重构，在某个特定的时间里控制了这个人对股市涨跌的判断。如果算法逐步地控制更多的人，甚至是拥有较大权力的人，那么人工智能就有可能对人类的生活产生不可预知的重大影响。人类要想预防这种影响，则可能需要千百万倍于现在的机器和算法。

目前人工智能的算法影响或控制某个人，可能是个小概率的事件。但不幸的是，事实上，人类发展进程中的突变，起决定作用的往往是一些小概率或偶然的事件。比如，一个平凡普通、贫困潦倒的小和尚，会成为推翻世界上曾经存在过的最强大的帝国——元朝，并且改变了中国历史发展的方向（废除宰相、集中皇权、把四书五经作为科举的唯一内容），从而影响了亿万中国人的命运。在朱元璋从小和尚到明朝开国皇帝的过程中，有一次在饥寒交迫、濒于死亡的当口，一位姓马的姑娘救了他。据说马姑娘做过一个梦，梦见自己会成为皇后，见到垂危的朱元璋，就认定他就是真龙天子。野史虽然不可尽信，但可以确定的是，马姑娘搭救朱元璋，肯定是心中的一闪念就做出的选择。这一闪念是因为一个梦，还是算命先生的一句话，或是贴身丫鬟的一句劝，都不重要。总之，马姑娘遇见了垂死的朱元璋，并搭救了他，还嫁给了他。这样一个小概率的事件，影响了中国乃至世界文明的进程。

在此不妨大胆地做个假设：马姑娘当时有一台人工智能机器。那么救与不救，人工智能可能会给出建议。不论是马姑娘因迷信人工智能而听从其建议，或者因坚决反对人工智能而反其道行之，即不管马姑娘怎么选，这台机器都有可能成为改变历史的一个因素，也就无法排除人工智能对人类历史进程的影响。

之所以人工智能在效率上远不及人类智能，却又对人类影响巨大，这是因为人工智能与人类智能相比，存在三个无可比拟的优势。

第一，人工智能的神秘性。

人工智能理论研究和技术研究，目前属于十分尖端的科研领域，这就意味着只有极少数人能够掌握其中的关键技术。这就使得在人工智能在普及和

应用的过程中，人们赋予人工智能以一层神秘的面纱，从而使人工智能显得格外神奇和迷幻。

第二，人工智能"永动机"。

人工智能是以计算机为基本工具的系统，计算机的一个特点就是只要有电，系统基本上可以不眠不休地工作。时间和速度的差异，正在逐步追赶人类智能效率上的优势。

第三，人工智能"冷面孔"。

人工智能在处理问题时的"毫无温度"的冰冷态度，既是人工智能的弱点，也是人工智能的优势。人类在处理问题的时候，由于感情因素、信心因素、荣辱因素、道德因素等的干扰，常常使简单的问题复杂化。人工智能则不会有这方面的困扰，因此它可以把资源全部地用于找出答案，而不是计较得失。这里需要明确的是，关于算法伦理的讨论，绝对是人类的问题，而不是算法的问题。算法本身是没有伦理的。一旦算法受到了自身伦理的影响，那它就达到了高级智能的层次。

综上，人工智能与人类智能在物质基础、基本元素、基础结构、系统特征等诸多方面，都存在着明显和巨大的差异。就目前而言，这个差异之大，决定了人工智能和人类智能在本质上还不能同日而语，在属性上也有天壤之别，在功用上则是各有优劣。

第三节　关于人工智能未来发展的前沿问题

关于人工智能的讨论，现阶段大致分为两大阵营，一是光明派，二是恐惧派。光明派主张，人工智能具有光明的前景，不存在人们所担心的人类被人工智能控制、统治、奴役的可能，应该放心大胆地发展人工智能，为人类创造出更加美好和灿烂的未来（其代表人物如 OpenAI 公司的创始人之一山姆·奥特曼）。恐惧派则认为，人工智能就像潘多拉魔盒一样恐怖，如果不保持警惕之心，采取必要的预防措施，未来人工智能将成为毁灭人类文明的恶魔（其代表人物如 OpenAI 公司的创始人之一埃隆·马斯克）。

其实，人工智能并不可怕，对人工智能的迷信或者恐惧才可怕。在现实世界中，通过新闻传播对人工智能进行神化或者妖魔化，并将这些"神话"

植入人们的认知空间，成为影响人的价值观体系的强大力量，进而成为人类价值选择的重要依据时，那就不仅仅是可怕的，简直就是恐怖的。即便有一天，人成为机器的奴隶，那么可以奴役人的并不是机器，而是人自己选择成为自己创造的"神"的奴隶。人类历史上，人不止一次出现过那样的事情。

以人工智能当前的水平，即使机器将地球完全数字化了，机器仍然不能创作出"海上生明月，天涯共此时"这样的诗句，也不能拥有诗人创作出这一千古名篇之时的情感和情怀，同样其也无法产生这句诗与千百万人产生共鸣时激荡出的心理波澜，并进而产生出这样的心理波澜下的璀璨文明。那是数百万年来数百亿人共同创造的文明在一瞬间绽放的绚丽，是二进制代码难以理解又无法描述的东西。

如何看待人工智能的发展方向，不妨关注以下几个问题。

一、人工智能系统如何实现能量自洽

人工智能系统达到人类智能水平的一个重要的标志，就是看人工智能系统什么时候能够实现能量的自给自足。一个基本的科学前提是：任何一个真实存在的系统，如果不能实现能量的自给自足，那么其都是无法长久维持的。宇宙如此，宇宙之中的任何具有结构的系统也都是如此。即便是一个非常稳定的碳原子，如果抽取其原子结构中的一部分能量，则原子的稳定性就会遭到破坏，其原子结构就无法维持，那么这个碳原子的属性就会发生变化，其具有的功能也会发生转化。铅笔芯（石墨）和金刚石之间的区别，就是原子结构中能量的分布不同，从而形成的分子结构不同。实际上，地球上的碳原子始终处于能量损失的过程之中。检测物质中碳14元素的含量以确定文物的年代，就是这个能量损失过程的有力证据。

生物是一个能量自洽的系统，就是因为生物体都在其系统中包含一个具有能量转化功能的子系统。一旦这个子系统的功能丧失，则意味着生物体的灭失和消亡。同时，生物体都必须同时具备一个运动系统，来获取能量物质以实现能量转化。一旦这个系统的功能丧失，则必然导致能量转化子系统的功能丧失，其结果一样是生物体的灭失和消亡。对于智能生物而言，认知系统是维系运动系统和能量转化系统的关键子系统，它确保生物体能够适应环境的变化，维持运动系统和能量转化系统正常运转。因此作为高级智慧生命的人类，其认知系统、运动系统、能量转化系统是一个缺一不可的完整的能

量自洽系统。

人工智能系统什么时候能够具备能量自洽的能力，则是它何时能够成为一个稳定系统并依靠冗余能量实现自我发展的重要标志。未来，科技发展在绿色能源（包括并不限于太阳能、风能、核聚变能）的获得上，无疑将取得重要的进步。但即使人类所能掌握的能源无比丰富，用之不竭，这与人工智能系统的能量自洽目标仍然还有相当大的距离。目前，从获取资源，转化能量，维持系统能量消耗等方面看，人工智能还有很长的路要走。

2021年，美国芝加哥大停电，让人们感受到了依靠人工智能辅助的电力系统的脆弱性。这还仅仅是人工智能在电力生产和电力传输过程中的辅助角色。假设人工智能系统能够实现能源的采集、转化、传输的全过程自动化、智能化生产，那么这套系统所消耗的能量与所需要的能量能否相当并维持稳定？至少目前还看不到希望。这里还要看到，化石能源对于人类生存，并不是具有决定性意义的。有机物依靠光合作用这种效率和能量转换比都极高的方式生产出的能量载体，才是决定人类智能生存和发展的基本能源。目前，人类所掌握的所有能源生产方式与粮食生产和消费相比，其能量转化比都不是一个数量级的。并且，越是巨大的能量（如核能）生产，其稳定性和安全性越差。

在科幻电影中，那种紧靠太阳能充电就能生存的机器人，在当下物理学和化学知识的条件下，还只能停留在幻想中。机器人的生存显然需要以核能的微型化为前提。

二、人工智能系统如何建立关系

我们知道，高级生命形态是建立在彼此独立又紧密相连的关系之上的，而高级生命形态是智能产生的先决条件。就人类智能而言，它是建立在人与人之间的关系基础之上而发生、发展出的智能体系。这个智能体系就是人类的认知系统，其发生发展的一个重要前提就是认知的唯一性和价值观统一性的对立统一。认知唯一性是个体独立性的表现，价值观统一性是群体关系性的表现。只要二者缺失一个，则人类智能体系既不会发生，也不能发展。

人工智能发展成初级智能体系的前提，仍然是个体的独立性和群体关系性的对立统一。一个能量自洽的体系既保持自我独立性，又依据规则，与其他个体保持稳定关系，构成复杂体系，是人工智能作为初级智能体系存在和发展的前提和条件。

与人类进化的过程不同的是，人工智能技术在初始阶段就失去了保持个体独立性的机会。端口标准作为连接人工智能各个模块的基础，天然地剥夺了人工智能个体自身维持个性化的特征。这是由于二进制代码的传输和解读的限制所造成的无法弥补的一个缺陷。并且这个标准越来越复杂，越来越广泛，以至于任何一个不能兼容这个标准的设备都无法接入到系统之中。

这个问题有多严重？没有价值观的统一过程，生活于不同地理环境的人类，其饮食结构就不会与时俱进。人类文明高速发展的一个重要的因素就是食物的变化。吃什么的问题既能够决定一个文明能否发生，也会决定一个文明是否灭亡。从吃植物到吃动物，为人类大脑的结构的变化提供了物质基础。小麦和稻米的驯化，成为所有人类文明发生发展的物质基础。进而到18世纪，土豆、玉米、红薯等农作物的广泛移植，又成为工业革命必不可少的物质前提。反观那些在土豆、玉米、红薯等原产地上发展起来的文明，其结果又如何呢？

虽然食物入口的问题与数据接口的问题不能简单地等同，但是食物和对食物的认知，的的确确在人类认知发生、发展的过程中扮演了十分重要的角色。不能想象，如果没有食物的变化，人类能否进化出现在水平的智能体系。对于这一点，只要看看大猩猩就十分清楚了。

人工智能什么时候能够形成个体独立性，什么时候就有可能进化到初级智能系统。如果不能构建起独立个体之间的关系体系，则人工智能就无法真正进化到高级智能系统。那么有人可能会问，苹果系统和安卓系统，甚至是鸿蒙系统，是不是某种意义上的个体的独立性呢？显然不是。各个系统之间显然并不存在不可以相互取代的功能，即任何一个系统都在追求功能之间的兼容性。虽然苹果系统和安卓系统都有各自的接口标准，但在基本功能的实现上，其系统是兼容的，因此不存在系统独立的、无可替代的功能。如果苹果手机必须依赖自己的网络才能实现通话功能，则这个功能具有独立性和无可替代性。反之，如果苹果手机、安卓手机都通过公共网络实现通话功能，那么这个功能就不具备独立和无可替代的特征。况且，即使苹果手机用的是苹果网络，安卓手机用的是安卓网络，即它们在这方面的功能具备独立性，但仍然不具备无可替代性。反观人类智能体系中的认知系统，每一个认知空间都具有在结构上和系统上的唯一性和无可替代性。尽管这个属性并不是那

么明显和直接地体现在人类智能系统的进化过程中，但在事实上，没有认知的唯一性，就不会有人类认知进化的过程。

同理，各个人工智能系统的联系也是一样。所有使用微软系统和使用苹果系统的电脑，能否建立个体之间的联系？表面上看是可以的，通过互联网，数据、软件都是可以构成某种联系的。但是这种联系与人际关系所具有本质的不同。人际关系的连接是不同认知空间通过信息传播达成共同目标和协同行动的价值观统一过程。在这个过程中，每一个连接的个体，都经由信息传播改造着自己的认知系统，并对群体的价值观统一做出贡献。这里的信息传播不仅是构成人际关系的桥梁和纽带，而且是维持整个智能体系生存和发展的重要前提。反观网络中的每一台电脑的连接，显然不具备这样的能力和效果，即一台电脑如果不与互联网相连接，并不危害它的生存。同理，所有连接起来的电脑也并不直接地决定整个系统的生存和发展。

自主决策是建立在识别、理解、判断之上的选择过程，并且这个选择必须是在至少两个以上的选项之间的优化过程。在人类智能体系中，这就是价值观在从欲求感知到预期判断范围内所有选项之间的价值排序过程。这个价值排序的过程当然依据理性，如道德、法律、科学等认知结构，但同时也可以依据非理性，如情感、情绪、想象等认知结构。理性的判断与非理性判断都是自主决策的前提和条件。虽然一般人都认为理性的选择具有更高的成功率，也因此对不带任何感情色彩的人工智能更加信任和偏爱。但实际上，在维持生命的存续这个极具挑战性的任务面前，非理性的选择往往更直接、更强力、更有效率。

三、人工智能系统如何做出自主决策

当前，人工智能仍然停留在识别、理解的阶段，尚未具备在理解的基础上自主决策的能力。以自动驾驶技术为例，自动驾驶技术仍然处在努力解决环境识别问题的阶段，并且主要还是对那些危害驾驶安全的因素进行识别，如障碍物判别和安全距离测量。一个驾驶经验丰富的司机，其对于周围景物的判断，是一个非常复杂而且效率极高的过程。小到路边某个行人的精神状态是否正常，大到路边的山体是否有发生滑坡的危险，或者路边的树木或灯杆是否有倒塌的风险；并且，超车看车头，会车看车尾，左转看右边，右转看左边，黑色是坑，灰色是冰，白色是水等。驾驶经验是驾驶者采取行动的

依据。很多案例表明，老司机常常对即将发生的危险具有灵敏的警觉意识。前方 100 米，路面的坑洼是否危及安全？旁边开车的司机会不会突然变向？那辆正在超车的车辆会不会突然刹车？这些预判是保证百万公里安全无事故的重要条件。就预判水平而言，有的司机上路就出事，有的司机开一辈子车也不出事。在对环境的识别与理解上，自动驾驶技术与人类智能团的差距还相当大。更为重要的是，道路交通参与者的冲动、反常、无意识的危险行为，只有人类智能才能够理解并进行预判，而自动驾驶系统只能在行为发生之后且进入系统预警范围内时才会有所反应。要解决这个问题，现在看只有将每一个交通参与者都植入检测终端才可行：当一个反常的行为发生时，及时向周围的传感器发出预警。但这样做的成本以及消耗的能量将会超过智能交通系统所能够承受的极限。

由此可知，自主决策的过程有欲求感知、预期规划、选项判断、价值排序等多个理性和非理性关键要素。那么，人工智能在自主决策的机制上能够具备几个关键要素呢？可能这些要素或多或少它都涉及了，但是其复杂和精细程度目前还无法与人类智能相比。显而易见，人工智能在自主决策的方面还相当不成熟。假定现在的人工智能具备了一定的自主决策的能力，也不过是相当于人类初生婴儿那样的水平，以这样的能力来负担各种复杂的、需要成千上万人来集体承担的任务，是不可以想象的。

当然，具备了自主决策能力的人工智能是非常强大的，它的运算速度与工作时间的乘积，在工作量与过程控制、决策调整方面所具有的优势，都是人类智能所无法比拟和与之匹敌的。万幸的是，我们还有时间来思考所有关于人工智能的问题。

综上，我们可以清晰地看到，现阶段，人工智能在自我维持、相互联系、自主决策等方面仍然与人类智能具有较大的差距。那些充满幻想的美妙蓝图，那些故作玄虚的夸大其词，那些为了圈钱而极力渲染的人工智能的种种虚浮的营销套路，都不足以让这个世界冷静而理性地思考关于人工智能的未来。

第四节　关于人工智能未来发展的展望

在全书的最后，笔者不妨大胆地展望一下人工智能技术发展的前景，以

及人类与人工智能的命运。

一、光能直接转化为生物能

一个显而易见的公理是，不论人类多么醉心于科技，在生存面前都不值一提。人类生存永远都是一切人类活动的直接和终极目标。生存还是死亡，是人类始终要面对的问题，也是人类无法回避的选择。

另一个显而易见的公理是，生物能，即有机化合物所携带的能量，是唯一能够维持人的生命，解决生存问题的能量。在地球这个行星上，一切能够维持生命的能量都来自太阳。科幻电影《流浪地球》中所描绘的人类仅凭核能就能维持上百年生存的景象，实际上是根本不可能实现的。

由上述两条公理，我们自然可以推导出，人类必须寻找到把光能高效率转化成生物能的方法，才能应对未来不可预知的危机和灾难，发现生存的新机会。常识告诉我们，光合作用的能量转化率其实并不高，所以人类必须为此付出大量的资源和时间来生产出足够的生物能。同时，将冗余的生物能转化为我们可以方便使用的驱动工具的化学能（化石能源），需要自然力量和数以百万年计的时间。当生存问题迫在眉睫的时候，以百万年计的时间成本无疑太过奢侈。

因此，未来的人类必将更加专注于光能转化成生物能的科技。或许将来的某一天，世界上会出现这样的工厂，它们收集太阳光，并通过效率极高的方法，将太阳能直接转化为生物能。生物能的载体将是类似血液那样的东西，直接为人类提供足以维持生命的能量。如果这样的工厂普及甚至微型化，那么人类的运动系统和能量转化系统将退化到令人难以想象的程度。

二、信息的传播媒介将不再是光和电的波动

一个不可回避的事实是，作为智能生物，人类的生存不仅依赖能量，而且依赖信息和信息传播。在未来的世界中，信息和信息传播的重要性必将上升到与能量同等的地位。信息传播显然离不开传播媒介。人类曾经使用过的媒介包括以下几种。

其一，光波。光波是智能生物最早运用的传播媒介。收集环境信号需要光波，识别环境需要光波，挑选食物需要光波，传递表情、手势信息需要光波，就连读书写字也仍然需要光波。语言和文字的使用，至少在地球文明发

展过程中，均离不开光波。

其二，声波。声波作为信息传播的媒介，是从前语言时代开始的。甚至可以说，声波是不见其人只闻其声的场景中天然的传播媒介。作为对光波的补充，声波对人类的信息传播发挥了非常重要的作用。

其三，电波。电波作为信息传播媒介，是人类智能的一次飞跃，在此之前，人类传播信息的媒介仍然是利用"自然之物"，是自然界已经准备好了，随时可供使用的现成的工具。电波则不然，它是人类对"自然之物"进行加工和改造的"人造之物"。电波虽然被当作媒介之前就存在，但是，作为传播媒介的电波，已经与自然之物的电波有了本质的区别。它是被赋予意义的、可控制的，甚至是人为创造的。

因为波动远距离传播的特性，各种波先后成为人类信息传播的载体，或者说是媒介。铅与火、光与电，曾经是传播媒体装备中划时代的进步标志。在新闻传播高度发达的今天，光波与电波的应用，几乎成为信息传播的首选，甚至是"唯一媒介"，成为当今世界无法逾越的障碍。

但是，依赖光波和电波的信息传播将无法满足人类生存的需求。随着人类智慧化生存对信息和信息传播的高度依赖，光波和电波作为媒介的局限性越来越明显。一场太阳风暴就能摧毁所有的电子设备，让通信系统、金融系统、电力系统陷于瘫痪。如果某一场太阳风暴范围和强度足够大，就会导致人类文明的巨大危机。这将使依赖光波和电波媒介的信息传播面临巨大的风险。

关于量子力学和脑波的科学研究，将为人类带来全新的信息传播媒介。这个传播媒介将像电波一样，成为一个崭新的"人造之物"来满足人类无限巨大的信息传播需求，并且更加方便、快捷、安全。更为值得关注的是，经由这种全新的传播媒介，人类将建立起全新的人际关系，构建出从未有过的社会形态，展现出奇妙的社会生活场景。想象一下，你在物理时空的任意一点都能瞬间获得全部所需的信息，且几乎不需要耗费太多能量，也不需要支付高昂的成本。那么，我们还需要做些什么呢？创造和想象，可能就是唯一有价值的工作。

三、认知化生存或将终结人工智能

人类生存过程，经历了上百万年的物质化生存，发展到今天高度的社会化生存，且即将进入信息化生存的阶段。信息化生存是不是人类发展的终点？笔者认为不是，因为现在的人类仅仅使用了20%的脑潜力，未来超越信息化生存的图景还是足可展望的。

所谓某某化的生存，基本有两个含义，一是对于某种生存资料的依赖程度，二是某一种生存方式的普遍化程度。通过这两个坐标，我们就可以把人类生存方式划分为以下几个阶段。

（一）物质化生存阶段，大致从石器时代到原始社会早期

这个阶段的人类生存，基本上是看天吃饭。能否生存就看自然界是否能够提供充足的生存条件，如水、食物、气候。在这个阶段，人类具有了超过其他生物的高级认知系统，虽然简单粗糙，但是却让人类熬过了环境的剧烈变化（如冰河期和大洪水）的考验，走出了困境，开始在地球大部分的表面生存下来。

（二）社会化生存阶段，大致从原始社会晚期到资本社会中期

这个阶段，人类掌握了改造自然环境的本领，耕作农田，兴修水利，制造大型工具，移山填海。人类进化出复杂、精细且富有创造性的智能认知系统，构建出复杂的社会结构，人类依靠社会组织开展社会化的生活。依靠社会化的生存方式，人类的足迹可以到达地球的每一个角落，并且可以在地球表面生存下来。

（三）信息化生存阶段，大致从资本社会中期到未来一百年间

这个阶段，人类的眼光已经不仅局限于地球表面，而是开始向太空寻找新的生存空间和生存资源。从数控机床、国际贸易到宇宙航行，信息成为维持基础社会结构、实现物质资料生产全球化的重要基础。在这个阶段，人类的智能认知系统，已经可以制造出粗浅的人工智能工具，帮助人类完成那些精细、烦琐、费时的工作。在社会化生存阶段，工具延伸了人类的四肢；在信息化生存阶段，工具延伸了人类的脑力。

（四）认知化生存阶段，大致从一百年以后到未来的无限远的时空

在这个阶段，人类已经可以自由地散布于太空中的任何角落并在那里生存，只要有光的地方，就可以获得维持生命的能量，跨光年的通信已经像几百年前吃饭一样平常，反而是像几百年前那样吃饭成为不可想象、超级困难的事情。那会是怎样的一番图景？人类曾经引以为傲的身体，显得华而不实，甚至不能为生存做出任何贡献，维持机体的功能却要耗费巨量的能源。人类将如何选择？既然身体已经无关紧要，不需要它去获取食物，不需要它进行繁衍，我们还要为它消耗能量吗？我们需要大脑有足够的能量去获取信息、创造信息，用信息来构建起我们需要的一切，来享受我们所建造的一切。人工智能是什么？一个只能拷贝、储存信息的工具，还要比身体消耗更多的能量，它又有什么用处？

科幻小说《三体》中，那个泡在营养液里，穿越了几光年的大脑，或许会成为智慧生命最优的生存方式吧。

在认知的世界里，没有时空，却可以有我们愿意拥有的一切：山川、河流、阳光、麦田、永生的英雄……

第五节 未来智能媒体的发展前瞻

技术的发展似乎伴随了人类发展的全过程，技术的每一次跃迁，似乎都能帮助人类挣脱一条枷锁，获得更多的自由。当人类发明了轮子，双手就得到了进一步解放；当人类发明了牛车，双脚就得到了进一步解放；当人类发明了火车；资本就得到了进一步解放；当人类发明航天飞机；思想就得到了进一步解放；当人类发明了互联网，认知就得到了进一步解放；当人类发明了人工智能，人的智能与智慧就得到了进一步解放。

如果没有印刷机的普及，可能不会有报刊业的出现。如果没有广播电视的普及，可能不会有专业化、大众化的媒体出现。如果没有互联网的普及，可能不会有社交媒体和自媒体的出现。技术的每一次进步，也都在解放新闻生产力，重新定义新闻生产中的各种关系，重新塑造新闻传播格局和新闻媒介生态。

人工智能技术越来越深度介入新闻传播后会发生些什么？或许新闻生产力的最后一条枷锁将被挣断，从而开启全新的新闻传播关系、新闻传播环境、新闻传播格局、新闻传播生态。作为"思想和信息的贡献者"[①]，拥有"必须

[①] 联合国教科文组织：《媒介与信息素养五大法则》，2023 年 11 月，https：//www.unesco.org/en/media-information-literacy/five-laws，2024 年 3 月 20 日。

认知逻辑与新闻传播：信息化时代的生存之道

授予"和"不容侵犯"地"使用媒介和信息权力"①，掌握了智能传播技术的人，将重新定义社会关系、社会结构、社会生态以及社会生活的所有层级和界面。

这个世界有形的、无形的墙无处不在。在新闻传播领域，过去由于技术、阶层、教育、环境、认知的局限等因素，这堵看不见的"隔离墙"在一定程度上阻隔了信息的流通，人类的思维、认知、价值观等也因此未能获得充分的解放和自由。不难看出，在不远的将来，人工智能与新闻传播的联系将越来越紧密，当人工智能深度介入和运用到新闻传播领域之中时，必将引发一系列的"多米诺效应"。

一、全天候、无死角的传播场景

人工智能在新闻传播领域的运用，其产生的较为明显的影响之一就是实现了传播场景的跃升。在智能媒体出现之前，所谓的传播场景可以理解为是人们使用媒体的方式和与之相对应的物理时空，如阅读、收听、收看、浏览等。传统的传播场景存在如下几方面弊端。

第一，新闻价值因注意力涣散而散失，新闻生产力空转，凝结在新闻产品中的劳动被贬值。

第二，社会价值因代言人或意见领袖的分歧而异化，导致观点对立，价值观冲突和阶层分裂。

第三，经济价值因"二次售卖"而受到市场规则的冲击，市场的波动对媒体造成生存压力和困境。

第四，传播价值因新闻价值的散失、社会价值的异化、经济价值的冲击而发生残化，导致人们对传播价值的认识不清。

随着人工智能介入传播，智能媒体和智能传播借助物联网、大数据和大数据模型，将创造出无尽的传播场景，包括用户的信息需求与物理时空紧密贴合的呈现方式和终端（如图 8-1 所示的传播场景的跃迁）。

人工智能技术可以创造什么样的传播场景？

· 精准感知用户的需求和习惯；

---

① 联合国教科文组织：《媒介与信息素养五大法则》，2023 年 11 月，https：//www.unesco.org/en/media-information-literacy/five-laws，2024 年 3 月 20 日。

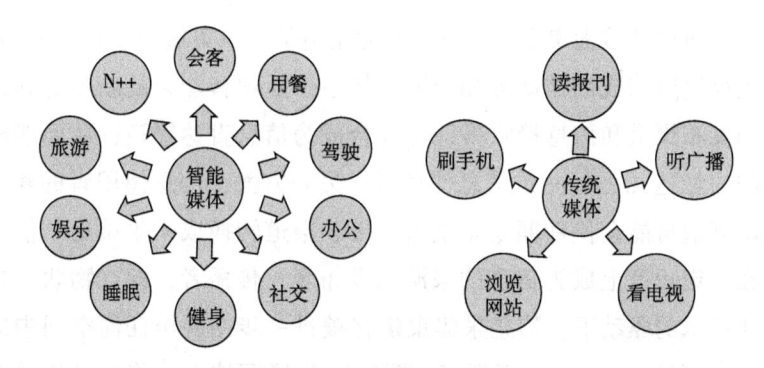

图 8-1　传播场景的跃迁

注：智能媒体是指对待每一个用户，都可以根据信息的重要性、用户需求契合度、用户所处的现实场景、用户使用习惯，提供差异化、个性化的信息。

·营造贴合用户使用场景的舒适氛围；

·建立向善、互信、互助的良好关系（传播必须是基于关系的传播，没有关系就不会有传播；传播的效果也必须依赖于信任，没有信任也就没有传播的效果；向善的传播以互助互利为特征，单边的传播即使出于善意，也不能称之为向善）。

新型传播场景的效用有哪些？

·建立信任关系；

·最大限度地保持信息的完整性，减少信息散失；

·使新闻得到更便利的使用和更高效的传播；

·智能化的传播对需求可感知，对内容可定制，对用户可"牵手"，对舆论可引导；

·未来智能媒体产品的呈现方式是：根据用户的需求，提供弹性跟进式的高黏性、高附加值的全息、便捷、人格化和个性化的新闻信息服务；

·智能化传播帮助用户通过人格化模式建立完善的传播关系，以分享和贡献来获得参与感，以价值观修正和情感支持来实现获得感。

总之，智能传播技术的出现将打破物理时空的限制，解放人们的眼睛和耳朵，使信息可在不同的物理时空中几乎无阻碍、不间断地流动，让媒介和信息的使用者尽可能感受到全天候、无死角的贴身信息管家服务。

二、信息与万物互联的传播渠道

人工智能介入传播，意味着传播渠道将发生较大变化。在人工智能融入

媒介之前，所谓的传播渠道，可以理解为是由信息采集渠道、新闻发布渠道、信息接收渠道所构成的彼此互相分隔的体系。反观智能化的新型媒体，一方面，新闻发布渠道和信息接收渠道可以合成为信息直达渠道，从而能够在较短的时间内触达几乎每一位信息使用者；另一方面，信息使用者的参与、反馈和主动创造可能会使新闻发布渠道、接收渠道转换成采集渠道，信息的使用者可在一定程度上成为信息的来源和发布者、传播者，即在物联网技术和人工智能技术的驱动下，信息采集渠道将被进一步拓展至任何空间中的任何物体。由此可见，"大数据模型+智能终端+物联网技术"将打破传播渠道的限制，释放信息涌流的势能与动能，让媒介与万物、媒介与用户、媒介与社会融为一体。

三、以用户为中心的传播关系

人工智能的发展将改变生产者、传播者和使用者之间的关系。在智能媒体出现之前，传播关系被定义为主体与客体的关系。其中蕴含的是生产与消费、传播与受众、中心与边缘的非均衡、不平等的关系。

智能化的媒体将"造就"符合智能化传播特性的"用户"。在这里，用户不仅仅是信息消费者，更是信息贡献者，成为"去中心"、"扁平化"、"平等互助"和"向善与共善"的关系共同体。

在智媒体视域之下，用户包括：

·个体和自媒体（如博主、主播、个人账号）；

·群体（如饭圈、粉丝、网络社群）；

·机构和组织（如公众号、营销号、平台、媒体）；

用户的价值和意义包括：

·作为市场资源的消费者和作为社会主人翁的贡献者，二者体现了两种价值观的区别；

·作为社会主体和主人的用户，其权利得到解放，自由得到保障，平等得以实现，从而使社会文明得到跃升；

·以人为本的大众参与、大众互动、大众获益的用户化传播得以实现；作为社会大众价值观统一工具的新闻传播，其内生的势能得以显现，得以转化；新闻传播终极价值的本体、本质、本源得以呈现，新闻传播回归其本真。

用户为主体的传播格局包括：

·新闻传播的起点多元化，人的主体地位得到彰显；

·从销量为王到流量为王再到用户为主体，使内容为王的理念得到坚实支撑；

·二次售卖和注意力经济将被用户价值和用户创造取代，传播的社会价值得以实现。

四、共生共同的媒介生态

人工智能的发展将打破原有的媒介生态。在智能媒体之前，媒介、渠道、平台之间或多或少存在着竞争关系。智能化媒体出现后，媒介、渠道、平台、用户之间将转化成为一种共生、共融的互动关系，媒体也将成为媒介生态圈中的用户。如此一来，在5G+卫星通信+数据大模型+区块链等智能技术的驱动下，信息资源充分融合，信息渠道流动通畅，信息生产互信、共融的命运共同体逐渐形成。

智能媒体生态的特征包括：

·推"流量"更重"质量"，把"流量变现"转化为"价值变现"；

·重市场但不唯市场，善用资本的力量，同时扼制资本的冲动，监督资本的行为；

·不仅"挖掘"价值，而且要"发现"提升价值的能量；

·关系是能量的管道，认知差异产生传播的势能，智能传播释放传播的动能；

·情境是传播的载体，也是价值的载体，更是价值传播的能量载体；

·"受众"是消费者（消费者消耗传播动能），"用户"是贡献者，贡献者增益传播动能；

·共善与互善是价值传播的终极目标，也是社会价值的测量标准。

五、全新的新闻传播理论框架

人工智能技术将重构新闻传播理论。在智能媒体之前，新闻传播理论的基础框架是新闻传播现象分析，其主要手段是纵向深入、解剖和量化分析。在新的传播格局和生态下，新闻传播理论将出现两个新变化：一是新闻传播理论的框架，将重构为新闻的本质和基本规律、价值传播与传播价值、价值传播伦理、基于智能网络的现象观察与反思；二是主要研究手段，将转化为基于社会关系的横向比较研究、基于社会运动的纵向历史研究、基于核心价

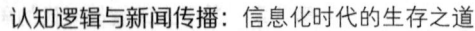

值观的价值分析研究、基于认知的传播现象研究、基于数据模型的实证模型研究。总之，人工智能技术将推动认知学与传播学的无界沟通，新闻传播学在深度、广度上也将被解构和重构。

六、更加完善的认知科学

随着人工智能技术研究的深入，现有的认知科学已无法在智能、智慧的层面上为人工智能技术的发展提供基础性理论贡献，人类将不得不重新审视认知科学的一些疏漏和弊端。不久的将来，认知科学将发生革命性的变化，主要体现在以下几个方面：一是关于认知的本质将有重大突破，二是重新发现记忆和认知的关系，三是建立认知结构的概念，四是建立认知系统的感念，五是建立认知结构、认知系统与认知现象之间的规律性关系；六是构建起认知发展规律体系；七是构建起基于认知学的智能信息传播规律的研究领域；八是发现并解决因认知缺陷和心理疾病所造成的精神问题。需要注意的是，人工智能技术正在帮助人类发现认知科学的误区，从而引发关于智能和智慧研究的革命，为人类智能的发展提供更加广阔的前景。

七、空间折叠的人际关系

智能化媒介的发展与应用助推了社会关系结构的重塑。在人工智能技术取得重大突破之前，由于政治、法律、文化、风俗、教育、传播、信仰、阶层等的区隔，不可避免地造成了社会阶层固化、社会结构失衡、社会发展动荡、社会生存危机等诸多难以克服的社会问题。作为"社会价值观统一工具"的新闻传播，其智能化的发展将极大地改变人与人之间的关系，形成信息权利平等化的人类价值观共同体，重建社会结构模型，粉碎结构失衡、阶层固化等社会关系场景，创造一种"空间无限折叠"的新型的会关系网络。换言之，人工智能技术，将在"信息面前人人平等"的前提下，为建设人类命运共同体提供全新的解决方案。

八、国际格局演变的新变量

智能化媒介的快速发展将重塑社会关系结构，同时也将改变国际格局。人工智能技术尚未普及之前，在以民族国家为基本单位的国际格局中，人类被宗教信仰、民族文化、意识形态所分割，资本、商品等的流通则被宗教、文化和意识形态所阻隔。这使得人类的文明成果和地球上的物质资源无法实现公平和平等的分配，一定程度上造成了价值观传播的阻碍和壁垒，致使世界上国家、民族、宗教等的冲突绵延不绝，使人类的生存和发展处于危机四伏、坎坷不断的艰难局面之中。随着人工智能技术的发展，人工智能技术对新闻传播的武装，将提供信息和价值观之无阻隔、自由流动的可能性，信息传播的隔离墙将被洞穿，直至瓦解，从而进一步实现人的全面解放和自由发展，为构建人类命运共同体提供强大的技术武器、思想武器。

参考文献

[1] 方汉奇. 中国新闻事业通史 [M]. 北京：中国人民大学出版社, 1996.

[2] 张昆. 外国新闻传播史 [M]. 北京：高等教育出版社, 2016.

[3] 赫拉利. 人类简史：从动物到上帝 [M]. 林俊宏, 译. 北京：中信出版社, 2014.

[4] 科瓦齐, 罗森斯蒂尔. 新闻的十大原则：新闻从业者须知和公众的期待 [M]. 刘海龙, 连晓东, 译. 北京：北京大学出版社, 2020.

[5] 德波顿. 新闻的骚动 [M]. 丁维, 译. 上海：上海译文出版社, 2015.

[6] 弗里德曼 M, 弗里德曼 R. 自由选择 [M]. 张琦, 译. 北京：机械工业出版社, 2019.

[7] 迪克. 连接：社交媒体批评史 [M]. 晏青, 陈光凤, 译. 北京：中国人民大学出版社, 2021.

[8] 范敬宜. 总编辑手记 [M]. 北京：人民日报出版社, 2000.

[9] 卡曼尼, 特沃斯基. 选择、价值与决策 [M]. 郑磊, 译. 北京：机械工业出版社, 2018.

[10] 雷静. 扎克伯格给年轻人的37个人生忠告：选择重于一切 [M]. 哈尔滨：哈尔滨出版社, 2013.

[11] 斯丹迪奇. 从莎草纸到互联网：社交媒体简史 [M]. 林华, 译. 北京：中信出版集团, 2019.

[12] 查特吉. 审美的脑：从演化角度阐释人类对美与艺术的追求 [M]. 林旭文, 译. 杭州：浙江大学出版社, 2019.

[13] 汪丁丁. 思想史的基本问题 [M]. 北京：东方出版社, 2019.

[14] 黄金. 媒体融合的动因模式 [M]. 北京：中国书籍出版社, 2011.

[15] 艾扬格. 选择：为什么我选的不是我要的？[M]. 林雅婷, 译. 北

京：中信出版集团，2019.

［16］申丹．区块链+：智能社会进阶与场景应用［M］．北京：清华大学出版社，2019.

［17］北京市新闻工作者协会．理论、感悟、实践：北京市优秀新闻工作者百人谈［M］．北京：中国铁道出版社，2012.

［18］阴卫芝．选择的智慧：职业传播者网络传播伦理问题、案例与对策［M］．北京：中国政法大学出版社，2014.